信息几何数学基础

孙华飞　彭林玉
程永强　李帝东　酒　霖　编著

科学出版社
北　京

内 容 简 介

基于黎曼几何的信息几何已经成为研究信息领域中非线性、随机性问题的重要工具. 本书介绍信息几何的数学基础. 全书共 5 章: 第 1 章简要介绍信息几何的由来以及思想与方法; 第 2 章介绍作为信息几何基础的微分几何与黎曼几何基础; 第 3 章介绍信息几何涉及的李群与李代数的基本内容; 第 4 章介绍正定矩阵流形的几何结构, 包括在不同黎曼度量下的测地距离以及黎曼梯度; 第 5 章简要介绍经典信息几何的基本内容.

本书适合数学、信息学领域的研究生和学者阅读和使用.

图书在版编目 (CIP) 数据

信息几何数学基础 / 孙华飞等编著. -- 北京: 科学出版社, 2025.3. -- ISBN 978-7-03-080107-4

I. 0186.1

中国国家版本馆 CIP 数据核字第 2024ZG7039 号

责任编辑: 李 欣 李月婷 范培培 / 责任校对: 彭珍珍
责任印制: 张 伟 / 封面设计: 无极书装

科 学 出 版 社 出版
北京东黄城根北街 16 号
邮政编码:100717
http://www.sciencep.com

北京九州迅驰传媒文化有限公司印刷

科学出版社发行 各地新华书店经销

*

2025 年 3 月第 一 版 开本: 720×1000 1/16
2025 年 3 月第一次印刷 印张: 12 1/4

字数: 243 000

定价: 98.00 元

(如有印装质量问题, 我社负责调换)

前　　言

信息几何已成为研究信息领域问题的重要工具. 信息几何包括经典信息几何和矩阵信息几何, 前者主要研究与概率统计和随机过程相关的情形, 使用的主要数学工具是黎曼几何, 而后者的研究对象包括非随机的情形, 使用的主要工具为黎曼几何、李群与李代数、纤维丛、拓扑学等. 现已出版的有关信息几何的书籍, 绝大多数只介绍经典信息几何, 或者是矩阵信息几何的论文集, 很少系统性地介绍信息几何的全貌. 专著《信息几何导引》(科学出版社, 2016 年 3 月出版) 简要介绍了经典信息几何与矩阵信息几何的一些基本内容, 并没有系统性地介绍相关的数学基础. 本书在《信息几何导引》的基础上, 着眼于介绍信息几何所涉及的相关数学基础, 包括微分几何、拓扑学、微分流形、黎曼几何、李群与李代数的基本概念以及信息论的相关数学基础等, 力争用尽可能少的篇幅, 详细介绍信息几何所涉及的数学内容. 书中的部分结论没有给出详细证明, 想要了解细节的读者可以阅读相关的参考文献. 本书分为以下几个部分: 首先概述信息几何的背景, 然后介绍微分几何与黎曼几何的基本内容, 接下来介绍李群与李代数的内容、正定矩阵流形的几何结构以及正定矩阵流形上的几何平均值的算法, 最后介绍经典信息几何的相关内容.

我们假设读者已经具备数学分析、高等代数、点集拓扑学以及概率统计的基本知识. 读者可选择自己感兴趣的内容进行阅读, 侧重于理论研究的读者可以根据本书的内容以及书中列出的参考文献开展深入研究, 而侧重于应用研究的读者可以直接利用相关结论. 由于作者水平所限, 书中不当之处在所难免, 恳请读者批评指正.

本书的出版得到了以下资助: 国家自然科学基金 (No. 61179031)、国家重点研发计划 (No. 2020YFC2006201)、早稻田大学“超级国际化大学计划”数学与物理中心、庆应大学福泽基金、日本学术振兴会基金 (No. 20K14365, 24K06852), 在此一并表示感谢.

作　者

2024 年 9 月

目　　录

第 1 章　信息几何简介

随着信息几何在统计推断、神经网络、信号处理、纠错码、机器学习、图像处理、控制理论、几何力学等领域的成功应用, 信息几何的理论和应用正在受到人们的高度关注[1,3,4,6–12,40,49,50,52]. 为什么信息领域里的问题需要用几何的方法来解决呢? 首先, 统计学中参数估计的 Cramer-Rao (C-R) 不等式的下界与 Fisher 信息度量密切相关, 而 Fisher 信息度量作为统计流形的黎曼度量是信息几何的关键. 其次, 信息领域中的问题往往具有非线性与随机性, 许多非线性问题如果在欧氏框架下处理, 可能带来较大的误差, 达不到所要求的精度, 而黎曼几何是研究非线性问题的有效工具. 对于非线性问题, 可以把所研究的问题纳入到微分流形的框架, 尽管流形本身是非线性的, 但是在其上面每一点处定义线性的切空间, 在切空间上定义内积 (黎曼度量), 从而可以定义距离、联络、测地线、测地距离以及描述空间弯曲程度的几何量-曲率等. 借助于黎曼几何, 特别是利用测地距离与曲率, 可以对承载信息的空间给予精细的几何刻画. 同时, 把随机变量全体纳入几何框架下进行处理, 可以达到去随机性的效果.

称满足正则条件的一族概率密度函数为统计流形. Rao[43] 提出了 Fisher 信息度量可以作为统计流形的黎曼度量, 这成为信息几何诞生的起源. Čencov[23] 引入了一族仿射联络, 并证明了 Fisher 信息度量与联络在统计流形上的唯一性. Efron[26,27] 提出了利用曲率研究统计推断的渐近理论, 但他所定义的曲率不是几何意义上的曲率. Dawid[24,25] 根据 Efron 的研究结果, 提出了 α-联络的概念. Amari 计算了 Levi-Civita 联络 (黎曼联络) 下一元正态分布族构成的统计流形的高斯曲率, 惊讶地发现它竟然是一个负常曲率的双曲空间, 随机分布的集合在几何框架下成为确定的几何空间, 消除了随机性, 并认为如此美妙的结果一定会有很好的应用前景. 于是, Amari 等致力于信息几何理论框架的建立[2,12,13,15,18,20,29,36,38,46]. 他们发现, 黎曼联络虽好 (具有对称性和相容性), 但是限制太多, 无法有效地解决统计中的一些问题. 类似于黎曼联络定义中度量与联络的相容性, 他们提出了对偶联络的概念, 是对经典的黎曼联络的推广, 由此建立信息几何的理论框架, 这是信息几何发展的里程碑. 为了将对偶联络具体化, 他们定义了具有对称性的 α-联络, 将关于黎曼联络的保内积性质推广为关于对偶联络的保内积性质. 他们构造了对偶平坦空间的几何结构, 通过对偶势函数定义了散度函数, 该散度函数只满足非负性, 不满足距离公理中的对称性和三角不等式. 众所周知, 一方面, 弯曲空间中的 "直线" 就是所谓的测地线, 局部地, 它是连接流形上两点之间距离的最短线, 而 Amari 等利用对偶联络定义了两条对偶的测地线, 由此可以研究对偶平坦空间中一点到它的子空间的最短距离问题. 另一方面, 既然信息几何是建立在黎曼流形上, 在研究一个目标函数的最小值时就不能用欧氏空间中的梯度下降法, 取而代之的是黎曼梯度下降法, 该梯度与定义在流形上的黎曼度量有关. 利用黎曼梯度算法可以减少迭代次数, 缓解陷于局部极小现象, 而且在一些情形下算法的效果等同于批次算法. 指数分布族包含指数分布、正态分布、二项分布、泊松分布、多项式分布等, 而指数分布族的几何结构由势函数完全确定. Amari[5] 获得了指数分布族关于对偶参数的有效估计结果, 其中 C-R 下界由 Fisher 信息度量确定, 而对于非指数分布族, 则利用对偶联络的几何度量给出了渐近的有效估计结果. Amari 等[11] 把随机神经网络——玻尔兹曼机看成统计流形, 获得了玻尔兹曼机的信息几何学习算法.

上面介绍的是经典信息几何, 它的研究对象是随机的情形. 人们自然要问, 对于非随机的情形应该有什么样的理论? Barbaresco[16,17], Nielsen[39], Pennec 等提出了矩阵信息几何的概念. 顾名思义, 矩阵信息几何是基于黎曼几何框架的矩阵空间的几何结构, 研究信息领域中的问题. 在矩阵信息几何中, 一般线性群 $GL(n,\mathbb{R})=\{A\in\mathbb{R}^{n\times n}\mid \det(A)\neq 0\}$ 的子群和子流形的几何结构发挥着重要的作用. 实际上, 人们发现利用矩阵李群或矩阵流形的几何结构在处理许多实际问题时更加有效. 李群是具有群结构的微分流形. 既然李群是微分流形, 可以在其上定义黎曼度量以及距离函数, 该距离满足距离函数的三条公理. 李群拥有的乘法运算结构给我们带来许多方便, 通过左 (右) 移动可以用单位元处的切空间 (李代数) 的内积表示李群上任意一点处的切空间上的内积, 李代数与李群之间可由指数映射和对数映射相联系, 由此可以获得测地线以及测地距离的一般表达式. $GL(n,\mathbb{R})$ 的一些李子群, 如正交群、酉群以及辛群是紧致的, 因此具有非常特殊的性质. 譬如, 紧致李群上存在双不变度量, 拥有非负的截面曲率, 经过单位元的单参数子群就是测地线, 而且经过任意一点处的测地线可由过单位元处的测地线的左 (右) 移动给出. 作为 $GL(n,\mathbb{R})$ 的子流形, 正定矩阵流形 $SPD(n)$ 具有良好的几何性质, 在其上可以定义不同的黎曼度量, 使其在不同的黎曼度量下呈现出不同的几何结构. $SPD(n)$ 在仿射不变度量下成为一个带有非正曲率的 Hadamard 空间, 其上任意两点都可由显式表达的测地线连接, 而且测地距离具有显式的表示. 由于两个正定矩阵关于矩阵的乘法运算不能保证它们还是对称矩阵, 所以 $SPD(n)$ 本身不是群, 当然不是李群. Arsigny 等利用指数映射在 $SPD(n)$ 上定义了新的乘法运算, 使得 $SPD(n)$ 成为阿贝尔李群, 其上存在双不变的黎曼度量[14,37,39,44]. 利用指数映射可以获得测地距离的简单表达形式, 在实际计算时显示出速度上的优势. 利用黎曼淹没理论, Li[33,34] 等在 $GL(n,\mathbb{R})$ 和 $SPD(n)$ 之间建立了等距映射, 利用从空间 $GL(n,\mathbb{R})$ 上的距离函数表示底空间 $SPD(n)$ 上任意两点间的测地距离, 该距离恰好等于定义在零平均值的正态分布流形上的 Wasserstein 度量所诱导的 Wasserstein 距离. $SPD(n)$ 在 Wasserstein 度量下的截面曲率为正. 在研究定义在 $GL(n,\mathbb{R})$ 的子群或子流形上的优化问题时, 通常设法给出测地线和测地距离等重要几何量的表达式, 把测地距离作为目标函数, 利用黎曼梯度等算法计算最优解. 对于许多实际问题, 充分利用矩阵信息几何良好的几何结构, 可以给出优化算法的解析表达式[28,30,41,42,48,51].

随着信息几何的理论在各领域的成功应用, 人们有理由相信: 信息几何不仅理论优美, 而且具有广泛的实际应用前景[19,21,22,31,32,35,45,47].

正如信息几何的名字, 充分利用几何结构来刻画信息是信息几何的根本内涵. 例如著名的流形学习理论中的降维方法是线性降维方法——主成分分析法——的推广, 其本质上是充分利用数据所依附的流形空间的几何结构进行降维. 令人遗憾的是, 迄今为止, 黎曼几何最重要的概念——曲率——在信息几何研究中并没有充分发挥作用. 另外, 人们对于统计流形的拓扑结构更是所知无几, 这是信息几何理论一个明显的有待完善之处. 这些问题的解决对信息几何的发展至关重要.

信息几何涉及多个数学分支, 特别是黎曼几何. 黎曼几何本身是一个重要的数学分支, 以拓扑学、微分流形等作为基础. 目前, 信息几何的基本理论框架并不涉及复杂与深刻的数学理论, 所以读者掌握了黎曼几何等基本理论就可以进行信息几何的学习和研究. 但是, 如果要有所创新, 深入推进信息几何的理论与应用研究, 就需要掌握更加深刻的数学理论, 包括李群与李代数、代数拓扑、纤维丛以及代数几何等.

参考文献

[1] Amari S. Differential-Geometrical Methods in Statistics. Lecture Notes in Statistics. Berlin: Springer-Verlag, 1985.

[2] Amari S, Nagaoka H. Methods of Information Geometry. Oxford: Oxford University Press, 2000.

[3] Amari S. Information geometry of the EM and em algorithms for neural networks. Neural Networks, 1995, 8: 1379-1408.

[4] Amari S. Differential geometry of a parametric family of invertible linear sys-

tems: Riemannian metric, dual affine connections, and divergence. Mathematical Systems Theory, 1987, 20: 53-82.
[5] Amari S. Differential geometry of curved exponential families-curvatures and information loss. Annals of Statistics, 1982, 10: 357-385.
[6] Amari S. Fisher information under restriction of Shannon information in multi-terminal situations. Annals of the Institute of Statistical Mathematics, 1989, 41: 623-648.
[7] Amari S. Information geometry on hierarchy of probability distributions. IEEE Transactions on Information Theory, 2001, 47: 1701-1711.
[8] Amari S. Natural gradient works efficiently in learning. Neural Computation, 1998, 10: 251-276.
[9] Amari S. Superefficiency in blind source separation. IEEE Transactions on Signal Processing, 1999, 47: 936-944.
[10] Amari S, Kawanabe M. Information geometry of estimating functions in semiparametric statistical models. Bernoulli, 1997, 3: 29-54.
[11] Amari S, Kurata K, Nagaoka H. Information geometry of Boltzmann machines. IEEE Transactions on Neural Networks, 1992, 3: 260-271.
[12] Amari S. Information Geometry and Its Applications. Berlin: Springer-Verlag, 2016.
[13] Amari S. Information geometry. Japanese Journal of Mathematics, 2021, 16: 1-48.
[14] Arsigny V, Fillard P, Pennec X, Ayache N. Geometric means in a novel vector space structure on symmetric positive-definite matrices. SIAM Journal on Matrix Analysis and Applications, 2007, 29: 328-347.
[15] Arwini K, Dodson C T J. Information Geometry: Near Randomness and Near Independence. Berlin, Heidelberg: Springer-Verlag, 2008.
[16] Barbaresco F. Interactions between symmetric cones and information geometrics: Bruhat-Tits and Siegel spaces models for high resolution autoregressive Doppler imagery. Springer Lecture Notes in Computer Science, 2009, 5416: 124-163.
[17] Barbaresco F. Innovative tools for radar signal processing based on Cartan's geometry of SPD matrices and information geometry. IEEE Radar Conference, 2008: 1-6.
[18] Bregman L M. The relaxation method of finding the common point of convex

sets and its application to the solution of problems in convex programming. USSR Computational Mathematics and Mathematical Physics, 1967, 7: 200-217.

[19] Cao Y, Li D, Sun H, Assadi A H, Zhang S. Efficient Weingarten map and curvature estimation on manifolds. Machine Learning, 2021, 110: 1319-1344.

[20] Censor Y, Iusem A N, Zenios S A. An interior point method with Bregman functions for the variational inequality problem with paramonotone operators. Mathematical Programming, 1998, 81: 373-400.

[21] Cheng Y, Wang X, Caelli T, Moran B. Tracking and localizing moving targets in the presence of phase measurement ambiguities. IEEE Transactions on Signal Processing, 2011, 59: 3514-3525.

[22] Cheng Y, Wang X, Morelande M, Moran B. Information geometry of target tracking sensor networks. Information Fusion, 2013, 14: 311-326.

[23] Čencov N N. Statistical Decision Rules and Optimal Inference. Rhode Island: American Mathematical Society, 1982.

[24] Dawid A P. Discussion to Efron's paper. Annals of Statistics, 1975, 3: 1231-1234.

[25] Dawid A P. Further comments on some comments on a paper by Bradley Efron. Annals of Statistics, 1977, 5: 1249.

[26] Efron B. Defining the curvature of a statistical problem. Annals of Statistics, 1975, 3: 1189-1242.

[27] Efron B. The geometry of exponential families. Annals of Statistics, 1978, 6: 362-376.

[28] Fletcher P, Joshi S. Riemannian geometry for the statistical analysis of diffusion tensor data. Signal Processing, 2007, 87: 250-262.

[29] Jeffreys H. Theory of Probability. 3rd ed. Oxford: Clarendon Press, 1961.

[30] Karcher H. Riemannian center of mass and mollifier smoothing. Communications on Pure and Applied Mathematics, 1977, 30: 509-541.

[31] Leok M, Zhang J. Connecting information geometry and geometric mechanics. Entropy, 2017, 19: 518.

[32] Li D, Sun H, Tao C, Jiu L. Riemannian holonomy groups of statistical manifolds. arXiv:1401.5706, 2014.

[33] Li L, Wong K M. Riemannian distances for signal classification by power spectral density. IEEE Journal of Selected Topics in Signal Processing, 2013,

7: 655-669.

[34] Li Y, Wong K M, deBruin H. EEG signal classification based on a Riemannian distance measure[C]//2009 IEEE Toronto International Conference Science and Technology for Humanity (TIC-STH). IEEE, 2009: 268-273.

[35] Liu F, Masouros C, Li A, Sun H, Hanzo L. MU-MIMO communications with MIMO radar: From co-existence to joint transmission. IEEE Transactions on Wireless Communications, 2018, 17: 2755-2768.

[36] Matsuzoe H, Amari S, Takeuchi J. Equiaffine structures on statistical manifolds and Bayesian statistics. Differential Geometry and its Applications, 2006, 24: 567-578.

[37] Moakher M. A differential geometric approach to the geometric mean of symmetric positive-definite matrices. SIAM Journal on Matrix Analysis and Applications, 2005, 26: 735-747.

[38] Nielsen F. An elementary introduction to information geometry. Entropy, 2020, 22: 1100.

[39] Nielsen F, Bhatia R. Matrix Information Geometry. Berlin: Springer, 2013.

[40] Ohara A, Amari S. Differential geometric structures of stable state feedback systems with dual connections. Kybernetika, 1994, 30: 369-386.

[41] Peng L, Sun H, Sun D, Yi J. The geometric structures and instability of entropic dynamical models. Advances in Mathematics, 2011, 227: 459-471.

[42] Peng Y, Lin W, Ying S, Peng J. Soft shape registration under Lie group frame. IET Computer Vision, 2013, 7: 437-447.

[43] Rao C R. Information and accuracy attainable in the estimation of statistical parameters. Bulletin of the Calcutta Mathematical Society, 1945, 37: 81-91.

[44] Skovgaard L T. A Riemannian geometry of the multivariate normal model. Scandinavian Journal of Statistics, 1984, 11: 211-223.

[45] Sun F, Ni Y, Luo Y, Sun H. ECG classification based on Wasserstein scalar curvature. Entropy, 2022, 24: 1450.

[46] Zhang J. Divergence function, duality, and convex analysis. Neural Computation, 2004, 16: 159-195.

[47] Xu H, Sun H, Cheng Y, Liu H. Wireless sensor networks localization based on graph embedding with polynomial mapping. Computer Networks, 2016, 106: 151-160.

[48] 黎湘, 程永强, 王宏强, 秦玉亮. 雷达信号处理的信息几何方法. 北京: 科学出

版社, 2014.

[49] 罗四维. 大规模人工神经网络理论基础. 北京: 清华大学出版社, 2004.

[50] 孙华飞, 彭林玉, 张真宁. 信息几何及其应用. 数学进展, 2011, 40: 257-269.

[51] 孙华飞, 张真宁, 彭林玉, 段晓敏. 信息几何导引. 北京: 科学出版社, 2016.

[52] 韦博成. 统计推断与微分几何. 北京: 清华大学出版社, 1988.

第 2 章　微分几何与黎曼几何基础

本章简要介绍微分几何的基础内容, 包括三维欧氏空间的曲线理论与曲面理论, 以及黎曼几何的基本内容, 细节可以参照相关文献. 除非特别说明, 书中涉及的函数都假定是光滑函数.

2.1　微分几何基础

经典的微分几何主要研究三维欧氏空间中的曲线理论和曲面理论. 曲线的曲率和挠率分别描述曲线在一点附近的弯曲程度和扭曲程度, 例如直线的曲率和挠率都为 0, 单位圆是均匀弯曲的曲线. 曲率和挠率在刚体运动下是不变的. 高斯曲率是描述曲面一点附近弯曲程度的几何量, 它仅仅依赖于曲面自身的度量, 与曲面所在的欧氏空间无关. 例如平面的高斯曲率为 0, 二维单位球面的高斯曲率为 1, 而庞加莱上半平面的高斯曲率为 -1. 曲面的平均曲率是由曲面的第一基本形式和第二基本形式定义的, 特别地, 平均曲率恒为 0 的曲面称为极小曲面, 具有固定边界的曲面族中面积最小的曲面就是极小曲面. 这里不给出一些概念的严格数学定义, 只介绍一些主要结论, 感兴趣的读者可以阅读相关文献[11,17,21,22,27].

2.1.1　三维欧氏空间中的曲线理论简介

我们用 $\mathbb{R}^3$ 表示三维欧氏空间. 设 $r:[t_0,t_1]\subset\mathbb{R}\to\mathbb{R}^3$ 是正则曲线($|\dot{r}(t)|\neq 0$), 其中 t 为参数. 曲线的曲率定义为

$$\kappa(t)=\frac{|\dot{r}(t)\times\ddot{r}(t)|}{|\dot{r}(t)|^3}.$$

可以验证, 直线的曲率为 0, 单位圆的曲率为 1. 曲线的弧长定义为

$$s(t)=\int_{t_0}^{t}|\dot{r}(\tau)|\,\mathrm{d}\tau.$$

当曲线的参数取作弧长参数($t=s$) 时, 由于 $|\dot{r}(s)|=1$, 曲率可以更简洁地表示为

$$\kappa(s)=|\ddot{r}(s)|.$$

如果能够确认曲线是以弧长为参数, 利用上面的公式计算曲率就更方便. 曲线 $r(t),\ t\in[t_0,t_1]$ 的长度定义为

$$L=\int_{t_0}^{t_1}|\dot{r}(t)|\,\mathrm{d}t.$$

曲线在一点附近的扭曲程度, 即曲线的挠率, 可以用下面的公式来计算

$$\tau(t)=\frac{(\dot{r}(t),\ddot{r}(t),\dddot{r}(t))}{|\dot{r}(t)\times\ddot{r}(t)|^2},$$

其中 $(\cdot,\cdot,\cdot)$ 表示三个向量的混合积. 可以验证, 平面曲线的挠率为 0, 换言之, 平面曲线没有扭曲.

注 1 曲线的长度、曲率及挠率不依赖于参数的选取, 换言之, 无论选取何种参数, 曲线的长度、曲率及挠率都不变.

例 1 设圆柱螺线

$$r(t)=(a\cos(\omega t),a\sin(\omega t),b\omega t),$$

其中 $a,\ b,\ \omega=1/\sqrt{a^2+b^2}$ 都是常数. 可以验证 t 是弧长参数, 曲率 $\kappa(t)=\omega^2 a$, 挠率 $\tau(s)=\omega^2 b$, 且当曲率不为 0 时, $\tau(t)/\kappa(t)=b/a$.

注 2 设 $\widetilde{r}(t)=Ar(t)+b$, 其中 A 为正交矩阵, $b\in\mathbb{R}^3$, 即对曲线进行平移和旋转的变换, 简称刚体变换. 可以验证, 曲线 $\widetilde{r}(t)$ 与 $r(t)$ 的曲率和挠率相等. 换言之, 曲率和挠率是刚体变换的不变量.

2.1.2 三维欧氏空间中的曲面理论简介

下面简要介绍 $\mathbb{R}^3$ 中曲面的内容.

设 $r:D\subset\mathbb{R}^2\to\mathbb{R}^3$ 为参数化的光滑正则曲面 S:

$$r(u,v)=(x(u,v),y(u,v),z(u,v))\in\mathbb{R}^3,$$

其中 (u,v) 是曲面的参数, r_u,r_v 分别表示曲面关于 u,v 的偏导数, $r_u\times r_v\neq 0$. 有时用 $r(u,v)$ 表示参数化的曲面 S. 曲面在 $r(u,v)$ 点处的单位法向量定义为

$$n=\frac{r_u\times r_v}{|r_u\times r_v|}.$$

例 2 对于平面

$$r(x,y)=(x,y,0),$$

由于 $r_x=(1,0,0),\ r_y=(0,1,0)$, 则有 $n=(0,0,1)$.

例 3　对于单位球面

$$S^2(1) = \left\{(x,y,z) \in \mathbb{R}^3 \mid x^2+y^2+z^2=1\right\},$$

用参数可以表示为

$$r(u,v) = (\cos u \cos v, \cos u \sin v, \sin u),$$

经计算可得

$$r_u = (-\sin u \cos v, -\sin u \sin v, \cos u), \quad r_v = (-\cos u \sin v, \cos u \cos v, 0),$$

$$r_u \times r_v = (-\cos^2 u \cos v, -\cos^2 u \sin v, -\cos u \sin u),$$

$$n = (\cos u \cos v, \cos u \sin v, \sin u)\,.$$

类似于曲线的曲率与挠率, 可以定义曲面的曲率——高斯曲率——来刻画曲面上一点附近的弯曲程度. 为此, 首先给出衡量曲面上相邻两点之间距离的量——曲面的第一基本形式

$$I = \mathrm{d}s^2 = E\,\mathrm{d}u^2 + 2F\,\mathrm{d}u\,\mathrm{d}v + G\,\mathrm{d}v^2,$$

其中 $E = r_u \cdot r_u$, $F = r_u \cdot r_v$, $G = r_v \cdot r_v$. 上式可以改写成

$$\mathrm{d}s^2 = (\mathrm{d}u, \mathrm{d}v)g(\mathrm{d}u, \mathrm{d}v)^{\mathrm{T}},$$

其中

$$g = \begin{pmatrix} E & F \\ F & G \end{pmatrix}.$$

由曲面的正则性假设可知 g 的行列式 $\det(g) = EG - F^2 = |r_u \times r_v|^2 > 0$ 以及 $E > 0$, $G > 0$. 由此可知 I 为正定二次型.

曲面的第二基本形式定义为

$$II = L\,\mathrm{d}u^2 + 2M\,\mathrm{d}u\,\mathrm{d}v + N\,\mathrm{d}v^2,$$

其中 $L = r_{uu} \cdot n$, $M = r_{uv} \cdot n$, $N = r_{vv} \cdot n$. 我们可以利用它们的系数来计算高斯曲率以及平均曲率.

曲面 $r(u,v)$ 的高斯曲率定义为

$$K = \frac{LN - M^2}{EG - F^2}.$$

高斯曲率可以利用第一和第二基本形式来计算, 但实际上可以证明, 高斯曲率仅由曲面的第一基本形式决定. 可以验证, 平面的高斯曲率为 0, 球面的高斯曲率为正, 而双曲面的高斯曲率为负.

例 4 对于环面

$$r(u,v)=((b+a\sin u)\cos v,(b+a\sin u)\sin v,a\cos u)\,,\quad 0<a<b,$$

经计算可得

$$r_u=(a\cos u\cos v,a\cos u\sin v,-a\sin u),$$

$$r_v=(-(b+a\sin u)\sin v,(b+a\sin u)\cos v,0).$$

于是得到

$$E=a^2,\quad F=0,\quad G=(b+a\sin u)^2,$$

$$|r_u\times r_v|=a(b+a\sin u),$$

以及法向量

$$n=\frac{r_u\times r_v}{|r_u\times r_v|}=(\sin u\cos v,\sin u\sin v,\cos u).$$

进一步地, 可得

$$r_{uu}=(-a\sin u\cos v,-a\sin u\sin v,-a\cos u),$$

$$r_{uv}=(-a\cos u\sin v,a\cos u\cos v,0),$$

$$r_{vv}=(-(b+a\sin u)\cos v,-(b+a\sin u)\sin v,0),$$

$$L=-a,\quad M=0,\quad N=-(b+a\sin u)\sin u,$$

以及

$$K=\frac{LN-M^2}{EG-F^2}=\frac{\sin u}{a\,(b+a\sin u)}.$$

所以, 当 $0<u<\pi$ 时, $K>0$; 当 $\pi<u<2\pi$ 时, $K<0$; 当 $u=0,\ \pi$ 时, $K=0$.

定义 1 如果光滑曲面 $S:r(u,v)$ 与 $S_1:r_1(u_1,v_1)$ 之间存在一一对应 $u_1=u_1(u,v),v_1=v_1(u,v)$, 满足

$$\mathrm{d}s_1^2=h(u,v)\,\mathrm{d}s^2,$$

其中 $h(u,v)>0$ 是光滑函数, 则称曲面 S 与 S_1 共形.

注 3 在上述定义中, 当 $h(u,v)\equiv 1$ 时, S 与 S_1 称为等距.

命题 1 任何一个光滑曲面都与平面共形, 即对于任何光滑的曲面 $S:r(u,v)$, 可以选取一族新的参数 (u_1,v_1), 使得

$$\mathrm{d}s^2=h\left(u_1,v_1\right)\left(\mathrm{d}u_1^2+\mathrm{d}v_1^2\right),$$

其中函数 h 为正的光滑函数. 称这样的参数 (u_1,v_1) 为等温参数.

证明 设 $l = EG - F^2$, 则 $\sqrt{F^2 - EG} = \mathrm{i}\sqrt{l}, \mathrm{i}^2 = -1$. 于是有

$$E\,\mathrm{d}u + F\,\mathrm{d}v + \sqrt{F^2 - EG}\,\mathrm{d}v = E\,\mathrm{d}u + F\,\mathrm{d}v + \mathrm{i}\sqrt{l}\,\mathrm{d}v.$$

由常微分方程理论可知存在一个非零的复积分因子 λ, 使得

$$\lambda\left(E\,\mathrm{d}u + F\,\mathrm{d}v + \mathrm{i}\sqrt{l}\,\mathrm{d}v\right) = \mathrm{d}u_1 + \mathrm{i}\,\mathrm{d}v_1, \tag{2.1}$$

其中 (u_1, v_1) 为曲面的另一组参数. 对 (2.1) 两边取共轭可得

$$\overline{\lambda}\left(E\,\mathrm{d}u + F\,\mathrm{d}v - \mathrm{i}\sqrt{l}\,\mathrm{d}v\right) = \mathrm{d}u_1 - \mathrm{i}\,\mathrm{d}v_1. \tag{2.2}$$

利用 (2.1) 与 (2.2), 由曲面的第一基本形式, 可得

$$\begin{aligned}
\mathrm{d}s^2 &= E\,\mathrm{d}u^2 + 2F\,\mathrm{d}u\,\mathrm{d}v + G\,\mathrm{d}v^2 \\
&= \frac{1}{E}\left(E\,\mathrm{d}u + F\,\mathrm{d}v + \sqrt{F^2 - EG}\,\mathrm{d}v\right)\left(E\,\mathrm{d}u + F\,\mathrm{d}v - \sqrt{F^2 - EG}\,\mathrm{d}v\right) \\
&= \frac{1}{E}\left(E\,\mathrm{d}u + F\,\mathrm{d}v + \mathrm{i}\sqrt{l}\,\mathrm{d}v\right)\left(E\,\mathrm{d}u + F\,\mathrm{d}v - \mathrm{i}\sqrt{l}\,\mathrm{d}v\right) \\
&= \frac{1}{E}\frac{1}{|\lambda|^2}(\mathrm{d}u_1^2 + \mathrm{d}v_1^2) \\
&= h(u_1, v_1)(\mathrm{d}u_1^2 + \mathrm{d}v_1^2),
\end{aligned}$$

其中, $h(u_1, v_1) = \dfrac{1}{E}\dfrac{1}{|\lambda|^2}$. 从上面的参数变换可以验证雅可比行列式 $\dfrac{\partial(u_1, v_1)}{\partial(u, v)} > 0$, 从而参数 (u, v) 与参数 (u_1, v_1) 之间的变换一一对应, 于是 (u_1, v_1) 的确是曲面的一族新参数. □

命题 2 通过选取等温参数 (u, v), 曲面 $S : r(u, v)$ 的高斯曲率可以利用如下简单的公式来计算

$$K = -\frac{1}{2h}\Delta \log h,$$

其中 $\Delta = \dfrac{\partial^2}{\partial u^2} + \dfrac{\partial^2}{\partial v^2}$ 为拉普拉斯算子.

证明 假设曲面 S 通过选择等温参数 (u, v), 使得 $\mathrm{d}s^2 = h(u, v)(\mathrm{d}u^2 + \mathrm{d}v^2)$, 则有 $E = r_u \cdot r_u = h(u, v)$, $F = r_u \cdot r_v = 0$, $G = r_v \cdot r_v = h(u, v)$. 对于 $F = 0$, 关于 u, v 求偏导可得

$$r_{uu} \cdot r_v + r_u \cdot r_{uv} = 0, \quad r_{uv} \cdot r_v + r_u \cdot r_{vv} = 0.$$

将 r_u, r_v 单位化, 定义

$$e_1 = \frac{r_u}{|r_u|} = \frac{r_u}{\sqrt{h}}, \quad e_2 = \frac{r_v}{|r_v|} = \frac{r_v}{\sqrt{h}}, \quad n = e_1 \times e_2,$$

则 e_1, e_2, n 构成 $\mathbb{R}^3$ 的一组标准正交基底, 于是 r_{uu}, r_{uv}, r_{vv} 可以用该标准正交基底线性表示. 例如, 设

$$r_{uu} = ae_1 + be_2 + cn, \tag{2.3}$$

由 $a = r_{uu} \cdot e_1 = \dfrac{1}{2\sqrt{h}}\dfrac{\partial h}{\partial u}$, $b = r_{uu} \cdot e_2 = -\dfrac{1}{2\sqrt{h}}\dfrac{\partial h}{\partial v}$, $c = r_{uu} \cdot n = L$, 可以获得 r_{uu} 在基底 e_1, e_2, n 下的坐标表示. 类似地, 可以计算 r_{uv} 以及 r_{vv} 在这组基底下的线性表示, 归纳如下

$$\begin{aligned} r_{uu} &= \left(\frac{1}{2\sqrt{h}}\frac{\partial h}{\partial u}, -\frac{1}{2\sqrt{h}}\frac{\partial h}{\partial v}, L\right), \\ r_{uv} &= \left(\frac{1}{2\sqrt{h}}\frac{\partial h}{\partial v}, \frac{1}{2\sqrt{h}}\frac{\partial h}{\partial u}, M\right), \\ r_{vv} &= \left(-\frac{1}{2\sqrt{h}}\frac{\partial h}{\partial u}, \frac{1}{2\sqrt{h}}\frac{\partial h}{\partial v}, N\right). \end{aligned} \tag{2.4}$$

由 $\dfrac{1}{2}\dfrac{\partial h}{\partial u} = r_{vu} \cdot r_v$ 得到

$$\begin{aligned} \frac{1}{2}\frac{\partial^2 h}{\partial u^2} &= r_{vuu} \cdot r_v + r_{vu} \cdot r_{vu} \\ &= \frac{\partial}{\partial v}(r_{uu} \cdot r_v) - r_{uu} \cdot r_{vv} + r_{vu} \cdot r_{vu}. \end{aligned} \tag{2.5}$$

利用 (2.4) 得到

$$r_{uu} \cdot r_v = -\frac{1}{2}\frac{\partial h}{\partial v}, \quad \frac{\partial}{\partial v}(r_{uu} \cdot r_v) = -\frac{1}{2}\frac{\partial^2 h}{\partial v^2}, \tag{2.6}$$

$$r_{uu} \cdot r_{vv} = -\frac{1}{4h}\left(\left(\frac{\partial h}{\partial u}\right)^2 + \left(\frac{\partial h}{\partial v}\right)^2\right) + LN, \tag{2.7}$$

$$r_{vu} \cdot r_{vu} = \frac{1}{4h}\left(\left(\frac{\partial h}{\partial u}\right)^2 + \left(\frac{\partial h}{\partial v}\right)^2\right) + M^2. \tag{2.8}$$

结合 (2.5)—(2.8)可得

$$\frac{1}{2}\frac{\partial^2 h}{\partial u^2} = -\frac{1}{2}\frac{\partial^2 h}{\partial v^2} + \frac{1}{2h}\left(\left(\frac{\partial h}{\partial u}\right)^2 + \left(\frac{\partial h}{\partial v}\right)^2\right) + M^2 - LN.$$

上式变形为

$$\frac{1}{2}\Delta h = \frac{1}{2}\frac{\partial^2 h}{\partial u^2} + \frac{1}{2}\frac{\partial^2 h}{\partial v^2} = \frac{1}{2h}\left(\left(\frac{\partial h}{\partial u}\right)^2 + \left(\frac{\partial h}{\partial v}\right)^2\right) + M^2 - LN. \tag{2.9}$$

利用 (2.9), 由高斯曲率的定义可得

$$K = \frac{LN - M^2}{EG - F^2} = \frac{\dfrac{1}{2h}\left(\left(\dfrac{\partial h}{\partial u}\right)^2 + \left(\dfrac{\partial h}{\partial v}\right)^2\right) - \dfrac{1}{2}\Delta h}{h^2}. \tag{2.10}$$

另一方面, 注意到

$$\Delta \log h = -\frac{1}{h^2}\left(\left(\frac{\partial h}{\partial u}\right)^2 + \left(\frac{\partial h}{\partial v}\right)^2\right) + \frac{1}{h}\Delta h. \tag{2.11}$$

结合 (2.11) 与 (2.10), 得到

$$K = -\frac{1}{2h}\Delta \log h.$$

□

注 4　当取正的函数 $h(u,v) = e^{2\lambda(u,v)}$ 时, $\Delta \log h(u,v) = 2\Delta\lambda(u,v)$, 其中 $\lambda(u,v)$ 为光滑函数. 此时, 高斯曲率具有更简洁的形式

$$K = -e^{-2\lambda}\Delta\lambda.$$

注 5　设曲面 S 与 S^* 共形, 在等温参数 (x,y) 下满足 $\mathrm{d}s^{*2} = e^{2\nu}\,\mathrm{d}s^2$, 其中 $\mathrm{d}s^{*2} = e^{2(\mu+\nu)}(\mathrm{d}x^2 + \mathrm{d}y^2)$, $\mathrm{d}s^2 = e^{2\mu}(\mathrm{d}x^2 + \mathrm{d}y^2)$, μ, ν 分别为关于 x, y 的光滑函数. 于是 S 与 S^* 的高斯曲率分别满足 $K = -e^{-2\mu}\Delta\mu$ 以及 $K^* = -e^{-2(\mu+\nu)}\Delta(\mu+\nu)$, 而且

$$K^* = e^{-2\nu}\left(K - e^{-2\mu}\Delta\nu\right),$$

其中 $\Delta\nu = \dfrac{\partial^2\nu}{\partial x^2} + \dfrac{\partial^2\nu}{\partial y^2}$.

曲面 $r(u,v)$ 的平均曲率定义为

$$H = \frac{GL - 2FM + EN}{2(EG - F^2)}. \tag{2.12}$$

平均曲率与边界固定的曲面族的面积变分密切相关. 对于具有固定边界的曲面族

$$r_t(u,v) = r(u,v) + t\phi(u,v)n(u,v), \quad (u,v) \in D \subset \mathbb{R}^2, \tag{2.13}$$

其中 $n(u,v)$ 是曲面 $r(u,v)$ 的单位法向量, ϕ 是光滑函数. 其面积为

$$A(t) = \iint_D \sqrt{E_t G_t - (F_t)^2}\,\mathrm{d}u\,\mathrm{d}v. \tag{2.14}$$

利用 (2.12)—(2.14), 经计算可得

$$\dot{A}(0)=\left.\frac{\mathrm{d}A(t)}{\mathrm{d}t}\right|_{t=0}=\iint_D\left(-2H\phi(u,v)\sqrt{EG-F^2}\right)\mathrm{d}u\,\mathrm{d}v.$$

显然 $\dot{A}(0)=0$ 当且仅当 $H\equiv 0$. 称 $H\equiv 0$ 的曲面为极小曲面. 例如, 平面显然是极小曲面.

例 5 椭球面

$$\left\{(x,y,z)\in\mathbb{R}^3\ \middle|\ \frac{x^2}{a^2}+\frac{y^2}{b^2}+\frac{z^2}{c^2}=1\right\}$$

的高斯曲率与平均曲率分别满足

$$K=\frac{1}{a^2b^2c^2\left(\dfrac{x^2}{a^4}+\dfrac{y^2}{b^4}+\dfrac{z^2}{c^4}\right)^2},$$

$$H=\frac{(a^2+b^2+c^2)-(x^2+y^2+z^2)}{2a^2b^2c^2\left(\dfrac{x^2}{a^4}+\dfrac{y^2}{b^4}+\dfrac{z^2}{c^4}\right)^{\frac{3}{2}}}.$$

事实上, 选取椭球坐标系

$$x=a\cos u\cos v,\quad y=b\cos u\sin v,\quad z=c\sin u,$$

则椭球面的参数表示为

$$r(u,v)=(a\cos u\cos v,b\cos u\sin v,c\sin u),$$

经计算可得

$$r_u=(-a\sin u\cos v,-b\sin u\sin v,c\cos u),$$

$$r_v=(-a\cos u\sin v,b\cos u\cos v,0),$$

$$r_{uu}=(-a\cos u\cos v,-b\cos u\sin v,-c\sin u),$$

$$r_{uv}=r_{vu}=(a\sin u\sin v,-b\sin u\cos v,0),$$

$$r_{vv}=(-a\cos u\cos v,-b\cos u\sin v,0),$$

$$n=\frac{1}{C}(-bc\cos u\cos v,-ac\cos u\sin v,-ab\sin u),$$

其中

$$C=\sqrt{b^2c^2\cos^2 u\cos^2 v+c^2a^2\cos^2 u\sin^2 v+a^2b^2\sin^2 u},$$

以及

$$
\begin{aligned}
&E=a^2\sin^2 u\cos^2 v+b^2\sin^2 u\sin^2 v+c^2\cos^2 u,\\
&F=\left(a^2-b^2\right)\sin u\cos u\sin v\cos v,\\
&G=a^2\cos^2 u\sin^2 v+b^2\cos^2 u\cos^2 v,\\
&L=\frac{abc}{C},\quad M=0,\quad N=\frac{abc\cos^2 u}{C}.
\end{aligned}
$$

于是得到

$$
\begin{aligned}
&K=\frac{a^2b^2c^2}{C^4},\\
&H=\frac{abc\left((a^2+b^2+c^2)-\left(a^2\cos^2 u\cos^2 v+b^2\cos^2 u\sin^2 v+c^2\sin^2 u\right)\right)}{2C^3}.
\end{aligned}
$$

利用 (x,y,z) 坐标表示, 可得

$$
\begin{aligned}
K&=\frac{1}{a^2b^2c^2\left(\dfrac{x^2}{a^4}+\dfrac{y^2}{b^4}+\dfrac{z^2}{c^4}\right)^2},\\
H&=\frac{(a^2+b^2+c^2)-(x^2+y^2+z^2)}{2a^2b^2c^2\left(\dfrac{x^2}{a^4}+\dfrac{y^2}{b^4}+\dfrac{z^2}{c^4}\right)^{\frac{3}{2}}}.
\end{aligned}
$$

注 6　当 $a=b=c$, 即椭球面为半径为 a 的球面时, 得到

$$
K=\frac{1}{a^2},\quad H=\frac{1}{a}.
$$

例 6　设曲面

$$
r(x,y)=(y\cos x,y\sin x,f(y))
$$

的高斯曲率 K 为非正常数, 其中函数 f 为光滑函数, 则 f 具有解析的表达式.

事实上, 简记 $f(y)$ 为 f, 经计算可得

$$
\begin{aligned}
&r_x=(-y\sin x,y\cos x,0)\,,\quad r_y=(\cos x,\sin x,\dot f),\\
&r_{xx}=(-y\cos x,-y\sin x,0)\,,\quad r_{xy}=r_{yx}=(-\sin x,\cos x,0)\,,\quad r_{yy}=(0,0,\ddot f).
\end{aligned}
$$

曲面的第一基本形式系数为

$$
E=y^2,\quad F=0,\quad G=1+(\dot f)^2.
$$

单位法向量为

$$n = \frac{r_x \times r_y}{|r_x \times r_y|} = \frac{1}{\sqrt{1+(\dot{f})^2}}(\dot{f}\cos x, \dot{f}\sin x, -1).$$

曲面的第二基本形式系数为

$$L = \frac{-y\dot{f}}{\sqrt{1+(\dot{f})^2}}, \quad M = 0, \quad N = \frac{-\ddot{f}}{\sqrt{1+(\dot{f})^2}}.$$

于是有

$$K = \frac{LN - M^2}{EG - F^2} = \frac{\dot{f}\ddot{f}}{y(1+(\dot{f})^2)^2}. \tag{2.15}$$

当 $K=0$ 时, 由 $\dot{f}\ddot{f}=0$, 可得 f 为常数或者为线性函数 $f(y)=ay+b$, 其中 a,b 为常数. 下面讨论 $K<0$ 的情形. 令 $K=-\dfrac{1}{k^2}$, $k>0$. 对 (2.15) 积分, 并取积分常数为 0, 可得

$$\dot{f} = \pm\frac{\sqrt{k^2-y^2}}{y}.$$

继续积分, 并令 $y=k\cos\theta$, 可得

$$f = \pm k\left[-\sin\theta + \frac{1}{2}\log\left(\frac{1+\sin\theta}{1-\sin\theta}\right) + C\right],$$

其中 C 为积分常数.

例 7 设

$$r(x,y) = (x, y, z(x,y)), \quad z(x,y) = f(x) + h(y)$$

为三维欧氏空间 $\mathbb{R}^3$ 中的光滑曲面, 其中 $f(x)$, $h(y)$ 为光滑函数. 当曲面为极小曲面时, 曲面为 Scherk 曲面或者平面.

事实上, 经计算可得

$$r_x = (1,0,z_x) = (1,0,\dot{f}), \quad r_y = (0,1,z_y) = (0,1,\dot{h}), \quad n = \frac{(-\dot{f}, -\dot{h}, 1)}{\sqrt{1+(\dot{f})^2+(\dot{h})^2}},$$

$$r_{xx} = (0,0,\ddot{f}), \quad r_{xy} = r_{yx} = (0,0,0), \quad r_{yy} = (0,0,\ddot{h}),$$

以及

$$E = 1 + (\dot{f})^2, \quad F = \dot{f}\dot{h}, \quad G = 1 + (\dot{h})^2,$$

$$L = \frac{\ddot{f}}{\sqrt{1 + (\dot{f})^2 + (\dot{h})^2}}, \quad M = 0, \quad N = \frac{\ddot{h}}{\sqrt{1 + (\dot{f})^2 + (\dot{h})^2}}.$$

于是, 有

$$H = \frac{\ddot{f}\big(1 + (\dot{h})^2\big) + \ddot{h}\big(1 + (\dot{f})^2\big)}{2\big(1 + (\dot{f})^2 + (\dot{h})^2\big)^{\frac{3}{2}}}. \tag{2.16}$$

当 $H \equiv 0$ 时, 由 (2.16) 得到

$$\ddot{f}\big(1 + (\dot{h})^2\big) + \ddot{h}\big(1 + (\dot{f})^2\big) = 0,$$

即

$$\frac{\ddot{f}}{1 + (\dot{f})^2} = -\frac{\ddot{h}}{1 + (\dot{h})^2}. \tag{2.17}$$

由 (2.17), 设

$$\frac{\ddot{f}}{1 + (\dot{f})^2} = c, \tag{2.18}$$

其中 c 为常数. 当 $c \neq 0$ 时, 由 (2.18) 可得

$$f(x) = -\frac{1}{c}\log\left(\cos(cx + a)\right), \quad h(y) = \frac{1}{c}\log\left(\cos(cy + b)\right),$$

其中 a, b 是积分常数. 从而有

$$z(x, y) = f(x) + h(y) = \frac{1}{c}\log\left(\frac{\cos(cy + b)}{\cos(cx + a)}\right).$$

特别地, 当取 $a = b = 0$ 时, 则有

$$z(x, y) = \frac{1}{c}\log\left(\frac{\cos(cy)}{\cos(cx)}\right).$$

此时获得的曲面称为 Scherk 曲面.

当 $c = 0$ 时, 由 $\ddot{f} = \ddot{h} = 0$, 可得

$$f(x) = a_1 x + b_1, \quad h(y) = a_2 y + b_2,$$

其中 a_1, b_1, a_2, b_2 均为积分常数. 于是得到

$$z(x, y) = f(x) + h(y) = a_1 x + a_2 y + b_1 + b_2.$$

此时获得的曲面是平面.

2.2 黎曼几何基础

作为曲线理论和曲面理论的推广, 人们引入微分流形的概念. 粗略地讲, 所谓微分流形是局部可欧氏化的一个拓扑空间, 其上具有拓扑结构和微分结构, 可以进行求导和积分运算. 通过引入黎曼度量, 可以在弯曲的空间上定义长度、角度、体积以及黎曼曲率等几何量. 本节内容的细节可参见英文文献 [1–9] 以及中文文献 [10–14, 16–20, 22–29].

2.2.1 基本概念

定义 2 给定集合 M 与 τ, 其中 τ 的元素为 M 的子集. 称 M 为带有拓扑 τ 的拓扑空间, 若其满足

1. 集合 M 和空集 $\varnothing$ 属于 τ;
2. τ 的任意有限（或无限）个元素的并属于 τ;
3. τ 的任意有限个元素的交属于 τ.

带有拓扑 τ 的拓扑空间 M 也记成 (M,τ).

定义 3 拓扑中的元素称为开集. 设 N 为拓扑空间 (M,τ) 的子集. 如果补集 $M\backslash N$ 为开集, 即 $M\backslash N\in\tau$, 则称 N 为闭集.

定义 4 设 (M,τ) 为拓扑空间, N 为 M 的子集. 定义 N 的一个拓扑为 $\{N\cap A\mid A\in\tau\}$. 这样定义的 N(由 M 的拓扑 τ 诱导的) 的拓扑称为子空间拓扑.

定义 5 设 M 与 N 为两个拓扑空间, $f:M\to N$ 为两个拓扑空间之间的映射. 如果对于任意的 $y\in N$ 都存在 $x\in M$ 使得 $y=f(x)$, 则称 f 为满射; 如果对于任意的 $x,y\in M$, $x\neq y$, $f(x)\neq f(y)$ 成立, 则称 f 为单射. 如果 f 既是满射又是单射, 则称 f 为双射.

定义 6 设 M 与 N 为两个拓扑空间, $f:M\to N$ 称为连续映射, 如果满足以下条件之一:

1. 对于 N 中任意的开集 U, $f^{-1}(U)$ 为 M 的开集;
2. 对于 N 中任意的闭集 V, $f^{-1}(V)$ 为 M 的闭集.

定义 7 对于两个拓扑空间 M,N, 如果存在双射 f, 使得 $f:M\to N$ 以及 f 的逆映射 f^{-1} 均连续, 则称 f 为同胚映射, 此时称 M 与 N 为同胚的拓扑空间.

定义 8 称拓扑空间 (M,τ) 为 Hausdorff 空间 , 如果 M 中任意两点都存在两个不相交的开集把它们隔开, 即对于任意的 $x_1,x_2\in M$, 都存在 U_1, $U_2\in\tau$,

使得 $x_1 \in U_1$, $x_2 \in U_2$ 且 $U_1 \cap U_2 = \varnothing$.

定义 9　如果一个拓扑空间的所有开覆盖都有有限开覆盖, 则称该拓扑空间是紧致的.

命题 3　Hausdorff 空间中的有界闭集是紧致的.

定义 10　设 X 为一个集合, 对于任意的 $x, y, z \in X$, 如果映射 $d: X \times X \to \mathbb{R}$ 满足

1. 非负性: $d(x,y) \geqslant 0$, 而且等号成立当且仅当 $x = y$;
2. 对称性: $d(x,y) = d(y,x)$;
3. 三角不等式: $d(x,z) \leqslant d(x,y) + d(y,z)$,

则称 d 为集合 X 的一个度量 (或距离), 称 (X,d) 为一个度量空间, 或者称 X 为一个带有度量 d 的度量空间或距离空间.

定义 11　度量空间 (M,d) 上的一个序列 $\{x_m \mid x_m \in M\}$ 称为柯西列, 如果对于任意的正实数 ϵ, 存在正整数 N, 使得对于所有比 N 大的整数 $m,n > N$, 都有

$$d(x_m,x_n) < \epsilon.$$

定义 12　如果 M 上的所有柯西列都收敛, 则度量空间 M 称为完备的.

注 7　紧致的度量空间一定是完备的.

定义 13　设 M 为一个拓扑空间, 如果 M 不能表示为两个非空开集的无交并, 则称 M 为连通的.

换言之, 所谓拓扑空间 M 连通指的是不存在 M 的两个非空开集 M_1 与 M_2 使得 $M = M_1 \cup M_2$ 且 $M_1 \cap M_2 = \varnothing$. 当拓扑空间 M 非连通时, 可把 M 表示成 M 的所有连通的子空间 M_r 的并

$$M = \bigcup_r M_r.$$

子空间 M_r 也称为 M 的连通分支.

定义 14　设M为拓扑空间, 连续映射$\gamma: I = [0,1] \to M$, $\gamma(0) = x$, $\gamma(1) = y$称为连接x与y的道路. 称M为道路连通的, 如果对于任意的$x,y \in M$都存在道路把它们连接起来.

注 8　道路连通的拓扑空间一定是连通的, 反之则未必.

定义 15　设 M 是一个非空的 Hausdorff 空间. 如果对于每一点 $p \in M$, 都存在 p 点的开邻域 U 以及从 U 到 n 维欧氏空间 $\mathbb{R}^n$ 的一个开集上的同胚 $\phi: U \to \mathbb{R}^n$, 则称 M 为一个 n 维的拓扑流形.

上面定义中的 (U,ϕ) 称为 M 的一个坐标卡, U 称为点 $p \in U$ 的坐标邻域, ϕ

称为坐标映射.

定义 16 设 M 为一个 n 维拓扑流形, (U,ϕ) 与 (V,ψ) 为 M 的两个坐标卡. 如果 $U\cap V=\varnothing$, 或者当 $U\cap V\neq\varnothing$ 时, 映射 $\psi\circ\phi^{-1}:\phi(U\cap V)\to\psi(V)$ 和 $\phi\circ\psi^{-1}:\psi(U\cap V)\to\phi(U)$ 都是 C^r 映射, 则称坐标卡 (U,ϕ) 与 (V,ψ) 是 C^r 相关的.

定义 17 设 M 为一个 n 维拓扑流形, $\mathfrak{A}=\{(U_\alpha,\phi_\alpha);\alpha\in I\}$ 为 M 的一个 C^r 微分结构, 其中 I 为指标集, 满足

1. $M=\bigcup_\alpha U_\alpha$, 其中 U_α 为 M 的开集;
2. 对于每一个 α, U_α 与 $\mathbb{R}^n$ 的开集同胚;
3. 对于 $\phi_\alpha:U_\alpha\to\mathbb{R}^n$, $\phi_\beta:U_\beta\to\mathbb{R}^n$, $\phi_\alpha\circ\phi_\beta^{-1}:\phi_\beta(U_\alpha\cap U_\beta)\to\phi_\alpha(U_\alpha\cap U_\beta)$ 是 C^r 的,

则称 M 是 r 次微分流形.

注 9 对于流形而言, 连通性与道路连通性等价[30].

例如, 欧氏空间 $\mathbb{R}^n$ 本身就是最简单的微分流形. 设 $M(n,\mathbb{R})$ 为实数域上的 n 阶矩阵全体构成的集合, 定义

$$\phi(A)=(a_{11},a_{12},\cdots,a_{1n},a_{21},a_{22},\cdots,a_{2n},\cdots,a_{n1},a_{n2},\cdots,a_{nn})\in\mathbb{R}^{n^2},$$

其中 $A=(a_{ij})_{n\times n}$, 可知 ϕ 为同胚映射. 于是 $M(n,\mathbb{R})$ 为 n^2 维微分流形. 同样地, 可以验证单位球面

$$S^n(1)=\left\{(x_1,x_2,\cdots,x_{n+1})\in\mathbb{R}^{n+1}\;\middle|\;x_1^2+x_2^2+\cdots+x_{n+1}^2=1\right\},$$

单位开球

$$B^n(1)=\left\{(x_1,x_2,\cdots,x_n)\in\mathbb{R}^n\;\middle|\;x_1^2+x_2^2+\cdots+x_n^2<1\right\},$$

一般线性群

$$GL(n,\mathbb{R})=\left\{A\in\mathbb{R}^{n\times n}\;\middle|\;\det(A)\neq 0\right\},$$

正定矩阵全体构成的集合

$$SPD(n)=\left\{A\in M(n,\mathbb{R})\;\middle|\;A^{\mathrm{T}}=A,\ X^{\mathrm{T}}AX>0,\ \forall X\neq 0\in\mathbb{R}^n\right\},$$

以及正态分布的全体所构成的集合

$$M=\left\{p(x;\mu,\sigma)\;\middle|\;\mu\in\mathbb{R},\ \sigma\in\mathbb{R}^+\right\},\quad p(x;\mu,\sigma)=\frac{1}{\sqrt{2\pi\sigma^2}}\exp\left\{-\frac{(x-\mu)^2}{2\sigma^2}\right\}$$

都是微分流形.

2.2.2 仿射联络与黎曼度量

为叙述方便, 以后涉及的流形 M 均指光滑流形, 除非特别说明.

定义 18 设 M 为微分流形, 用 T_pM 表示过 $p \in M$ 点的所有曲线在 p 点处的切向量的集合, 称 T_pM 为流形 M 在 p 点处的切空间.

因为流形 M 上每点处的切空间都是线性空间, 所以在切空间上可以像在欧氏空间上那样定义内积、长度以及角度等.

切空间的无交并 $TM = \bigcup_{p\in M} T_pM$ 称为切丛. M 上的光滑向量场为切丛的光滑截面, 记为 $X \in \mathfrak{X}(M)$. 局部地, 对于流形 M 上的任意一点 p, $X(p) \in T_pM$. 对于光滑切向量 $X \in \mathfrak{X}(M)$, 以及 $a, b \in \mathbb{R}$, $f, g \in C^\infty(M)$, 有如下性质:

$$
\begin{aligned}
X(af + bg) &= a(Xf) + b(Xg), \\
X(fg) &= (Xf)g + f(Xg).
\end{aligned}
$$

对于任意的 $X, Y \in \mathfrak{X}(M)$, 以及任意的 $f \in C^\infty(M)$, 定义括号运算 $[X, Y]$:

$$
[X,Y]f = (X \circ Y - Y \circ X)f = X(Yf) - Y(Xf).
$$

我们有下面的结论.

命题 4 对于任意的 $X, Y, Z \in \mathfrak{X}(M)$ 以及 $f, g \in C^\infty(M)$, 有

1. $[X,Y] = -[Y,X]$;
2. $[X+Y,Z] = [X,Z] + [Y,Z]$;
3. $[[X,Y],Z] + [[Y,Z],X] + [[Z,X],Y] = 0$;
4. $[fX, gY] = fg[X,Y] + f(Xg)Y - g(Yf)X$.

证明 因为前两条很容易证明, 只证明第三条与第四条. 首先, 由于

$$
\begin{aligned}
[[X,Y],Z]\,f &= [X,Y](Zf) - Z([X,Y]f) \\
&= X(Y(Zf)) - Y(X(Zf)) - Z(X(Yf)) + Z(Y(Xf)),
\end{aligned} \tag{2.19}
$$

$$
\begin{aligned}
[[Y,Z],X]\,f &= [Y,Z](Xf) - X([Y,Z]f) \\
&= Y(Z(Xf)) - Z(Y(Xf)) - X(Y(Zf)) + X(Z(Yf)),
\end{aligned} \tag{2.20}
$$

以及

$$
\begin{aligned}
[[Z,X],Y]\,f &= [Z,X](Yf) - Y([Z,X]f) \\
&= Z(X(Yf)) - X(Z(Yf)) - Y(Z(Xf)) + Y(X(Zf)),
\end{aligned} \tag{2.21}
$$

结合 (2.19)—(2.21) 可得

$$
\begin{aligned}
&([[X,Y],Z]+[[Y,Z],X]+[[Z,X],Y])\,f\\
=&[[X,Y],Z]f+[[Y,Z],X]f+[[Z,X],Y]f\\
=&0,
\end{aligned}
$$

于是可得

$$[[X,Y],Z]+[[Y,Z],X]+[[Z,X],Y]=0.$$

其次, 对于任意的函数 $h\in C^{\infty}(M)$,

$$
\begin{aligned}
[fX,gY]\,h&=(fX)((gY)h)-(gY)((fX)h)\\
&=f((Xg)(Yh)+gX(Yh))-g((Yf)(Xh)+fY(Xh))\\
&=fg(X(Yh)-Y(Xh))+f(Xg)(Yh)-g(Yf)(Xh)\\
&=fg[X,Y]h+f(Xg)(Yh)-g(Yf)(Xh)\\
&=(fg[X,Y]+f(Xg)Y-g(Yf)X)h,
\end{aligned}
$$

于是可得

$$[fX,gY]=fg[X,Y]+f(Xg)Y-g(Yf)X.$$

□

定义 19 对于光滑流形 M, 称

$$
\begin{aligned}
\nabla:\mathfrak{X}(M)\times\mathfrak{X}(M)\to\mathfrak{X}(M),\\
(X,Y)\mapsto\nabla_XY\in\mathfrak{X}(M)
\end{aligned}
$$

为仿射联络（简称联络）或协变导数, 如果满足下面的线性性质和莱布尼茨法则:

$$
\begin{aligned}
&\nabla_X(Y+Z)=\nabla_XY+\nabla_XZ,\\
&\nabla_{X+Y}Z=\nabla_XZ+\nabla_YZ,\\
&\nabla_{fX}Y=f\nabla_XY,\\
&\nabla_X(fY)=(Xf)Y+f\nabla_XY,
\end{aligned}
$$

其中 $X,Y,Z\in\mathfrak{X}(M)$, $f\in C^{\infty}(M)$ 为光滑函数.

对于 n 维流形 M 上的一点 p 的一个邻域 U, 存在坐标系 $\{x^i\}$ $(i=1,2,\cdots,n)$, 切空间可以表示为

$$T_pM=\operatorname{span}\left\{\frac{\partial}{\partial x^1},\frac{\partial}{\partial x^2},\cdots,\frac{\partial}{\partial x^n}\right\},$$

其中 $\left\{\dfrac{\partial}{\partial x^i}\right\}_{i=1}^{n}$ 称为 T_pM 的自然基底. 设 $X = X^i\dfrac{\partial}{\partial x^i}$, $Y = Y^j\dfrac{\partial}{\partial x^j}$, 利用联络的性质, 经计算可得

$$\begin{aligned}
\nabla_X Y &= \nabla_{\left(X^i\frac{\partial}{\partial x^i}\right)}\left(Y^j\frac{\partial}{\partial x^j}\right)\\
&= X^i\left(\nabla_{\frac{\partial}{\partial x^i}}\left(Y^j\frac{\partial}{\partial x^j}\right)\right)\\
&= X^i\left(\frac{\partial Y^j}{\partial x^i}\frac{\partial}{\partial x^j} + Y^j\nabla_{\frac{\partial}{\partial x^i}}\frac{\partial}{\partial x^j}\right)\\
&= X^i\left(\frac{\partial Y^k}{\partial x^i} + Y^j\Gamma_{ij}^k\right)\frac{\partial}{\partial x^k},
\end{aligned}$$

其中 $\nabla_{\frac{\partial}{\partial x^i}}\dfrac{\partial}{\partial x^j} = \Gamma_{ij}^k\dfrac{\partial}{\partial x^k}$, Γ_{ij}^k 称为联络系数. 同时, 在上述局部坐标下, 我们有

$$\begin{aligned}
[X,Y]f &= X^i\partial_i(Y^j\partial_j f) - Y^i\partial_i(X^j\partial_j f)\\
&= X^i\left(\frac{\partial Y^j}{\partial x^i}\partial_j f + Y^j\partial_i\partial_j f\right) - Y^i\left(\frac{\partial X^j}{\partial x^i}\partial_j f + X^j\partial_i\partial_j f\right)\\
&= \left(X^j\frac{\partial Y^i}{\partial x^j} - Y^j\frac{\partial Y^i}{\partial x^j}\right)\partial_i f,
\end{aligned}$$

其中用到了 $\partial_i\partial_j f - \partial_j\partial_i f = 0$.

注 10　在本书中爱因斯坦求和约定被广泛使用, 省略了求和符号.

定义 20　切空间 T_pM 的对偶空间记为 T_p^*M, 其元素为线性函数 $\alpha: T_pM \to \mathbb{R}$, 称为余切向量.

例 8　对于任意的 $f \in C_p^\infty$, 定义映射 $\mathrm{d}f: T_pM \to \mathbb{R}$, 使得对于任意的 $X \in T_pM$, $\mathrm{d}f(X) = Xf \in \mathbb{R}$, $\mathrm{d}f \in T_p^*M$.

对于 $T_pM = \left\{\dfrac{\partial}{\partial x^1}, \dfrac{\partial}{\partial x^2}, \cdots, \dfrac{\partial}{\partial x^n}\right\}$, 则 $T_p^*M = \mathrm{span}\{\mathrm{d}x^1, \mathrm{d}x^2, \cdots, \mathrm{d}x^n\}$.

定义 21　作为光滑切向量场的推广, 定义 $p \in M$ 的 (r,s) 型张量 τ,

$$\tau: \underbrace{T_p^*M \times \cdots \times T_p^*M}_{r} \times \underbrace{T_pM \times \cdots \times T_pM}_{s} \to \mathbb{R},$$

其中 r 称为 τ 的反变阶数, s 为 τ 的协变阶数, τ 是多重线性映射.

光滑的一阶协变张量场又称为 1 次微分形式.

光滑流形 M 上的一个光滑的 r 阶协变张量场 ϕ 称为反对称的, 如果作为

映射

$$\phi : \underbrace{\mathfrak{X}(M) \times \cdots \times \mathfrak{X}(M)}_{r} \to C^{\infty}(M)$$

在任意局部坐标系下, 其分量关于下标是反对称的.

定义 22 流形 M 上光滑的 r 阶反对称协变张量场 ϕ 称为 r 次外微分形式.

M 上 r 次外微分形式的集合记作 A^r. 设 $\phi \in A^r(M)$, 在 M 的局部坐标系 (U, x^i) 下有表达式

$$\phi_U = \frac{1}{r!}\phi_{i_1 i_2 \cdots i_r}\, \mathrm{d}x^{i_1} \wedge \mathrm{d}x^{i_2} \wedge \cdots \wedge \mathrm{d}x^{i_r},$$

其中 $\mathrm{d}x^{i_k} \wedge \mathrm{d}x^{i_l} = -\,\mathrm{d}x^{i_l} \wedge \mathrm{d}x^{i_k}$.

约定 M 上的 1 次外微分形式就是 M 上的 1 次微分形式, 即光滑的一阶协变张量场. M 上的 0 次外微分形式就是 M 上的光滑函数. $A^1(M)$ 表示光滑流形 M 的 1 次微分形式的集合.

定义 23 流形 M 上的黎曼度量

$$g : \mathfrak{X}(M) \times \mathfrak{X}(M) \to C^{\infty}(M)$$

是满足对称性和正定性的双线性函数, 即对于任意的 $X, Y \in \mathfrak{X}(M)$, 有

$$g(X, Y) = g(Y, X),$$

$$g(X, X) \geqslant 0,$$

而且第二式等号成立当且仅当 $X = 0$.

利用局部坐标系, 我们有 $g(X, Y) = g_{ij}X^iY^j$, $g_{ij} = g\left(\dfrac{\partial}{\partial x^i}, \dfrac{\partial}{\partial x^j}\right)$. 用 $\|X\|_g = \sqrt{g_{ij}X^iX^j}$ 表示 X 在度量 g 下的长度. 特别地, 当流形为欧氏空间时, $g_{ij} = \delta_{ij}$, 从而 $g(X, Y) = \sum_i X^iY^i$, 这就是通常的欧氏空间的内积.

定义 24 带有黎曼度量 g 的微分流形 M 称为黎曼流形, 记为 (M, g).

注 11 任意的光滑流形上都存在黎曼度量, 可以在一个流形上定义所需要的黎曼度量.

定义 25 n 维黎曼流形 (M, g) 的体积元在 M 的局部坐标系 (U, x^i) 下定义为

$$\mathrm{d}V = \sqrt{\det(g)}\, \mathrm{d}x^1 \wedge \mathrm{d}x^2 \wedge \cdots \wedge \mathrm{d}x^n.$$

对于黎曼流形 (M, g), 联络系数为 $\Gamma^k_{ij} = \dfrac{1}{2}g^{kl}\left(\dfrac{\partial g_{il}}{\partial x^j} + \dfrac{\partial g_{jl}}{\partial x^i} - \dfrac{\partial g_{ij}}{\partial x^l}\right)$.

下面介绍一种特殊的联络, 它满足无挠性或对称性.

定义 26 称流形 M 上的联络 ∇ 为无挠的, 如果挠率张量

$$T:\mathfrak{X}(M)\times\mathfrak{X}(M)\to\mathfrak{X}(M)$$

满足

$$T(X,Y)=\nabla_X Y-\nabla_Y X-[X,Y]=0,$$

其中 $X,Y\in\mathfrak{X}(M)$.

注意到

$$[\partial_i,\partial_j]f=(\partial_i\circ\partial_j-\partial_j\circ\partial_i)f=\partial_i(\partial_j f)-\partial_j(\partial_i f)=0,\quad \forall f\in C^\infty(M),$$

可得

$$\begin{aligned}T(\partial_i,\partial_j)&=\nabla_{\partial_i}\partial_j-\nabla_{\partial_j}\partial_i-[\partial_i,\partial_j]\\&=\nabla_{\partial_i}\partial_j-\nabla_{\partial_j}\partial_i\\&=\Gamma_{ij}^k\partial_k-\Gamma_{ji}^k\partial_k=0,\end{aligned}$$

由此可得 $\Gamma_{ij}^k=\Gamma_{ji}^k$, 即联络 ∇ 是对称的.

定义 27 称联络 ∇ 与黎曼流形 (M,g) 的黎曼度量 g 是相容的或度量的, 如果

$$Xg(Y,Z)=g(\nabla_X Y,Z)+g(Y,\nabla_X Z),\tag{2.22}$$

其中 $X,Y,Z\in\mathfrak{X}(M)$.

定义 28 联络 ∇ 称为黎曼流形 (M,g) 上的 Levi-Civita 联络或黎曼联络, 如果 ∇ 是无挠且相容的.

命题 5 如果给定光滑的黎曼流形 (M,g), 则存在唯一的黎曼联络 ∇, 满足

$$\begin{aligned}2g(\nabla_X Y,Z)=&Xg(Y,Z)+Yg(X,Z)-Zg(X,Y)+g(Y,[Z,X])\\&+g(Z,[X,Y])-g(X,[Y,Z]).\end{aligned}$$

证明 对于任意的 $X,Y,X\in\mathfrak{X}(M)$, 设

$$\begin{aligned}Xg(Y,Z)&=g(\nabla_X Y,Z)+g(Y,\nabla_X Z),\\Yg(X,Z)&=g(\nabla_Y X,X)+g(X,\nabla_Y Z),\\Zg(X,Y)&=g(\nabla_Z X,Y)+g(X,\nabla_Z Y).\end{aligned}\tag{2.23}$$

注意到

$$
\begin{aligned}
\nabla_Y X - \nabla_X Y &= [Y, X], \\
\nabla_X Z - \nabla_Z X &= [X, Z], \\
\nabla_Y Z - \nabla_Z Y &= [Y, Z],
\end{aligned}
\tag{2.24}
$$

结合 (2.23) 与 (2.24) 可得

$$
\begin{aligned}
Xg(Y, Z) + Yg(X, Z) - Zg(X, Y) = 2g(\nabla_X Y, Z) + g([Y, X], Z) + g(Y, [X, Z]) \\
+ g(X, [Y, Z]),
\end{aligned}
$$

即

$$
\begin{aligned}
2g\left(\nabla_X Y, Z\right) = Xg\left(Y, Z\right) + Yg\left(X, Z\right) - Zg\left(X, Y\right) + g\left(Y, [Z, X]\right) \\
+ g\left(Z, [X, Y]\right) - g\left(X, [Y, Z]\right).
\end{aligned}
$$

□

2.2.3 黎曼曲率张量与曲率

为了刻画黎曼流形 M 的弯曲程度, 引进曲率张量的概念, 从而给出截面曲率、Ricci 曲率以及数量曲率的定义.

定义 29 流形 M 的曲率张量 R 定义为

$$
\begin{aligned}
&R : \mathfrak{X}(M) \times \mathfrak{X}(M) \times \mathfrak{X}(M) \to \mathfrak{X}(M), \\
&(X, Y, Z) \mapsto R(X, Y) Z = \nabla_X \nabla_Y Z - \nabla_Y \nabla_X Z - \nabla_{[X, Y]} Z,
\end{aligned}
$$

其中 $X, Y, Z \in \mathfrak{X}(M)$.

注 12 曲率张量 R 满足以下性质:

$$
\begin{aligned}
&R(X, Y) = -R(Y, X), \\
&R(fX, Y) = R(X, fY) = fR(X, Y), \\
&R(X, Y)(fZ) = fR(X, Y)Z,
\end{aligned}
$$

其中 $f \in C^{\infty}(M)$, $X, Y, Z \in \mathfrak{X}(M)$.

事实上, 首先, 直接计算可得

$$
\begin{aligned}
R(Y, X)Z &= \nabla_Y \nabla_X Z - \nabla_X \nabla_Y Z - \nabla_{[Y, X]} Z \\
&= -\left(\nabla_X \nabla_Y Z - \nabla_Y \nabla_X Z - \nabla_{[X, Y]} Z\right) \\
&= -R(X, Y)Z.
\end{aligned}
$$

其次, 注意到

$$[fX,Y]=(fX)Y-Y(fX)=(fX)Y-(Yf)X-(fY)X=f[X,Y]-(Yf)X,$$

则

$$\begin{aligned}R(fX,Y)Z&=\nabla_{fX}\nabla_Y Z-\nabla_Y\nabla_{fX}Z-\nabla_{[fX,Y]}Z\\&=f\nabla_X\nabla_Y Z-\nabla_Y(f\nabla_X Z)-\nabla_{f[X,Y]}Z+\nabla_{(Yf)X}Z\\&=f\nabla_X\nabla_Y Z-(Yf)(\nabla_X Z)-f\nabla_Y\nabla_X Z-f\nabla_{[X,Y]}Z+(Yf)\nabla_X Z\\&=f\left(\nabla_X\nabla_Y Z-\nabla_Y\nabla_X Z-\nabla_{[X,Y]}Z\right)\\&=fR(X,Y)Z.\end{aligned}$$

类似地, 可以证明 $R(X,fY)=fR(X,Y)$.

最后, 我们有

$$\begin{aligned}R(X,Y)(fZ)&=\nabla_X\nabla_Y(fZ)-\nabla_Y\nabla_X(fZ)-\nabla_{[X,Y]}(fZ)\\&=f\nabla_X\nabla_Y Z+X(Yf)Z-f\nabla_Y\nabla_X Z-Y(Xf)Z-([X,Y]f)Z\\&\quad-f\nabla_{[X,Y]}Z\\&=f(\nabla_X\nabla_Y Z-\nabla_Y\nabla_X Z-\nabla_{[X,Y]}Z)+([X,Y]f)Z-([X,Y]f)Z\\&=fR(X,Y)Z.\end{aligned}$$

利用上面的结果, 在局部坐标系下, 有

$$R(X,Y)Z=R(X^i\partial_i,Y^j\partial_j)Z^k\partial_k=X^iY^jZ^kR(\partial_i,\partial_j)\partial_k.$$

命题 6　曲率张量的分量表示

$$R(\partial_i,\partial_j)\partial_k=R_{ijk}^m\partial_m,$$

其中

$$R_{ijk}^m=\frac{\partial\Gamma_{kj}^m}{\partial x^i}-\frac{\partial\Gamma_{ki}^m}{\partial x^j}+\Gamma_{jk}^h\Gamma_{ih}^m-\Gamma_{ik}^h\Gamma_{jh}^m.$$

证明 利用 $[\partial_i, \partial_j] = 0$ 以及 $\nabla_{[\partial_i, \partial_j]}\partial_k = 0$, 可得

$$
\begin{aligned}
R(\partial_i, \partial_j)\partial_k &= \nabla_{\partial_i}\nabla_{\partial_j}\partial_k - \nabla_{\partial_j}\nabla_{\partial_i}\partial_k - \nabla_{[\partial_i, \partial_j]}\partial_k \\
&= \nabla_{\partial_i}\left(\Gamma_{jk}^m \partial_m\right) - \nabla_{\partial_j}\left(\Gamma_{ik}^m \partial_m\right) \\
&= \nabla_{\partial_i}\Gamma_{jk}^m \partial_m + \Gamma_{jk}^m \nabla_{\partial_i}\partial_m - \nabla_{\partial_j}\Gamma_{ik}^m \partial_m - \Gamma_{ik}^m \nabla_{\partial_j}\partial_m \\
&= \left(\frac{\partial \Gamma_{jk}^m}{\partial x^i} - \frac{\partial \Gamma_{ik}^m}{\partial x^j} + \Gamma_{jk}^h \Gamma_{ih}^m - \Gamma_{ik}^h \Gamma_{jh}^m\right)\partial_m \\
&= R_{ijk}^m \partial_m,
\end{aligned}
$$

于是可得

$$
R_{ijk}^m = \frac{\partial \Gamma_{kj}^m}{\partial x^i} - \frac{\partial \Gamma_{ki}^m}{\partial x^j} + \Gamma_{jk}^h \Gamma_{ih}^m - \Gamma_{ik}^h \Gamma_{jh}^m.
$$

□

设 (M, g) 为黎曼流形, 对于任意的 $X, Y, Z, V, W \in \mathfrak{X}(M)$, 记 $R(X, Y, Z, W) = g(R(Z, W)X, Y)$, 则有如下性质:

1. $R(X, Y, Z, W) = -R(Y, X, Z, W)$;
2. $R(X, Y, Z, W) = -R(X, Y, W, Z)$;
3. $R(X, Y, Z, W) = R(Z, W, X, Y)$;
4. $R(X,Y,Z,W)+R(Z,Y,W,X)+R(W,Y,X,Z) = 0$ (Bianchi 第一恒等式);
5. $\nabla_W R(X, Y, Z, V) + \nabla_Z R(X, Y, V, W) + \nabla_V R(X, Y, W, Z) = 0$ (Bianchi 第二恒等式).

利用局部坐标系, 我们有

1. $R_{ijkl} = -R_{jikl}$;
2. $R_{ijkl} = -R_{ijlk}$;
3. $R_{ijkl} = R_{klij}$;
4. $R_{ijkl} + R_{ljik} + R_{kjli} = 0$;
5. $R_{ijkl,m} + R_{ijlm,k} + R_{ijmk,l} = 0$.

注 13 Bianchi 第二恒等式可用于建立广义相对论的能量–动量方程.

利用曲率张量可以定义黎曼流形 (M, g) 的截面曲率.

定义 30 设 (M, g) 为黎曼流形. 对于任意的 $p \in M$, $X, Y \in \sigma$, σ 为 T_pM 上的二维截面, 且 X 与 Y 不平行, 称函数

$$
K(\sigma) = -\frac{g(R(X, Y)X, Y)}{g(X, X)g(Y, Y) - g^2(X, Y)}
$$

为由 X, Y 张成的截面 σ 的截面曲率.

注 14 截面曲率只依赖于给定截面本身, 不依赖于截面上基底的选取.

事实上, X,Y 不平行意味着 X,Y 可以作为 σ 的一组基底. 设 Z,W 为 σ 的另一组基底, 并设

$$\begin{cases} Z = aX + bY, \\ W = cX + dY, \end{cases} \tag{2.25}$$

其中 $a,b,c,d \in \mathbb{R}$, $ad - bc \neq 0$. 利用 (2.25) 经计算可得

$$\begin{aligned} g(R(Z,W)W,Z) &= g(R(aX+bY,cX+dY)(cX+dY),aX+bY) \\ &= g(R(aX,dY)(cX+dY),aX+bY) \\ &\quad + g(R(bY,cX)(cX+dY),aX+bY) \\ &= adg(R(X,Y)cX,bY) + adg(R(X,Y)dY,aX) \\ &\quad + bcg(R(Y,X)cX,bY) + bcg(R(Y,X)dY,aX) \\ &= (ad-bc)^2 g(R(X,Y)Y,Y), \end{aligned} \tag{2.26}$$

以及

$$\begin{aligned} g(Z,Z)g(W,W) - g^2(W,Z) &= g(aX+bY,aX+bY)g(cX+dY,cX+dY) \\ &\quad - g^2(aX+bY,cX+dY) \\ &= (ad-bc)^2 \left(g(X,X)g(Y,Y) - g^2(X,Y)\right). \end{aligned} \tag{2.27}$$

于是, 结合 (2.26) 与 (2.27) 可得

$$-\frac{g(R(X,Y)X,Y)}{g(X,X)g(Y,Y)-g^2(X,Y)} = -\frac{g(R(Z,W)Z,W)}{g(Z,Z)g(W,W)-g^2(Z,W)}.$$

注 15　设 (M,g) 为黎曼流形. 对于任意的 $p \in M$, 如果沿着任意的二维截面 $\sigma \subset T_pM$, 截面曲率都是常数, 则称 (M,g) 为常曲率空间. 此时, 曲率张量满足

$$R(X,Y)Z = c(g(Z,Y)X - g(Z,X)Y),$$

其中 c 为常数. 可以证明欧氏空间 $\mathbb{R}^n$ 是曲率为 0 的常曲率空间, 单位球面 $S^n(1)$ 是截面曲率为 1 的常曲率空间, 一元正态分布流形 $M = \{p(x;\mu,\sigma) \mid \mu \in \mathbb{R}, \sigma > 0\}$ 是截面曲率为 $-\frac{1}{2}$ 的常曲率空间.

命题 7　对于 $\mathbb{R}^n$ 的上半空间

$$\mathbb{H}^n = \{(x_1, x_2, \cdots, x_n) \in \mathbb{R}^n \mid x_n > 0\},$$

定义度量

$$g_{ij}(x_1, x_2, \cdots, x_n) = \frac{\delta_{ij}}{x_n^2}.$$

称 $\mathbb{H}^n$ 为双曲空间. $\mathbb{H}^n$ 的截面曲率为 -1.

证明 考虑度量 $g_{ij} = \dfrac{1}{F^2}\delta_{ij}$, 其中 $F(x_1, x_2, \cdots, x_n) > 0$ 为光滑函数. (g_{ij}) 的逆矩阵 (g^{ij}) 的元素为 $g^{ij} = F^2\delta_{ij}$. 令

$$F_i = \frac{\partial F}{\partial x_i}, \quad f_i = \frac{F_i}{F}, \quad i = 1, 2, \cdots, n,$$

我们有

$$\frac{\partial g_{ik}}{\partial x_j} = -\frac{2F_j}{F^3}\delta_{ik} = -2\frac{f_j}{F^2}\delta_{ik},$$

以及

$$\begin{aligned}
\Gamma_{ij}^k &= \frac{1}{2}g^{mk}\left(\frac{\partial g_{mj}}{\partial x_i} + \frac{\partial g_{mi}}{\partial x_j} - \frac{\partial g_{ij}}{\partial x_m}\right) \\
&= \frac{1}{2}F^2\delta_{mk}\left(\frac{\partial g_{mj}}{\partial x_i} + \frac{\partial g_{mi}}{\partial x_j} - \frac{\partial g_{ij}}{\partial x_m}\right) \\
&= \frac{1}{2}F^2\left(-2\frac{f_i}{F^2}\delta_{jk} - 2\frac{f_j}{F^2}\delta_{ik} + 2\frac{f_k}{F^2}\delta_{ij}\right) \\
&= -f_i\delta_{jk} - f_j\delta_{ik} + f_k\delta_{ij},
\end{aligned}$$

显然, 如果 i, j, k 均不相同, 则 $\Gamma_{ij}^k = 0$. 根据

$$R_{ijij} = R_{iji}^m g_{mj} = \frac{1}{F^2}R_{iji}^j, \quad i \neq j,$$

其中

$$R_{iji}^j = \frac{\partial \Gamma_{ij}^j}{\partial x_i} - \frac{\partial \Gamma_{ii}^j}{x_j} + \Gamma_{ij}^h\Gamma_{hi}^j - \Gamma_{ii}^h\Gamma_{hj}^j, \tag{2.28}$$

需要计算其中各项的值. 注意到当 $i \neq j$ 时,

$$\Gamma_{ij}^j = -\frac{F_i}{F} = -f_i, \quad \Gamma_{ii}^j = \frac{F_j}{F} = f_j,$$

以及

$$\frac{\partial \Gamma_{ij}^j}{\partial x_i} = -f_{ii}, \quad \frac{\partial \Gamma_{ii}^j}{\partial x_j} = f_{jj}, \quad \Gamma_{ii}^h\Gamma_{hj}^j = -\sum_h f_h^2, \quad \Gamma_{ij}^h\Gamma_{hi}^j = -f_i^2 - f_j^2,$$

把上述计算代入 (2.28) 可得

$$R_{ijij} = \frac{1}{F^2} R^j_{iji} = \frac{1}{F^2}\left(-f_{ii} - f_{jj} - f_i^2 - f_j^2 + \sum_h f_h^2\right). \tag{2.29}$$

于是, 利用 (2.29) 得到截面曲率的表达式

$$K_{ij} = -\frac{R_{ijij}}{g_{ii}g_{jj} - g_{ij}^2} = F^2\left(f_{ii} + f_{jj} + f_i^2 + f_j^2 - \sum_h f_h^2\right). \tag{2.30}$$

取 $F = x_n$. 当 $i, j, k < n$ 时, 可得

$$F_i = F_j = F_{ij} = F_{jj} = 0, \quad f_i = \frac{F_i}{F} = 0, \quad f_n = \frac{F_n}{F} = \frac{1}{x_n}.$$

于是由 (2.30) 可得

$$K_{ij} = x_n^2\left(-\frac{1}{x_n^2}\right) = -1, \quad i, j < n.$$

当 $i < n, j = n$ 时, 有

$$F_i = 0, \quad f_i = \frac{F_i}{F} = 0, \quad F_n = 1, \quad f_n = \frac{F_n}{F} = \frac{1}{x_n}, \quad f_{nn} = -\frac{1}{x_n^2}.$$

由 (2.30) 得到

$$K_{in} = F^2\left(f_{ii} + f_{nn} + f_i^2 + f_n^2 - f_n^2\right) = x_n^2\left(-\frac{1}{x_n^2}\right) = -1, \quad i < n. \qquad \square$$

由曲率张量可以定义 Ricci 曲率

$$R_{ij} = R_{ikjl}g^{kl},$$

以及数量曲率

$$R = R_{ij}g^{ij}.$$

注 16　著名的 Ricci 流方程

$$\frac{\mathrm{d}}{\mathrm{d}t}g_{ij}(t) = -2R_{ij}(t)$$

是解决庞加莱猜想的重要工具.

注 17　爱因斯坦利用黎曼几何创立了广义相对论, 建立了包含几何量与物理量的能量–动量方程

$$R_{ij} - \frac{1}{2}Rg_{ij} = -kT_{ij},$$

其中 k 是常数, T_{ij} 表示能量–动量张量. 在真空条件下, 即上式右端为 0 时, 可以得到著名的施瓦西解.

定义 31 对于流形 M, 如果关于联络 ∇ 的曲率张量和挠率张量都等于 0, 则称 M 关于 ∇ 是平坦的.

定义 32 设 M 为带有联络 ∇ 的 n 维光滑流形, 如果对于包含点 $x \in M$ 的局部坐标系 $(x^1, x^2, \cdots, x^n)$, 有 $\nabla_{\partial_i}\partial_j = \Gamma_{ij}^k \partial_k = 0$, 或 $\Gamma_{ij}^k = 0$, 则称该坐标系为仿射坐标系.

命题 8 光滑流形 M 是平坦的当且仅当在 M 的各点的邻域均存在仿射坐标系.

证明 充分性. 设 M 为 n 维流形, 在点 $x \in M$ 的邻域 $U \subset M$ 存在仿射坐标系 $(x^1, x^2, \cdots, x^n)$, 使得 $\nabla_{\partial_i}\partial_j = 0, \Gamma_{ij}^k = 0$. 于是可得

$$T(\partial_i, \partial_j) = \nabla_{\partial_i}\partial_j - \nabla_{\partial_j}\partial_i - [\partial_i, \partial_j] = 0,$$

$$R(\partial_i, \partial_j)\partial_k = \nabla_{\partial_i}\nabla_{\partial_j}\partial_k - \nabla_{\partial_j}\nabla_{\partial_i}\partial_k - \nabla_{[\partial_i, \partial_j]}\partial_k = 0.$$

上述两式表明, M 是平坦的.

必要性. 对于任意的点 $x \in M$, 包含 x 的两个局部坐标邻域 U 和 V, 分别对应局部坐标系 $(x^1, x^2, \cdots, x^n)$ 和 $(y^1, y^2, \cdots, y^n)$. 设 $\partial_i = \dfrac{\partial}{\partial x^i}$, $\partial_j = \dfrac{\partial}{\partial x^j}$, $\partial_k = \dfrac{\partial}{\partial x^k}$, $\partial_a = \dfrac{\partial}{\partial y^a}$, $\partial_b = \dfrac{\partial}{\partial y^b}$, $\partial_c = \dfrac{\partial}{\partial y^c}$. 我们有

$$\partial_a = \frac{\partial x^i}{\partial y^a}\frac{\partial}{\partial x^i} = \frac{\partial x^i}{\partial y^a}\partial_i, \quad \partial_b = \frac{\partial x^j}{\partial y^b}\frac{\partial}{\partial x^j} = \frac{\partial x^j}{\partial y^b}\partial_j, \quad \partial_c = \frac{\partial x^k}{\partial y^c}\frac{\partial}{\partial x^k} = \frac{\partial x^k}{\partial y^c}\partial_k.$$

设

$$\nabla_{\partial_a}\partial_b = \overline{\Gamma}_{ab}^c \partial_c = \overline{\Gamma}_{ab}^c \frac{\partial x^k}{\partial y^c}\partial_k,$$

利用

$$\begin{aligned}
\nabla_{\partial_a}\partial_b &= \nabla_{\left(\frac{\partial x^i}{\partial y^a}\partial_i\right)}\left(\frac{\partial x^j}{\partial y^b}\partial_j\right) \\
&= \frac{\partial x^i}{\partial y^a}\nabla_{\partial_i}\left(\frac{\partial x^j}{\partial y^b}\partial_j\right) \\
&= \frac{\partial x^i}{\partial y^a}\frac{\partial^2 x^j}{\partial x^i \partial y^b}\partial_j + \frac{\partial x^i}{\partial y^a}\frac{\partial x^j}{\partial y^b}\nabla_{\partial_i}\partial_j \\
&= \frac{\partial x^i}{\partial y^a}\frac{\partial y^e}{\partial x^i}\frac{\partial^2 x^k}{\partial y^e \partial y^b}\partial_k + \frac{\partial x^i}{\partial y^a}\frac{\partial x^j}{\partial y^b}\Gamma_{ij}^k \partial_k,
\end{aligned}$$

我们有

$$\overline{\Gamma}_{ab}^c \frac{\partial x^k}{\partial y^c} = \frac{\partial x^i}{\partial y^a}\frac{\partial y^e}{\partial x^i}\frac{\partial^2 x^k}{\partial y^e \partial y^b} + \frac{\partial x^i}{\partial y^a}\frac{\partial x^j}{\partial y^b}\Gamma_{ij}^k.$$

注意到

$$\frac{\partial x^k}{\partial y^c}\frac{\partial y^d}{\partial x^k} = \delta_c^d, \tag{2.31}$$

可得

$$\overline{\Gamma}^c_{ab} = \frac{\partial y^c}{\partial x^k}\left(\frac{\partial^2 x^k}{\partial y^a \partial y^b} + \frac{\partial x^i}{\partial y^a}\frac{\partial x^j}{\partial y^b}\Gamma^k_{ij}\right).$$

这给出了在两组坐标系下联络系数之间的关系. 下面证明仿射坐标系的存在性. 假设关于 y 的仿射坐标系存在, 即需要证明下面的方程组有解:

$$0 = \overline{\Gamma}^c_{ab} = \frac{\partial y^c}{\partial x^k}\left(\frac{\partial^2 x^k}{\partial y^a \partial y^b} + \frac{\partial x^i}{\partial y^a}\frac{\partial x^j}{\partial y^b}\Gamma^k_{ij}\right). \tag{2.32}$$

因为

$$\frac{\partial x^i}{\partial y^a}\frac{\partial y^a}{\partial x^j} = \delta^i_j$$

关于 x^k 求偏导数, 我们有

$$\frac{\partial^2 x^i}{\partial y^a \partial y^b}\frac{\partial y^b}{\partial x^k}\frac{\partial y^a}{\partial x^j} + \frac{\partial x^i}{\partial y^a}\frac{\partial^2 y^a}{\partial x^k \partial x^j} = 0. \tag{2.33}$$

在 (2.32) 两侧同时乘以 $\dfrac{\partial x^m}{\partial y^c}$,

$$\frac{\partial x^m}{\partial y^c}\frac{\partial y^c}{\partial x^k}\left(\frac{\partial^2 x^k}{\partial y^a \partial y^b} + \frac{\partial x^i}{\partial y^a}\frac{\partial x^j}{\partial y^b}\Gamma^k_{ij}\right) = 0,$$

可得

$$\frac{\partial^2 x^m}{\partial y^a \partial y^b} = -\frac{\partial x^i}{\partial y^a}\frac{\partial x^j}{\partial y^b}\Gamma^m_{ij}. \tag{2.34}$$

将 (2.34) 代入 (2.33) 可得

$$-\Gamma^i_{mn}\delta^m_j\delta^n_k + \frac{\partial x^i}{\partial y^a}\frac{\partial^2 y^a}{\partial x^k \partial x^j} = 0,$$

即

$$\Gamma^i_{jk} = \frac{\partial x^i}{\partial y^a}\frac{\partial^2 y^a}{\partial x^k \partial x^j},$$

上式等价于

$$\frac{\partial y^c}{\partial x^k}\Gamma^k_{ij} = \frac{\partial^2 y^c}{\partial x^i \partial x^j}. \tag{2.35}$$

该二阶微分方程组可以改写为如下的一阶线性偏微分方程组:

$$\begin{cases} \dfrac{\partial y^c}{\partial x^i} = f_i^c, \\ \dfrac{\partial f_j^c}{\partial x^i} = \Gamma_{ij}^k f_k^c. \end{cases} \tag{2.36}$$

方程 (2.36) 的可积条件为

$$\begin{cases} \dfrac{\partial^2 y^c}{\partial x^i \partial x^j} = \dfrac{\partial^2 y^c}{\partial x^j \partial x^i}, \\ \dfrac{\partial^2 f_k^c}{\partial x^i \partial x^j} = \dfrac{\partial^2 f_k^c}{\partial x^j \partial x^i}. \end{cases} \tag{2.37}$$

下面证明上述可积条件是成立的. 首先, 注意到

$$\frac{\partial^2 y^c}{\partial x^j \partial x^i} = \frac{\partial f_i^c}{\partial x^j} = \Gamma_{ij}^k f_k^c,$$
$$\frac{\partial^2 y^c}{\partial x^i \partial x^j} = \frac{\partial f_j^c}{\partial x^i} = \Gamma_{ji}^k f_k^c.$$

因为 M 是平坦的, 利用无挠性我们有

$$\frac{\partial^2 y^c}{\partial x^j \partial x^i} - \frac{\partial^2 y^c}{\partial x^i \partial x^j} = \left(\Gamma_{ij}^k - \Gamma_{ji}^k\right) f_k^c = 0.$$

其次, 由 (2.36) 得到

$$\frac{\partial^2 f_j^c}{\partial x^l \partial x^i} = \frac{\partial \Gamma_{ij}^k}{\partial x^l} f_k^c + \Gamma_{ij}^k \frac{\partial f_k^c}{\partial x^l}.$$

再由 M 的平坦性, 利用曲率张量 $R_{ijkl} = 0$, 可得

$$\begin{aligned} \frac{\partial^2 f_k^c}{\partial x^j \partial x^i} - \frac{\partial^2 f_k^c}{\partial x^j \partial x^i} &= \left(\frac{\partial \Gamma_{jk}^m}{\partial x^i} - \frac{\partial \Gamma_{ik}^m}{\partial x^j} + \Gamma_{jk}^n \Gamma_{ni}^m - \Gamma_{ik}^n \Gamma_{nj}^m \right) f_m^c \\ &= R_{ijk}^m f_m^c \\ &= 0. \end{aligned}$$

□

从命题 8 的证明过程可得如下结论.

命题 9 对于流形 M 的坐标邻域 (U, x^i) 与 (V, y^a), 其中 (x^i) 为仿射坐标系, 即 $\Gamma_{ij}^k = 0$. 则在 $U \cap V$ 上, (y^a) 是仿射坐标系的充要条件为 $(x^i) \mapsto (y^a)$, 可以写成仿射变换, 即

$$\left(y^1, y^2, \cdots, y^n\right)^{\mathrm{T}} = A\left(x^1, x^2, \cdots, x^n\right)^{\mathrm{T}} + b,$$

其中 A 为 n 阶非退化矩阵, $b \in \mathbb{R}^n$.

事实上, 在 (x^i) 是仿射坐标系的前提下 $\left(\Gamma_{ij}^k=0\right)$, 如果 (y^a) 也是仿射坐标系 $(\Gamma_{bc}^a=0)$, 则可知

$$\frac{\partial^2 y^a}{\partial x^b \partial x^c}=0,$$

再通过两次积分可得结果.

2.2.4　等距映射与测地线

定义 33　设 $f: M \to N$ 为两个光滑流形之间的光滑映射, 称

$$\mathrm{d}f_p: T_pM \to T_{f(p)}N,\ \mathrm{d}f(v)(F)=v\left(F \circ f\right),\ v \in T_pM,\ \forall F \in C_{f(p)}^{\infty}$$

为切空间 T_pM 到切空间 $T_{f(p)}N$ 的切映射. 如果 $\mathrm{d}f$ 是单射, 称 f 为浸入. 如果 $\mathrm{d}f$ 是满射, 称 f 为淹没. 如果 $\mathrm{d}f$ 是同胚的浸入, 则称 f 是嵌入.

定义 34　切映射的对偶映射 $f^*: T_{f(p)}^*N \to T_p^*M$ 定义如下: 对于任意的 $\omega \in T_{f(p)}^*N$,

$$\left(f^*\omega\right)(X)=\omega(\mathrm{d}f(X)), \quad \forall X \in T_pM.$$

定义 35　设 $f:(M,g) \to (N,h)$ 为两个黎曼流形之间的光滑映射, 如果 $g=f^*h$, 即对于任意的 $p \in M$ 以及任意的 $X,Y \in T_pM$, 有

$$h\left(\mathrm{d}f(X),\mathrm{d}f(Y)\right)=g(X,Y),$$

则称 f 为从 (M,g) 到 (N,h) 的等距映射.

定义 36　设 $f:(M,g) \to (N,h)$ 是两个黎曼流形之间的局部光滑同胚, 并且 $g=f^*h$, 则称 f 是局部等距. 如果 $f:(M,g) \to (N,h)$ 是光滑同胚, 而且 $g=f^*h$, 则称 f 是等距映射, 此时称 (M,g) 与 (N,h) 等距.

注 18　完备的、单连通并带有常曲率的黎曼流形一定等距于欧氏空间、球面或双曲空间之一. 这给出了常曲率空间的一个分类.

命题 10　设 $f:(M,g) \to (N,h)$ 为两个黎曼流形之间的等距映射, 则对于任意的 $X,Y \in \mathfrak{X}(M)$ 以及黎曼联络 ∇, 下式成立

$$\mathrm{d}f\left(\nabla_X Y\right)=\nabla_{\mathrm{d}f(X)}\left(\mathrm{d}f(Y)\right).$$

命题 11　设 $\pi:(\widetilde{M},\tilde{g}) \to (M,g)$ 是黎曼淹没, 则有 $T_{\tilde{p}}\widetilde{M}$ 的直和分解:

$$T_{\tilde{p}}\widetilde{M}=V_{\tilde{p}} \oplus H_{\tilde{p}}, \quad \tilde{p} \in \widetilde{M},$$

其中 $V_{\tilde{p}}=\mathrm{Ker}\{(\mathrm{d}\pi)_{\tilde{p}}\}$, $H_{\tilde{p}}=V_{\tilde{p}}^{\perp}$ 分别是 $T_{\tilde{p}}\widetilde{M}$ 在 $\tilde{p}$ 点处的竖直子空间与水平子空间, 而且 $H_{\tilde{p}}$ 与 $T_{\pi(\tilde{p})}M$ 等距.

定义 37 设 $\pi:(\widetilde{M},\tilde{g})\to(M,g)$ 是黎曼淹没. 记 $(\mathrm{d}\pi)_{\tilde{p}}:H_{\tilde{p}}\to T_{\pi(\tilde{p})}M$. 对于任意的向量场 $X\in\mathfrak{X}(M)$, 存在唯一的 $\widetilde{X}=((\mathrm{d}\pi)_{\tilde{p}})^{-1}(X)\in\mathfrak{X}(\widetilde{M})$, 使得 $(\mathrm{d}\pi)_{\tilde{p}}(\widetilde{X})=X$, 并称之为 X 的水平提升.

定义 38 设 $\pi:(\widetilde{M},\tilde{g})\to(M,g)$ 是黎曼淹没, $\gamma:(-\epsilon,\epsilon)\to M$ 是 M 上的光滑曲线. $\widetilde{\gamma}:(-\epsilon,\epsilon)\to\widetilde{M}$ 称为 γ 的水平提升, 如果

$$\pi(\widetilde{\gamma}(t))=\gamma(t),\quad \dot{\widetilde{\gamma}}(t)\in H_{\widetilde{\gamma}(t)},\quad t\in(-\epsilon,\epsilon).$$

下面给出向量场沿曲线平行移动以及测地线的概念. 通过向量场沿曲线的平行移动, 有助于理解联络的意义.

定义 39 设 $\gamma:\mathbb{R}\supset I\to M$ 为流形 M 上的一条光滑曲线, 向量场 $X(\gamma(t))$ 沿 $\gamma(t)$ 平行移动是指

$$\nabla_{\dot{\gamma}}X=0.$$

命题 12 设流形 M 带有联络 ∇, $\gamma:[0,b]\to M$ 为光滑曲线. 则对于任意的 $X\in\mathfrak{X}(M)$, 有

$$\nabla_{\dot{\gamma}(t)}X=\lim_{\Delta t\to 0}\frac{P_{t+\Delta t}^{t}\left(X\left(\gamma\left(t+\Delta t\right)\right)\right)-X\left(\gamma(t)\right)}{\Delta t},$$

其中 $P_{t+\Delta t}^{t}$ 表示平行移动, 它把 $t+\Delta t$ 处的切向量平行移动到 t 处的切向量.

注 19 平行移动 $P_{t+\Delta t}^{t}$ 是 $T_{\gamma(t+\Delta t)}M$ 到 $T_{\gamma(t)}M$ 的等距同构.

定义 40 设 $\gamma:\mathbb{R}\supset I\to M$ 为流形 M 上的一条光滑曲线, 当曲线 $\gamma(t)$ 沿其本身平行移动, 即满足

$$\nabla_{\dot{\gamma}}\dot{\gamma}=0$$

时, γ 称为测地线.

在局部坐标系下测地线 γ 满足

$$\ddot{\gamma}^{k}+\Gamma_{ij}^{k}\dot{\gamma}^{i}\dot{\gamma}^{j}=0. \tag{2.38}$$

事实上, 设 $\dot{\gamma}(t)=\dot{\gamma}^{i}\partial_{i}$, $(x^{i})=(\gamma^{i})$ 为局部坐标系, $\partial_{i}=\dfrac{\partial}{\partial x^{i}}$, 则

$$\begin{aligned}
\nabla_{\dot{\gamma}(t)}\dot{\gamma}(t)&=\nabla_{(\dot{\gamma}^{i}\partial_{i})}\left(\dot{\gamma}^{j}\partial_{j}\right)\\
&=\dot{\gamma}^{i}\nabla_{\partial_{i}}\left(\dot{\gamma}^{j}\partial_{j}\right)\\
&=\dot{\gamma}^{i}\left(\frac{\partial\dot{\gamma}^{j}}{\partial x^{i}}\partial_{j}+\dot{\gamma}^{j}\nabla_{\partial_{i}}\partial_{j}\right)\\
&=\ddot{\gamma}^{k}(t)\partial_{k}+\Gamma_{ij}^{k}\dot{\gamma}^{i}(t)\dot{\gamma}^{j}(t)\partial_{k}=0,
\end{aligned}$$

从而有 $\ddot{\gamma}^k+\Gamma_{ij}^k\dot{\gamma}^i\dot{\gamma}^j=0$.

注 20 测地线也可以通过对泛函的能量变分得到.

首先介绍如下命题.

命题 13 设 M 是光滑流形, $L:\mathbb{R}\times TM\to\mathbb{R}$ 是光滑函数. 当泛函

$$\mathcal{L}(x)=\int_{t_0}^{t_1}L\left(t,x(t),\dot{x}(t)\right)\mathrm{d}t$$

在固定边界条件下达到临界值时, 可获得如下微分方程

$$\frac{\partial L}{\partial x}-\frac{\mathrm{d}}{\mathrm{d}t}\left(\frac{\partial L}{\partial\dot{x}}\right)=0.$$

该方程称为欧拉–拉格朗日方程, 函数 L 称为拉格朗日函数.

证明 利用分部积分, 可以得到

$$\begin{aligned}\delta\mathcal{L}(x)&=\int_{t_0}^{t_1}\left(\frac{\partial L}{\partial x}\delta x+\frac{\partial L}{\partial\dot{x}}\delta\dot{x}\right)\mathrm{d}t\\&=\int_{t_0}^{t_1}\left(\frac{\partial L}{\partial x}\delta x+\frac{\partial L}{\partial\dot{x}}\frac{\mathrm{d}}{\mathrm{d}t}(\delta x)\right)\mathrm{d}t\\&=\left(\frac{\partial L}{\partial\dot{x}}\delta x\right)\Bigg|_{t_0}^{t_1}+\int_{t_0}^{t_1}\left(\frac{\partial L}{\partial x}\delta x-\frac{\mathrm{d}}{\mathrm{d}t}\left(\frac{\partial L}{\partial\dot{x}}\right)\delta x\right)\mathrm{d}t\\&=\int_{t_0}^{t_1}\left(\frac{\partial L}{\partial x}-\frac{\mathrm{d}}{\mathrm{d}t}\left(\frac{\partial L}{\partial\dot{x}}\right)\right)\delta x\,\mathrm{d}t,\end{aligned}\tag{2.39}$$

其中利用了 $\delta x(t_0)=\delta x(t_1)=0$. 令 $\delta\mathcal{L}(x)=0$, 由于 δx 的任意性, 由 (2.39) 可得欧拉–拉格朗日方程

$$\frac{\partial L}{\partial x}-\frac{\mathrm{d}}{\mathrm{d}t}\left(\frac{\partial L}{\partial\dot{x}}\right)=0.\tag{2.40}$$

□

类似地, 对于拉格朗日函数 $L\left(t,x,\dot{x},\ddot{x},\cdots,x^{(m)}\right)$, 考虑泛函

$$\mathcal{L}(x)=\int_{t_0}^{t_1}L\left(t,x,\dot{x},\ddot{x},\cdots,x^{(m)}\right)\mathrm{d}t,$$

在满足相应的边界条件下, 可以得到欧拉–拉格朗日方程

$$\frac{\partial L}{\partial x}-\frac{\mathrm{d}}{\mathrm{d}t}\left(\frac{\partial L}{\partial\dot{x}}\right)+\frac{\mathrm{d}^2}{\mathrm{d}t^2}\left(\frac{\partial L}{\partial\ddot{x}}\right)+\cdots+(-1)^m\frac{\mathrm{d}^m}{\mathrm{d}t^m}\left(\frac{\partial L}{\partial x^{(m)}}\right)=0.$$

设能量泛函

$$\mathcal{E}(x)=\frac{1}{2}\int_{t_0}^{t_1}\|\dot{x}\|_g^2\,\mathrm{d}t=\frac{1}{2}\int_{t_0}^{t_1}g_{ij}\dot{x}^i(t)\dot{x}^j(t)\,\mathrm{d}t.\tag{2.41}$$

当 $\delta\mathcal{E}(x)=0$ 时, 取拉格朗日函数为

$$L(t,x,\dot{x})=\frac{1}{2}\|\dot{x}\|_g^2=\frac{1}{2}g_{ij}\dot{x}^i(t)\dot{x}^j(t),$$

注意到

$$\begin{aligned}\frac{\partial L}{\partial x^k}&=\frac{1}{2}\frac{\partial g_{ij}}{\partial x^k}\dot{x}^i(t)\dot{x}^j(t),\\ \frac{\partial L}{\partial \dot{x}^k}&=\frac{1}{2}\left(g_{kj}\dot{x}^j(t)+g_{ik}\dot{x}^i(t)\right)=g_{ki}\dot{x}^i(t),\end{aligned}\tag{2.42}$$

以及

$$\frac{\mathrm{d}}{\mathrm{d}t}\frac{\partial L}{\partial \dot{x}^k}=\frac{\partial g_{ki}}{\partial x^j}\dot{x}^j(t)\dot{x}^i(t)+g_{ki}\ddot{x}^i(t),\tag{2.43}$$

利用 (2.42) 和 (2.43), 由 (2.40) 可得

$$\frac{\mathrm{d}}{\mathrm{d}t}\frac{\partial L}{\partial \dot{x}^k}-\frac{\partial L}{\partial x^k}=\frac{\partial g_{ki}}{\partial x^j}\dot{x}^j(t)\dot{x}^i(t)+g_{ki}\ddot{x}^i(t)-\frac{1}{2}\frac{\partial g_{ij}}{\partial x^k}\dot{x}^i(t)\dot{x}^j(t)=0,$$

由此可得

$$\frac{\partial g_{ki}}{\partial x^j}\dot{x}^i(t)\dot{x}^j(t)+\frac{\partial g_{kj}}{\partial x^i}\dot{x}^i(t)\dot{x}^j(t)-\frac{\partial g_{ij}}{\partial x^k}\dot{x}^i(t)\dot{x}^j(t)+2g_{ki}\ddot{x}^i(t)=0.\tag{2.44}$$

(2.44) 意味着

$$\ddot{x}^k+\Gamma_{ij}^k\dot{x}^i\dot{x}^j=0,$$

其中使用了记号 $\Gamma_{ij}^k=g^{kl}\left(\frac{\partial g_{li}}{\partial x^j}+\frac{\partial g_{lj}}{\partial x^i}-\frac{\partial g_{ij}}{\partial x^l}\right)$.

对于欧氏空间, 由于 $\Gamma_{ij}^k=0$, 从而得到 $\ddot{\gamma}^k=0$, 即此时的测地线就是直线.

设向量场 $X(t),Y(t)$ 沿测地线 $\gamma(t)$ 平行移动, 则由相容性 (2.22) 可知

$$\frac{\mathrm{d}}{\mathrm{d}t}g\left(X(t),Y(t)\right)=g\left(\nabla_{\dot{\gamma}(t)}X(t),Y(t)\right)+g\left(X(t),\nabla_{\dot{\gamma}(t)}Y(t)\right)=0.$$

上式表明, $X(t),Y(t)$ 的内积保持不变. 当取 $Y(t)$ 为 $X(t)$ 时, 可知 $X(t)$ 沿测地线 $\gamma(t)$ 平行移动保持其长度不变.

例 9 设庞加莱上半平面

$$\mathbb{H}^2=\left\{(x,y)\in\mathbb{R}^2 \mid y>0\right\}$$

带有黎曼度量

$$\mathrm{d}s^2=\frac{\mathrm{d}x^2+\mathrm{d}y^2}{y^2},$$

则它的测地线为圆心在 x 轴上的上半圆或者为平行于 y 轴的直线.

事实上, 因为

$$g_{11}=g_{22}=\frac{1}{y^2},\quad g_{12}=g_{21}=0,$$

而且 $g=(g_{ij})$ 的逆矩阵 $g^{-1}=(g^{ij})$, $g^{11}=g^{22}=y^2$, $g^{12}=g^{21}=0$, 经计算可得

$$\Gamma^1_{12}=\Gamma^1_{21}=\Gamma^2_{22}=-\frac{1}{y},\quad \Gamma^2_{11}=\frac{1}{y},\quad \Gamma^1_{11}=\Gamma^2_{12}=\Gamma^2_{21}=\Gamma^1_{22}=0.$$

代入测地线方程 (2.38) 可得

$$\begin{cases}\ddot{x}-\dfrac{2}{y}\dot{x}\dot{y}=0,\\ \ddot{y}+\dfrac{1}{y}\left((\dot{x})^2-(\dot{y})^2\right)=0.\end{cases}\tag{2.45}$$

当 $\dot{x}=0$ 时可知 x 为常数. 此时, 测地线为平行于 y 轴的直线. 当 $\dot{x}\neq 0$ 时, 由 (2.45) 的第一个方程可得

$$\frac{\ddot{x}}{\dot{x}}=\frac{2\dot{y}}{y}.\tag{2.46}$$

对 (2.46) 积分可得

$$\dot{x}=Cy^2,\tag{2.47}$$

其中 C 为积分常数. 另外, 为简化运算过程, 选取测地线 $\gamma(t)=(x(t),y(t))$ 的参数 t 为弧长参数, 即 $\|\dot{\gamma}\|_g=1$, 于是有

$$\frac{(\dot{x})^2+(\dot{y})^2}{y^2}=1.\tag{2.48}$$

由 (2.45), (2.47) 以及 (2.48), 可得

$$\frac{\mathrm{d}y}{\mathrm{d}x}=\frac{\dot{y}}{\dot{x}}=\pm\frac{\sqrt{1-C^2y^2}}{Cy},\tag{2.49}$$

对 (2.49) 积分并整理可得

$$(x-a)^2+y^2=b^2,$$

其中 a, b 均为常数. 此时测地线是圆心为 $(a,0)$、半径为 b 的上半圆.

例 10　对于半径为 r 的球面

$$\left\{(x,y,z)\in\mathbb{R}^3 \;\middle|\; x^2+y^2+z^2=r^2\right\},$$

称经过球心的平面与球面的交线为大圆. 该球面上的大圆是测地线.

事实上, 设球坐标系

$$x = r\sin\theta\cos\varphi, \quad y = r\sin\theta\sin\varphi, \quad z = r\cos\theta,$$

以及

$$r(\theta,\varphi) = (r\sin\theta\cos\varphi, r\sin\theta\sin\varphi, r\cos\theta).$$

经计算可得

$$\begin{aligned} r_\theta &= (r\cos\theta\cos\varphi, r\cos\theta\sin\varphi, -r\sin\theta), \\ r_\varphi &= (-r\sin\theta\sin\varphi, r\sin\theta\cos\varphi, 0), \\ g_{\theta\theta} &= r^2, \quad g_{\theta\varphi} = g_{\varphi\theta} = 0, \quad g_{\varphi\varphi} = r^2\sin^2\theta, \end{aligned}$$

以及

$$g = \begin{pmatrix} r^2 & 0 \\ 0 & r^2\sin^2\theta \end{pmatrix}, \quad g^{-1} = \begin{pmatrix} \dfrac{1}{r^2} & 0 \\ 0 & \dfrac{1}{r^2\sin^2\theta} \end{pmatrix}.$$

令 $\theta^1 = \theta$, $\theta^2 = \varphi$, 注意到度量矩阵是对角矩阵, 则有

$$\begin{aligned} \Gamma_{ij}^k &= \frac{1}{2}g^{kl}\left(\frac{\partial g_{li}}{\partial\theta^j} + \frac{\partial g_{lj}}{\partial\theta^i} - \frac{\partial g_{ij}}{\partial\theta^l}\right) \\ &= \frac{1}{2}g^{kk}\left(\frac{\partial g_{ki}}{\partial\theta^j} + \frac{\partial g_{kj}}{\partial\theta^i} - \frac{\partial g_{ij}}{\partial\theta^k}\right), \quad i,j,k = 1,2. \end{aligned}$$

于是, 可得非零的联络系数满足

$$\Gamma_{\varphi\varphi}^\theta = -\sin\theta\cos\theta, \quad \Gamma_{\theta\varphi}^\varphi = \Gamma_{\varphi\theta}^\varphi = \cot\theta. \tag{2.50}$$

将 (2.50) 代入测地线方程 (2.38) 可得

$$\begin{cases} \ddot\theta + \Gamma_{\varphi\varphi}^\theta (\dot\varphi)^2 = 0, \\ \ddot\varphi + 2\Gamma_{\theta\varphi}^\varphi \dot\theta\dot\varphi = 0, \end{cases}$$

进而有

$$\begin{cases} \ddot\theta - \sin\theta\cos\theta (\dot\varphi)^2 = 0, \\ \ddot\varphi + 2\cot\theta\dot\theta\dot\varphi = 0. \end{cases} \tag{2.51}$$

当 $\theta(t) = \dfrac{\pi}{2}$, $\varphi(t) = at + b$ (其中 a, b 是常数) 时, 赤道为大圆, 满足上述测地线方程.

定义 41 设 (M,g) 是连通的黎曼流形, 任意两点 $p,q\in M$ 之间的距离由下式定义

$$d(p,q)=\inf\left\{L(\gamma)=\int_p^q\|\dot{\gamma}\|_g\,\mathrm{d}t,\ p,q\in M\right\},$$

其中 γ 是连接 $p,q\in M$ 中的分段光滑曲线, $L(\gamma)$ 是曲线 γ 的长度.

由此可以证明 (M,d) 是度量空间, 满足距离函数的三个公理:

1. 非负性: $d(p,q)\geqslant 0,\ p,q\in M$, 等号成立当且仅当 $p=q$;
2. 对称性: $d(p,q)=d(q,p),\ p,q\in M$;
3. 三角不等式: $d(p,r)\leqslant d(p,q)+d(q,r),\ p,q,r\in M$.

注 21 满足测地线方程的曲线不一定是连接流形上两点的最短线, 仅仅在局部上, 测地线是连接流形上两点的最短线, 例如球面上的大圆满足测地线方程, 而大圆的劣弧上任意两点的连线才是最短线.

定义 42 (测地完备) 流形 M 称为测地完备的, 如果其上的所有测地线的定义域都可以扩充到整个 $\mathbb{R}$ 上.

由此可见, 如果一个流形是测地完备的, 则流形上没有边界, 没有奇点. 例如, $\mathbb{R}\backslash\{0\}$ 不是测地完备的, 而 $\mathbb{R}^n$, n 维单位球面 S^n 都是测地完备的.

注 22 对于测地完备的黎曼流形, 利用测地完备性, 我们可以全局地利用测地线来定义测地距离.

定理 1 (Gauss-Bonnet 定理) 假设 $\alpha,\ \beta,\ \gamma$ 为曲面 $r(u,v)$ 上区域 D 的测地三角形 (三条边都是测地线) 的三个内角, 则有

$$\alpha+\beta+\gamma=\pi+\iint_D K\,\mathrm{d}u\,\mathrm{d}v. \tag{2.52}$$

(2.52) 称为 Gauss-Bonnet 公式. 上述定理表明, 曲面上测地三角形的内角和取决于曲面的弯曲程度, 平面上三角形的内角和为 π, 球面上测地三角形的内角和大于 π, 双曲面上测地三角形的内角和小于 π.

2.2.5 指数映射与雅可比场

下面给出指数映射的概念. 对于矩阵流形, 利用指数映射可以给出测地线的简洁表达式.

定义 43 设 M 为光滑流形, $v\in T_pM$ 为 $p\in M$ 处的切向量, 则局部地存在唯一的测地线 $\gamma_v(t)$, 使得 $\gamma_v(0)=p,\ \dot{\gamma}_v(0)=v$. 与 $\gamma_v(t)$ 对应的指数映射 $\exp:TM\to M$ 定义为 $\exp_p(v)=\gamma_v(1)$.

通过重新参数化 $t \mapsto \lambda t$ $(\lambda \neq 0)$, 测地线由 $t \mapsto \gamma_v(t)$ 变成 $t \mapsto \gamma_{\lambda v}(t)$, 即 $\gamma_v(\lambda t) = \gamma_{\lambda v}(t)$. 由此可知

$$\exp_p(tv) = \gamma_{tv}(1) = \gamma_v(t).$$

由于

$$(\mathrm{d}\exp_p)_0(v) = \left.\frac{\mathrm{d}}{\mathrm{d}t}\right|_{t=0}(\exp_p(tv)) = \left.\frac{\mathrm{d}}{\mathrm{d}t}\right|_{t=0}\gamma_v(t) = v,$$

所以 $(\mathrm{dexp_p})_0$ 是恒等映射. 于是存在开圆盘 D 使得

$$\exp_p : D \to \exp_p(D) \subset M$$

是微分同胚.

在点 p 的邻域 $\exp_p(D)$ 取局部坐标系. 设 $\{e_i\}_{i=1}^n$ 为 T_pM 的标准正交基底. 对于任意的 $y \in \exp_p(D)$, $\exp_p\left(\sum_{i=1}^n x^i e_i\right) = y$ 的向量 $\sum_{i=1}^n x^i e_i \in T_pM$ 存在且唯一, 因此我们得到局部坐标系 $x^i(y) = x^i$ $(i = 1, 2, \cdots, n)$, 即

$$x^i = x^i\left(\exp_p\left(\sum_{i=1}^n x^i e_i\right)\right).$$

称 $\left(\exp_p(D), x^1, x^2, \cdots, x^n\right)$ 为点 p 处的法坐标系或者测地坐标系.

命题 14 在法坐标系下, 有

$$g_{ij} = \delta_{ij}, \quad \Gamma^i_{jk}(0), \ \frac{\partial g_{ij}}{\partial x^k}(0) = 0.$$

证明 由标准正交基底 $\{e_i\}_{i=1}^n$ 可得 $g_{ij} = \delta_{ij}$. 在法坐标系下

$$\gamma(t) = (tv^1, tv^2, \cdots, tv^n) \in \mathbb{R}^n = T_pM$$

是测地线, 将其代入测地线方程

$$\ddot{\gamma}^i(t) + \Gamma^i_{jk}(\gamma(t))\dot{\gamma}^j(t)\dot{\gamma}^k(t) = 0$$

可得

$$\Gamma^i_{jk}(0)v^j v^k = 0,$$

由 v 的任意性, 分别取 $v = e_i$ 以及 $v = \frac{1}{2}(e_i + e_j)$ $(i \neq j)$, 其中 e_i $(i = 1, 2, \cdots, n)$ 表示第 i 个位置为 1, 其余位置为 0 的单位向量, 可得 $\Gamma^i_{jk}(0) = 0$. 进一步地, 由公式

$$\Gamma^i_{jk}(0) = \frac{1}{2}g^{il}\left(\frac{\partial g_{jl}}{\partial x^k}(0) + \frac{\partial g_{kl}}{\partial x^j}(0) - \frac{\partial g_{jk}}{\partial x^l}(0)\right) = 0$$

可得

$$\frac{\partial g_{jl}}{\partial x^k}(0)+\frac{\partial g_{kl}}{\partial x^j}(0)-\frac{\partial g_{jk}}{\partial x^l}(0)=0,$$

由 g_{ij} 的对称性, 可得 $\dfrac{\partial g_{ij}}{\partial x_k}(0)=0$. □

例 11　对于欧氏空间 $\mathbb{R}^n$, $T_p\mathbb{R}^n=\mathbb{R}^n$, 有指数映射

$$\exp_p(tv)=p+tv,\quad p,v\in\mathbb{R}^n.$$

注 23　由于测地线方程解的存在性与唯一性的局部性, 指数映射一般是局部定义的. 换言之, 指数映射一般不能在整个流形上定义, 当流形 M 为紧致流形时, 指数映射是满射. 当 $M=GL(n,\mathbb{R})$ 时, 指数映射就是矩阵指数.

定义 44　在黎曼流形 (M,g) 上, 沿测地线 $\gamma(t)$ 的雅可比场是用来描述 $\gamma(t)$ 和与其充分接近的测地线之间差异的向量场. 通过对弧长的二次变分可以获得沿测地线 $\gamma(t)$ 的雅可比场 J 所满足的微分方程

$$\nabla_{\dot\gamma(t)}\nabla_{\dot\gamma(t)}J+R\left(J,\dot\gamma(t)\right)\dot\gamma(t)=0. \tag{2.53}$$

利用雅可比场方程可以证明 Myers 定理: Ricci 曲率有正下界的完备的黎曼流形是紧致的.

2.2.6　黎曼流形上的算子

下面在黎曼流形 (M,g) 上引入向量场的散度、函数的梯度、函数的 Laplace-Beltrami 算子以及黑塞算子的定义.

定义 45　光滑向量场 $X\in\mathfrak{X}(M)$ 的散度定义为

$$\operatorname{div}X=\operatorname{tr}(\nabla X),\quad \nabla X:\mathfrak{X}(M)\to\mathfrak{X}(M),$$

利用局部坐标系可以表示为

$$\operatorname{div}X=\frac{\partial X^i}{\partial x^i}+X^k\Gamma^i_{ki}=\frac{1}{\sqrt{\det(g)}}\frac{\partial}{\partial x^i}\left(\sqrt{\det(g)}X^i\right),$$

其中 $X=X^i\partial_i$.

定义 46　对于黎曼流形 (M,g), 函数 $f\in C^\infty(M)$ 的梯度 ∇f 由下式定义

$$g(\nabla f,X)=\mathrm{d}f(X)=X(f),$$

其中 $X\in\mathfrak{X}(M)$. 利用局部坐标系可以表示为

$$\nabla f=g^{ij}\frac{\partial f}{\partial x^i}\frac{\partial}{\partial x^j}.$$

定义 47 对于黎曼流形 (M,g), 函数 $f\in C^\infty(M)$ 的 Laplace-Beltrami 算子 $\Delta: C^\infty(M)\to C^\infty(M)$, 定义为

$$\Delta f=\operatorname{div}(\nabla f)=\frac{1}{\det(g)}\frac{\partial}{\partial x^i}\left(\sqrt{\det(g)}g^{ij}\frac{\partial f}{\partial x^j}\right).$$

注 24 如果 M 为欧氏空间 $\mathbb{R}^n$, 具有欧氏度量 $g=(\delta_{ij})$, 上述 Laplace-Beltrami 算子 Δ 满足

$$\Delta f=\sum_{i=1}^n\frac{\partial^2 f}{\partial x_i^2}.$$

例 12 在三维欧氏空间 $\mathbb{R}^3$ 中, 取球坐标系

$$x=r\sin\theta\cos\varphi,\quad y=r\sin\theta\sin\varphi,\quad z=r\cos\theta,$$

其中 $0\leqslant\theta<\pi$, $0\leqslant\varphi<2\pi$, $r>0$. 用 g_E 表示欧氏度量. 注意到

$$\begin{aligned}&g_E\left(\frac{\partial}{\partial x},\frac{\partial}{\partial x}\right)=g_E\left(\frac{\partial}{\partial y},\frac{\partial}{\partial y}\right)=g_E\left(\frac{\partial}{\partial z},\frac{\partial}{\partial z}\right)=1,\\&g_E\left(\frac{\partial}{\partial x},\frac{\partial}{\partial y}\right)=g_E\left(\frac{\partial}{\partial x},\frac{\partial}{\partial z}\right)=g_E\left(\frac{\partial}{\partial y},\frac{\partial}{\partial z}\right)=0,\end{aligned}\tag{2.54}$$

利用 (2.54) 经计算可得

$$\begin{aligned}&g\left(\frac{\partial}{\partial r},\frac{\partial}{\partial r}\right)=1,\quad g\left(\frac{\partial}{\partial \theta},\frac{\partial}{\partial \theta}\right)=r^2,\quad g\left(\frac{\partial}{\partial \varphi},\frac{\partial}{\partial \varphi}\right)=r^2\sin^2\theta,\\&g\left(\frac{\partial}{\partial r},\frac{\partial}{\partial \theta}\right)=g\left(\frac{\partial}{\partial r},\frac{\partial}{\partial \varphi}\right)=g\left(\frac{\partial}{\partial \theta},\frac{\partial}{\partial \varphi}\right)=0,\end{aligned}\tag{2.55}$$

$$g=\begin{pmatrix}1&0&0\\0&r^2&0\\0&0&r^2\sin\theta\end{pmatrix},\tag{2.56}$$

以及

$$g^{-1}=\begin{pmatrix}1&0&0\\0&\dfrac{1}{r^2}&0\\0&0&\dfrac{1}{r^2\sin\theta}\end{pmatrix}.\tag{2.57}$$

于是, 对于 $\mathbb{R}^3$ 上的光滑函数 f, 利用 (2.55)—(2.57), 经计算可得

$$\Delta f=\frac{1}{r^2}\frac{\partial}{\partial r}\left(r^2\frac{\partial f}{\partial r}\right)+\frac{1}{r^2\sin\theta}\frac{\partial}{\partial\theta}\left(\sin\theta\frac{\partial f}{\partial\theta}\right)+\frac{1}{r^2\sin^2\theta}\frac{\partial^2 f}{\partial\varphi^2}.$$

定义 48　设黎曼流形 (M,g) 带有黎曼联络 ∇. 对于任意的 $X,Y\in\mathfrak{X}(M)$ 以及任意的函数 $f\in C^\infty(M)$, 称满足

$$\mathrm{Hess}(f)(X,Y)=\nabla(\mathrm{d}f)(X,Y)$$

的算子 Hess 为黑塞算子, 具体地, 有

$$\begin{aligned}\mathrm{Hess}(f)(X,Y)&=\nabla(\mathrm{d}f)(X,Y)\\&=\nabla_X\left(\mathrm{d}f(Y)\right)-\mathrm{d}f\left(\nabla_XY\right)\\&=X\left(Yf\right)-\left(\nabla_XY\right)f.\end{aligned}$$

用局部坐标系表示为

$$\begin{aligned}\left(\mathrm{Hess}(f)\right)_{ij}&=\mathrm{Hess}(f)\left(\partial_i,\partial_j\right)\\&=\partial_i(\partial_jf)-\Gamma_{ij}^k\partial_kf\\&:=f_{i,j}.\end{aligned}$$

命题 15　对于任意的 $f\in C^\infty(M)$, $\Delta f=g^{ij}f_{i,j}$.

命题 16　设 (M,g) 为 n 维黎曼流形, $\Omega=\sqrt{\det(g)}\,\mathrm{d}x^1\wedge\mathrm{d}x^2\wedge\cdots\wedge\mathrm{d}x^n$ 为其体积元. 如果 M 是紧致无边的, 则对于任意的向量场 $X\in\mathfrak{X}(M)$, 有

$$\int_M(\operatorname{div}X)\Omega=0.$$

参考文献

[1] do Carmo M P. Riemannian Geometry. Boston: Birkhäuser, 1992.

[2] Ehresmann C. Les connecxions infinitésimales dans un espace fibré différentiable. Séminaire N. Bourbaki, 1952, 1: 153-168.

[3] Helgason S. Differential Geometry, Lie Groups, and Symmetric Spaces. New York: Academic Press, 1978.

[4] Jost J. Riemannian Geometry and Geometric Analysis. 3rd ed. Berlin: Springer, 2002.

[5] Kobayashi S, Nomizu K. Foundations of Differential Geometry. New York: Interscience Publishers, 1963.

[6] Lang S. Fundamentals of Differential Geometry. New York: Springer-Verlag, 1999.

[7] Lee J M. Riemannian Manifolds: An Introduction to Curvature. New York: Springer-Verlag, 1997.

[8] Nomizu K. Lie Groups and Differential Geometry. Tokyo: Mathematical Society of Japan, 1956.

[9] Spivak M. A Comprehensive Introduction to Differential Geometry. Houston: Publish or Perish, 1999.

[10] 白正国, 沈一兵, 水乃翔, 等. 黎曼几何初步. 2 版. 北京: 高等教育出版社, 2004.

[11] 陈省身, 陈维桓. 微分几何讲义. 北京: 北京大学出版社, 1983.

[12] 陈维桓. 微分流形初步. 2 版. 北京: 高等教育出版社, 2001.

[13] 陈维桓, 李兴校. 黎曼几何引论: 上册. 北京: 北京大学出版社, 2002.

[14] 陈维桓, 李兴校. 黎曼几何引论: 下册. 北京: 北京大学出版社, 2004.

[15] 荻上紘一. 多様体 (共立講座 21 世紀の数学). 東京: 共立出版株式会社, 1997.

[16] 杜布文, 诺维克夫, 福明柯. 现代几何学: 方法与应用. 许明, 译. 北京: 高等教育出版社, 2006.

[17] 顾险峰, 丘成桐. 计算共形几何 (理论篇). 北京: 高等教育出版社, 2020.

[18] 黄正中. 微分几何导引. 南京: 南京大学出版社, 1992.

[19] 李安民, 赵国松. 仿射微分几何. 成都: 四川教育出版社, 1990.

[20] 梅加强. 流形与几何初步. 北京: 科学出版社, 2013.

[21] 梅原雅顕, 山田光太郎. 曲線と曲面微分幾何学のアプローチ. 東京: 裳華房, 2015.

[22] 苏步青. 微分几何. 2 版. 北京: 高等教育出版社, 2016.

[23] 唐梓洲. 黎曼几何基础. 北京: 北京师范大学出版社, 2011.

[24] 伍鸿熙, 沈纯理, 虞言林. 黎曼几何初步. 北京: 北京大学出版社, 1989.

[25] 伍鸿熙, 陈维桓. 黎曼几何选讲. 北京: 北京大学出版社, 1993.

[26] 伍鸿熙, 沈纯理, 虞言林. 黎曼几何初步. 北京: 高等教育出版社, 2014.

[27] 小林昭七. 曲线与曲面的微分几何. 王运达, 译. 沈阳: 沈阳市数学会, 1980.

[28] 忻元龙. 黎曼几何讲义. 上海: 复旦大学出版社, 2010.

[29] 周建伟. 微分几何讲义. 北京: 科学出版社, 2010.

[30] 横田一郎. 古典型単純リ一群. 東京: 現代数学社, 1989.

第 3 章　李群与李代数

李群是具有群结构的光滑微分流形, 李代数对应着李群上单位元处的切空间, 李群上任意一点处的几何结构可以由单位元处的几何结构来确定. 李群上的丰富结构可以用于信息几何的研究. 与一般的李群相比, 矩阵李群具有良好的性质, 特别是非退化矩阵全体在矩阵乘法下构成的一般线性群 $GL(n,\mathbb{R})$, 它的李子群以及子流形在矩阵信息几何及其应用中发挥重要作用. 在本章中, 我们着重介绍 $GL(n,\mathbb{R})$ 的李子群与子流形的相关内容. 相关内容的细节可参见英文文献 [3, 8–11, 13–17, 20–23] 以及中、日文文献 [24–36].

3.1　矩阵指数与矩阵对数

在介绍李群之前, 我们先介绍矩阵指数与矩阵对数的基本概念及性质.

设 $M(n,\mathbb{F})$ 表示数域 $\mathbb{F}$ 上 n 阶矩阵全体, 矩阵 $A=(a_{ij})$ 的 Frobenius 范数定义为 $\|A\|=\sqrt{\sum_{ij}|a_{ij}|^2}$. 对于任意的 $A,B\in M(n,\mathbb{F})$, $\lambda\in\mathbb{F}$, 我们有

1. $\|A+B\|\leqslant\|A\|+\|B\|$;
2. $\|\lambda A\|=|\lambda|\|A\|$;
3. $\|A\|\geqslant 0$;
4. $\|A\|=0\Longleftrightarrow A=0$;
5. $\|AB\|\leqslant\|A\|\|B\|$.

定义 49　对于任意的 $A\in M(n,\mathbb{F})$, 其指数由下面的幂级数给出

$$\exp(A)=\sum_{m=0}^{\infty}\frac{A^m}{m!}. \tag{3.1}$$

(3.1) 右端的级数收敛. 事实上, 由前面的性质 5, 我们有

$$\|A^m\|\leqslant\|A\|^m,$$

于是有

$$\left\|\sum_{k=0}^{\infty}\frac{A^k}{k!}\right\|\leqslant\sum_{k=0}^{\infty}\frac{\|A\|^k}{k!}=e^{\|A\|}<\infty,$$

从而级数 $\sum_{k=0}^{\infty} \frac{A^k}{k!}$ 收敛.

例 13 设

$$A = \begin{pmatrix} 0 & 1 \\ -1 & 0 \end{pmatrix},$$

经计算可得

$$\begin{aligned} \exp(tA) &= I + tA + \frac{1}{2!}(tA)^2 + \cdots + \frac{1}{n!}(tA)^n + \cdots \\ &= I + \begin{pmatrix} 0 & t \\ -t & 0 \end{pmatrix} + \frac{1}{2!}\begin{pmatrix} -t^2 & 0 \\ 0 & -t^2 \end{pmatrix} + \frac{1}{3!}\begin{pmatrix} 0 & -t^3 \\ t^3 & 0 \end{pmatrix} + \cdots \\ &= \begin{pmatrix} 1 - \frac{1}{2!}t^2 + \frac{1}{4!}t^4 - \cdots & t - \frac{1}{3!}t^3 + \frac{1}{5!}t^5 - \cdots \\ -t + \frac{1}{3!}t^3 - \frac{1}{5!}t^5 + \cdots & 1 - \frac{1}{2!}t^2 + \frac{1}{4!}t^4 - \cdots \end{pmatrix} \\ &= \begin{pmatrix} \cos t & \sin t \\ -\sin t & \cos t \end{pmatrix}. \end{aligned}$$

对于任意的 $A, B \in M(n, \mathbb{F})$, $a, b \in \mathbb{F}$, 有下面的性质:

1. $\exp(0) = I$, 其中 I 为单位矩阵, 0 为零矩阵;
2. $(\exp(A))^{\mathrm{T}} = \exp(A^{\mathrm{T}})$, 其中 A^{T} 表示矩阵 A 的转置;
3. $(\exp(A))^{-1} = \exp(-A)$;
4. $\exp((a+b)A) = \exp(aA)\exp(bA)$;
5. 如果 $AB = BA$, 则 $\exp(A+B) = \exp(A)\exp(B) = \exp(B)\exp(A)$;
6. 如果 B 是非退化矩阵, 则 $\exp(BAB^{-1}) = B\exp(A)B^{-1}$;
7. $\|\exp(A)\| \leqslant \exp(\|A\|)$;
8. $\frac{\mathrm{d}}{\mathrm{d}t}\exp(tA) = A\exp(tA) = \exp(tA)A$;
9. $\det(\exp(A)) = \exp(\operatorname{tr}(A))$, 其中 $\operatorname{tr}(A)$ 表示对矩阵 A 求迹;
10. 当 $\|A - I\| < 1$ 时,

$$\log(A) = \sum_{m=1}^{\infty} (-1)^{m+1} \frac{(A-I)^m}{m};$$

11. $B^{-1}\log(A)B = \log(B^{-1}AB)$, 其中 B 是非退化矩阵.

类似于数的指数和对数的关系, 可以定义矩阵指数与矩阵对数的关系:

1. 如果 $\|A\| < \log 2$, 则有 $\log(\exp A) = A$;
2. 如果 $\|A - I\| < 1$, 则有 $\exp(\log A) = A$.

定理 2 (Lie-Trotter 公式)　设 $A, B \in M(n, \mathbb{C})$, 则有

$$\exp(A+B) = \lim_{m\to\infty}\left(\exp\left(\frac{A}{m}\right)\exp\left(\frac{B}{m}\right)\right)^m.$$

定义 50 (Baker-Campbell-Hausdorff 公式)　矩阵方程

$$\log\left(\exp(A)\exp(B)\right) = A + B + \frac{1}{2}[A,B] + \frac{1}{12}[A,[A,B]] + \frac{1}{12}[B,[B,A]] + \cdots$$

称为 Baker-Campbell-Hausdorff (BCH) 公式, 其中 $[\cdot,\cdot]$ 为李括号, 满足 $[A,B] = AB - BA$.

3.2　群

在定义李群之前, 我们先介绍群的相关概念.

定义 51　设 G 是一个非空集合, 定义二元运算 $\cdot$, 若其满足

1. 封闭性: 对于任意的 $g_1, g_2 \in G$, $g_1 \cdot g_2 \in G$;
2. 结合律: 对于任意的 $g_1, g_2, g_3 \in G$, $(g_1 \cdot g_2)\cdot g_3 = g_1 \cdot (g_2 \cdot g_3)$;
3. 单位元: 存在单位元 e, 使得对于任意的 $g \in G$, $g\cdot e = e \cdot g = g$;
4. 逆元的存在: 对于任意的 $g \in G$, 存在逆元记为 g^{-1}, 使得 $g\cdot g^{-1} = g^{-1}\cdot g = e$,

称 $(G,\cdot)$ 为在运算 $\cdot$ 意义下的群. 在群运算明确时, 常省略符号 $\cdot$.

例 14　n 维向量空间 $(\mathbb{R}^n, +)$ 构成一个群, 其中的群运算为加法运算 $+$, 单位元为 0, 而且对于任意的 $a \in \mathbb{R}^n$, 它的逆元为 $-a$.

例 15　集合 $GL(n,\mathbb{R}) = \{A \in \mathbb{R}^{n\times n} \mid \det(A) \neq 0\}$ 在矩阵乘法意义下构成一个群, 称为一般线性群. 其中单位元为 n 阶单位矩阵 I, 且对于任意的 $A \in GL(n,\mathbb{R})$, 其逆元为矩阵 A 的逆矩阵 A^{-1}.

定义 52　设 H 是群 G 的子集, 如果对于群 G 的运算满足

1. 对于任意的 $g, h \in H$, 有 $gh \in H$;
2. 对于任意的 $g \in H$, $g^{-1} \in H$,

称 H 为群 G 的子群. 对于群 G 的子群 H, 如果加上

3. 对于任意的 $g \in G$, $h \in H$, 有 $ghg^{-1} \in H$,

则称 H 为 G 的正规子群.

定义 53　称 $A: \mathbb{R} \to GL(n,\mathbb{F})$ 是 $GL(n,\mathbb{F})$ 的单参数子群, 如果 A 是连续的, 且满足

1. $A(0)=I$;
2. $A(t+s)=A(t)A(s),\ t,s\in\mathbb{R}$.

命题 17 设 $\gamma:(a,b)\to GL(n,\mathbb{R})$ 为 $GL(n,\mathbb{R})$ 的单参数子群, 则存在 $X\in T_IGL(n,\mathbb{R})$, 使得 $\gamma(t)=\exp(tX)$.

定义 54 设 G 与 H 是两个群, 如果存在映射 f, 使得

$$f(g_1g_2)=f(g_1)f(g_2)\in H,\quad g_1,g_2\in G,$$

则称 f 为同态映射, 且称 G 与 H 同态. 如果同态映射 f 为双射, 则称 f 为同构映射, 且称 G 与 H 同构.

定义 55 设群 G 为拓扑空间, 如果群运算

$$G\times G\to G,$$

$$(x,y)\mapsto xy,\quad x,y\in G$$

以及逆运算

$$G\to G,$$

$$x\mapsto x^{-1},\quad x\in G$$

都是连续的, 则称 G 为拓扑群.

定义 56 设 H 为群 G 的子群, 由 H 诱导的 G 的剩余类分解为

$$G=H\cup aH\cup bH\cup\cdots,\quad a,b\in G.$$

用 G/H 表示剩余类全体的集合 $\{H,aH,bH,\cdots\}$. 当 G 为拓扑群时, 通过映射

$$\pi:G\to G/H,$$

$$g\mapsto\pi(g)=gH,$$

使得 G/H 成为拓扑空间. 事实上, 设 U 为 G/H 的开集, 则 $\pi^{-1}(U)$ 为 G 的开集, 所以 G/H 成为拓扑空间.

定义 57 设 H 是拓扑群 G 的子群, 如果映射 $\pi:G\to G/H$ 把 G 的开集映射成 G/H 的开集, 则称 π 为开映射.

命题 18 设H是拓扑群G的子群,则$\pi:G\to G/H$为满的、连续的开映射.

命题 19 设 H 是拓扑群 G 的子群, 如果 G/H 和 H 连通, 则 G 也连通.

3.3　李群的基本内容

本节简要介绍李群的定义和性质.

定义 58　群 G 满足以下条件时称为李群:

1. G 是光滑流形;

2. 群映射 $G \times G \to G, (g_1, g_2) \mapsto g_1 \cdot g_2^{-1}, g_1, g_2 \in G$ 是光滑映射.

如果李群 G 关于群的运算是可交换的, 则称 G 为阿贝尔李群.

定义 59　如果 H 是李群 G 的子群, 同时也是流形 G 的子流形, 则称 H 为李群 G 的李子群. 当李子群 H 为 G 的闭子集时, 称其为 G 的闭李子群.

例 16　$\mathbb{R}^n$ 关于向量加法构成 n 维李群, 它是阿贝尔李群. 事实上, 设 $x, y \in \mathbb{R}^n$, 定义群运算为 $x \cdot y = x + y, x \cdot y^{-1} = x - y$, 显然该运算是光滑的, 所以 $\mathbb{R}^n$ 是一个李群, 而且显然是阿贝尔李群.

例 17　一维环面 $T^1 = S^1$ 是一维李群. 事实上, 设 $S^1 = \left\{e^{2\pi i t}\right\}, t \in \mathbb{R}$, 其上的群运算定义为

$$e^{2\pi \mathrm{i} t} \cdot e^{2\pi \mathrm{i} s} = e^{2\pi \mathrm{i}(t+s)}, \quad s \in \mathbb{R}.$$

显然, 群运算和取逆运算都是光滑的, 它也是一个阿贝尔李群.

可以证明 n 维环面 $T^n = S^1 \times S^1 \times \cdots \times S^1$ 也是李群.

例 18　设

$$S^3 = \left\{(x_0, x_1, x_2, x_3) \in \mathbb{R}^4 \mid x_0^2 + x_1^2 + x_2^2 + x_3^2 = 1\right\}$$

是四元数空间

$$\mathbb{H} = \left\{x = x_0 + x_1 \mathrm{i} + x_2 \mathrm{j} + x_3 \mathrm{k} \mid (x_0, x_1, x_2, x_3) \in \mathbb{R}^4\right\}$$

中的单位球面, 其中 $1, \mathrm{i}, \mathrm{j}, \mathrm{k}$ 为 $\mathbb{H}$ 的基底, 满足下列性质:

$$\mathrm{i}^2 = \mathrm{j}^2 = \mathrm{k}^2 = -1, \quad \mathrm{ij} = -\,\mathrm{ji} = \mathrm{k}, \quad \mathrm{jk} = -\mathrm{kj} = \mathrm{i}, \quad \mathrm{ki} = -\mathrm{ik} = \mathrm{j}.$$

下面验证 S^3 是李群. 事实上, 设

$$x = x_0 + x_1 \mathrm{i} + x_2 \mathrm{j} + x_3 \mathrm{k}, \quad y = y_0 + y_1 \mathrm{i} + y_2 \mathrm{j} + y_3 \mathrm{k} \in \mathbb{H},$$

进行乘法运算

$$\begin{aligned}
&(x_0 + x_1 \mathrm{i} + x_2 \mathrm{j} + x_3 \mathrm{k})(y_0 + y_1 \mathrm{i} + y_2 \mathrm{j} + y_3 \mathrm{k}) \\
=&(x_0 y_0 - x_1 y_1 - x_2 y_2 - x_3 y_3) + (x_0 y_1 + x_1 y_0 + x_2 y_3 - x_3 y_2)\mathrm{i}
\end{aligned}$$

$$+\left(x_0y_2+x_2y_0+x_3y_1-x_1y_3\right)\mathrm{j}+\left(x_0y_3+x_3y_0+x_1y_2-x_2y_1\right)\mathrm{k}.$$

注意到

$$\begin{aligned}&\left(x_0y_0-x_1y_1-x_2y_2-x_3y_3\right)^2+\left(x_0y_1+x_1y_0+x_2y_3-x_3y_2\right)^2\\&+\left(x_0y_2+x_2y_0+x_3y_1-x_1y_3\right)^2+\left(x_0y_3+x_3y_0+x_1y_2-x_2y_1\right)^2\\=&\left(x_0^2+x_1^2+x_2^2+x_3^2\right)\left(y_0^2+y_1^2+y_2^2+y_3^2\right)\\=&1,\end{aligned}$$

在 S^3 上定义乘法

$$\begin{aligned}&\left(x_0,x_1,x_2,x_3\right)\left(y_0,y_1,y_2,y_3\right)\\=&\left(x_0y_0-x_1y_1-x_2y_2-x_3y_3,x_0y_1+x_1y_0+x_2y_3-x_3y_2,\right.\\&\left.x_0y_2+x_2y_0+x_3y_1-x_1y_3,x_0y_3+x_3y_0+x_1y_2-x_2y_1\right).\end{aligned}$$

可以验证上述乘法运算满足结合律, $(1,0,0,0)$ 为单位元, $(x_0,-x_1,-x_2,-x_3)$ 为元素 (x_0,x_1,x_2,x_3) 的逆元, 因此 S^3 是一个群. 上述乘法以及逆运算都是光滑的, 所以 S^3 是一个李群.

例 19 设 G_1,G_2 为两个李群, 在乘积流形 $G_1\times G_2$ 上定义运算如下: 对于任意的 (a_1,a_2), $(b_1,b_2)\in G_1\times G_2$, $(a_1,a_2)\cdot(b_1,b_2)=(a_1b_1,a_2b_2)$, (a_1,a_2) 的逆元为 $(a_1,a_2)^{-1}=\left(a_1^{-1},a_2^{-1}\right)$, 单位元为 $(1,1)$. 于是 $G_1\times G_2$ 成为一个李群. 称 $G_1\times G_2$ 为李群 G_1 与 G_2 的直积, 且

$$\dim(G_1\times G_2)=\dim G_1+\dim G_2.$$

例 20 一般线性群 $GL(n,\mathbb{R})$ 在矩阵乘法下是李群. 事实上, 首先, 它是一个微分流形. 设 $A=(a_{ij})\in GL(n,\mathbb{R})$, 定义映射

$$\phi(A)=\left(a_{11},a_{12},\cdots,a_{1n},a_{21},a_{22},\cdots,a_{2n},\cdots,a_{n1},a_{n2},\cdots,a_{nn}\right).$$

显然 ϕ 是 $GL(n,\mathbb{R})$ 到 $\mathbb{R}^{n^2}$ 的一一对应. 对于 $GL(n,\mathbb{R})$ 的开集 U, $\phi(U)$ 为 $GL(n,\mathbb{R})$ 的开集 (因为函数 $f=\det:M(n,\mathbb{R})\to\mathbb{R}$ 是连续的, 既然 $\mathbb{R}\backslash\{0\}$ 是 $\mathbb{R}$ 的开集, 可知 $f^{-1}\left(\mathbb{R}\backslash\{0\}\right)=GL(n,\mathbb{R})$ 是 $\mathbb{R}^{n^2}$ 的开集). 故 ϕ 是 $GL(n,\mathbb{R})$ 到 $\mathbb{R}^{n^2}$ 上的同胚映射, $(U,\phi(U))$ 是 $GL(n,\mathbb{R})$ 的覆盖坐标卡, 于是 $GL(n,\mathbb{R})$ 是 n^2 维的微分流形.

下面证明 $GL(n,\mathbb{R})$ 上矩阵乘法的光滑性. 任取 $GL(n,\mathbb{R})$ 中的两个元素 $A=(a_{ij})$ 和 $B=(b_{ij})$, 其乘法 AB 的元素记为 $(AB)_i^j=a_k^jb_i^k$, 矩阵的逆元为 $(A^{-1})_i^j=\widetilde{A}_i^j/\det(A)$, 其中 $\widetilde{A}_i^j$ 为 $\det(A)$ 中元素 a_{ij} 的代数余子式. 显然, $GL(n,\mathbb{R})$ 上的乘法和逆运算都是光滑的, 故 $GL(n,\mathbb{R})$ 是 n^2 维的李群.

定义 60　一般线性群 $GL(n,\mathbb{F})$ 的闭子群称为矩阵李群.

对于矩阵李群 G 上的任意序列 $\{A_k\}$, 假设 $\lim\limits_{k\to\infty} A_k = A$, 则 $A \in G$ 或者 A 退化.

下面介绍一些常见的矩阵李群, 它们都是 $GL(n,\mathbb{R})$ 或者 $GL(n,\mathbb{C})$ 的李子群. 为简单起见, 在表 3.1 中用 $\mathbb{F}$ 表示数域, 它是 $\mathbb{R}$ 或者 $\mathbb{C}$, 除非特别说明. 在很多情形下, 如果一个矩阵李群在实数域和复数域上皆存在, 并且没有特别指明数域类型, 默认为实数域, 比如 $SO(n) = SO(n,\mathbb{R})$. 在表 3.1 中, A^{H} 表示复矩阵 A 的共轭转置. 另外, 定义反对称矩阵 J 为

$$J = \begin{pmatrix} 0 & I \\ -I & 0 \end{pmatrix},$$

其中 I 表示 n 阶单位矩阵.

表 3.1　矩阵李群

一般线性群	$GL(n,\mathbb{F}) = \{A \in M(n,\mathbb{F}) \mid \det(A) \neq 0\}$
特殊线性群	$SL(n,\mathbb{F}) = \{A \in GL(n,\mathbb{F}) \mid \det(A) = 1\}$
正交群	$O(n,\mathbb{F}) = \{A \in GL(n,\mathbb{F}) \mid A^{\mathrm{T}}A = I\}$
特殊正交群	$SO(n,\mathbb{F}) = SL(n,\mathbb{F}) \cap O(n,\mathbb{F})$
酉群	$U(n) = \{A \in GL(n,\mathbb{C}) \mid A^{\mathrm{H}}A = I\}$
特殊酉群	$SU(n) = \{A \in U(n) \mid \det(A) = 1\}$
实辛群	$Sp(n,\mathbb{R}) = \{A \in M(2n,\mathbb{R}) \mid A^{\mathrm{T}}JA = J\}$
复辛群	$Sp(n,\mathbb{C}) = \{A \in M(2n,\mathbb{C}) \mid A^{\mathrm{T}}JA = J\}$
辛群	$Sp(n) = \{A \in M(n,\mathbb{H}) \mid A^{\mathrm{H}}A = I\} = U(2n) \cap Sp(n,\mathbb{C})$
欧几里得群	$E(n) = \left\{ \begin{pmatrix} A & d \\ 0 & 1 \end{pmatrix} \middle\vert\, A \in O(n),\ d \in \mathbb{R}^n \right\}$
特殊欧几里得群	$SE(n) = \left\{ \begin{pmatrix} A & d \\ 0 & 1 \end{pmatrix} \middle\vert\, A \in SO(n),\ d \in \mathbb{R}^n \right\}$

对于一般的李群, 可以用如下定理来定义李子群.

定理 3 (Cartan 定理)　李群的闭子群是李子群.

由 Cartan 定理可知, $SL(n,\mathbb{R})$,$O(n)$,$SO(n)$ 是 $GL(n,\mathbb{R})$ 的李子群, $SL(n,\mathbb{C})$, $U(n)$, $SU(n)$ 是 $GL(n,\mathbb{C})$ 的李子群,辛群 $Sp(n)$ 是复辛群 $Sp(n,\mathbb{C})$ 的李子群.

例 21　$O(2)$ 与 $SO(2)$ 的参数表示. 设

$$A = \begin{pmatrix} a & b \\ c & d \end{pmatrix} \in O(2), \quad a,b,c,d \in \mathbb{R}.$$

因为 $A^{\mathrm{T}}A=I$, 我们有

$$\begin{pmatrix} a & c \\ b & d \end{pmatrix}\begin{pmatrix} a & b \\ c & d \end{pmatrix}=\begin{pmatrix} 1 & 0 \\ 0 & 1 \end{pmatrix},$$

于是有

$$\begin{pmatrix} a^2+c^2 & ab+cd \\ ab+cd & b^2+d^2 \end{pmatrix}=\begin{pmatrix} 1 & 0 \\ 0 & 1 \end{pmatrix},$$

由此可得

$$a^2+c^2=1, \quad b^2+d^2=1, \quad ab+cd=0. \tag{3.2}$$

由 (3.2) 可得

$$A=\begin{pmatrix} \cos\theta & -\sin\theta \\ \sin\theta & \cos\theta \end{pmatrix}$$

或者

$$A=\begin{pmatrix} -\cos\theta & \sin\theta \\ \sin\theta & \cos\theta \end{pmatrix}.$$

$SO(2)$ 为 $O(2)$ 中行列式为 1 的子群.

例 22 $SU(2)$ 的结构. 设矩阵 $A=\begin{pmatrix} a & b \\ c & d \end{pmatrix}\in SU(2)$, $a,b,c,d\in\mathbb{C}$. 由 $A^{\mathrm{H}}A=I$, 可得

$$\begin{pmatrix} \overline{a} & \overline{c} \\ \overline{b} & \overline{d} \end{pmatrix}\begin{pmatrix} a & b \\ c & d \end{pmatrix}=\begin{pmatrix} 1 & 0 \\ 0 & 1 \end{pmatrix},$$

展开可得

$$\begin{pmatrix} |a|^2+|c|^2 & b\overline{a}+d\overline{c} \\ a\overline{b}+c\overline{d} & |b|^2+|d|^2 \end{pmatrix}=\begin{pmatrix} 1 & 0 \\ 0 & 1 \end{pmatrix},$$

进而可得方程组

$$|a|^2+|c|^2=1, \quad |b|^2+|d|^2=1, \quad a\overline{b}+c\overline{d}=b\overline{a}+d\overline{c}=0.$$

再利用 $\det(A)=1$, 即 $ad-bc=1$, 可得 $c=-\overline{b}$, $d=\overline{a}$. 于是有

$$A=\begin{pmatrix} a & b \\ -\overline{b} & \overline{a} \end{pmatrix}, \quad |a|^2+|b|^2=1.$$

例 23　对于实（或复）辛群

$$Sp(n,\mathbb{F})=\left\{M\in GL(2n,\mathbb{F})\ \middle|\ M^{\mathrm{T}}JM=J,\ J=\begin{pmatrix}0 & I\\ -I & 0\end{pmatrix}\right\},$$

其中 I 表示 n 阶单位矩阵. 直接计算可得

$$J^2=-I_{2n},\quad J^{-1}=J^{\mathrm{T}}=-J,\quad M^{\mathrm{T}}=-JM^{-1}J,\quad (M^{-1})^{\mathrm{T}}=-JMJ.$$

设 $M=\begin{pmatrix}A & B\\ C & D\end{pmatrix}$, 其中 A,B,C,D 均为 n 阶方阵, 由 $M^{\mathrm{T}}JM=J$ 可得

$$A^{\mathrm{T}}C=C^{\mathrm{T}}A,\quad B^{\mathrm{T}}D=D^{\mathrm{T}}B,\quad A^{\mathrm{T}}D-C^{\mathrm{T}}B=I.$$

上述李群都可以理解为具有保持某种变换的群结构. 例如对于任意的 $u,v\in\mathbb{R}^n$, 定义内积 $\langle u,v\rangle=u^{\mathrm{T}}v$. 由内积的不变性 $\langle Au,Av\rangle=\langle u,v\rangle$ 可导出 $(Au)^{\mathrm{T}}(Av)=u^{\mathrm{T}}A^{\mathrm{T}}Av=u^{\mathrm{T}}v$, 从而有 $A^{\mathrm{T}}A=I$. 于是, 正交群可以等价地表示为

$$O(n)=\{A\in GL(n,\mathbb{R})\mid\langle Au,Av\rangle=\langle u,v\rangle,\ u,v\in\mathbb{R}^n\}.$$

对于任意的 $u,v\in\mathbb{C}^n$, 定义内积 $\langle u,v\rangle=v^{\mathrm{T}}\bar{u}$, 由内积的不变性 $\langle Au,Av\rangle=\langle u,v\rangle$ 可得 $\langle Au,Av\rangle=(Av)^{\mathrm{T}}(\overline{Au})=v^{\mathrm{T}}A^{\mathrm{T}}\bar{A}\bar{u}=v^{\mathrm{T}}\bar{u}$, 从而得到 $A^{\mathrm{T}}\bar{A}=I$, 即 $A^{\mathrm{H}}A=I$. 于是, 酉群可以等价地表示为

$$U(n)=\{A\in GL(n,\mathbb{C})\mid\langle Au,Av\rangle=\langle u,v\rangle,\ u,v\in\mathbb{C}^n\}.$$

对于任意的 $u,v\in\mathbb{R}^{2n}$, 定义辛双线性形式 $\langle u,v\rangle=u^{\mathrm{T}}Jv$. 由辛形式不变性 $\langle Au,Av\rangle=\langle u,\ v\rangle$, 可得

$$\langle Au,Av\rangle=(Au)^{\mathrm{T}}J(Av)=u^{\mathrm{T}}A^{\mathrm{T}}JAv=u^{\mathrm{T}}Jv,$$

从而有 $A^{\mathrm{T}}JA=J$. 于是, 实辛群可以表示为

$$Sp(n,\mathbb{R})=\left\{A\in GL(2n,\mathbb{R})\mid\langle Au,Av\rangle=\langle u,v\rangle,\ u,v\in\mathbb{R}^{2n}\right\}.$$

3.4　矩阵李群的拓扑性质

在信息几何的研究中, 有时会涉及矩阵李群的连续性、连通性、紧致性以及完备性等拓扑性质, 因此有必要介绍相关矩阵流形 (李群) 的拓扑性质.

定义 61 设 (M, d_M), (N, d_N) 是两个度量空间, 映射 $f: M \to N$ 称为连续的, 如果对于任意的 $x \in M$, 当 $\lim_{m\to\infty} d_M(x_m, x) = 0$ 时, 有

$$\lim_{m\to\infty} d_N\left(f(x_m) - f(x)\right) = 0.$$

例 24 映射

$$f: M(n, \mathbb{F}) \to M(n, \mathbb{F}),$$
$$A \mapsto A^{\mathrm{H}}$$

是连续的.

证明 注意到对于任意的 $A \in M(n, \mathbb{F})$, $\left\|A^{\mathrm{H}}\right\| = \|A\|$, 所以当 $\lim_{m\to\infty} \|A_m - A\| = 0$ 时, 我们有

$$\lim_{m\to\infty} \|f(A_m) - f(A)\| = \lim_{m\to\infty} \left\|A_m^{\mathrm{H}} - A^{\mathrm{H}}\right\| = \lim_{m\to\infty} \|A_m - A\| = 0,$$

因此 f 是连续的. □

例 25 映射

$$f: M(n, \mathbb{F}) \to M(n, \mathbb{F}),$$
$$A \mapsto AA^{\mathrm{H}}$$

是连续的.

证明 当 $\lim_{m\to\infty} \|A_m - A\| = 0$ 时, 序列 $\{A_m\}$ 有界, 所以存在常数 $k > 0$, 使得 $\|A_m\| \leqslant k$. 于是我们有

$$\begin{aligned}
\|f(A_m) - f(A)\| &= \left\|A_m A_m^{\mathrm{H}} - AA^{\mathrm{H}}\right\| \\
&= \left\|A_m\left(A_m^{\mathrm{H}} - A^{\mathrm{H}}\right) + \left(A_m - A\right)A^{\mathrm{H}}\right\| \\
&\leqslant \|A_m\| \left\|A_m^{\mathrm{H}} - A^{\mathrm{H}}\right\| + \|A_m - A\| \left\|A^{\mathrm{H}}\right\| \\
&= \|A_m\| \|A_m - A\| + \|A_m - A\| \|A\| \\
&\leqslant (k + \|A\|) \|A_m - A\|.
\end{aligned}$$

因此,

$$\lim_{m\to\infty} \|f(A_m) - f(A)\| = 0.$$

所以 f 是连续的. □

例 26 映射 $f: M(n, \mathbb{F}) \times M(n, \mathbb{F}) \to M(n, \mathbb{F})$, $f(A, B) = AB$ 是连续的.

证明　当 $\lim\limits_{m\to\infty}\|A_m-A\|=0$, $\lim\limits_{m\to\infty}\|B_m-B\|=0$ 时, 可知序列 $\{A_m\}$ 和 $\{B_m\}$ 均有界. 设 $\|A_m\|\leqslant c$, 其中 $c>0$ 是常数. 于是有

$$\begin{aligned}\|f(A_m,B_m)-f(A,B)\| &= \|A_mB_m-AB\| \\ &= \|A_m(B_m-B)+(A_m-A)B\| \\ &\leqslant \|A_m\|\|B_m-B\|+\|A_m-A\|\|B\| \\ &\leqslant c\|B_m-B\|+\|A_m-A\|\|B\|.\end{aligned}$$

因此得到

$$\lim_{m\to\infty}\|f(A_m,B_m)-f(A,B)\|=0.$$

所以 f 是连续的. □

注 25　$\mathbb{F}^n$ 或 $M(n,\mathbb{F})$ 中的有界闭集是紧致的.

注 26　$\mathbb{F}^n$ 中有限个点构成的集合是紧致的.

命题 20　单位球面 $S_{\mathbb{F}}^{n-1}$ 是紧致的.

证明　设 $f:\mathbb{F}^n\to\mathbb{R}, f(x)=\|x\|$. 当 $\lim\limits_{m\to\infty}\|x_m-x\|=0$ 时, 因为 $\|f(x_m)-f(x)\|=\|\|x_m\|-\|x\|\|\leqslant\|x_m-x\|\to 0\ (m\to\infty)$, 于是 f 是连续的. 而 $1\in\mathbb{R}$, $\{1\}$ 是 $\mathbb{R}$ 的闭子集, $S_{\mathbb{F}}^{n-1}=f^{-1}(1)$ 是 $\mathbb{F}^n$ 的闭子集. 再加上 $S_{\mathbb{F}}^{n-1}$ 显然有界, 故 $S_{\mathbb{F}}^{n-1}$ 是紧致的. □

命题 21　$O(n)$, $SO(n)$, $U(n)$, $SU(n)$, $Sp(n)$ 是紧致的.

证明　设映射 $f:M(n,\mathbb{F})\to M(n,\mathbb{F})$, $f(A)=AA^{\mathrm{H}}$, 前面已经证明了 f 是连续函数. 而 $G(n,\mathbb{F})=(O(n),\ SO(n),\ U(n),\ SU(n))\to I$, 即对于任意的 $A\in G(n,\mathbb{F})$, $f(A)=AA^{\mathrm{H}}=I$, 从而 $f^{-1}(I)=G(n,\mathbb{F})$, 所以 $G(n,\mathbb{F})$ 是 $M(n,\mathbb{F})$ 的闭子集. 另一方面, 对于任意的 $A\in G(n,\mathbb{F})$, $A=(a_{ij})$, $AA^{\mathrm{H}}=I$ 意味着 $\sum_k a_{ik}\overline{a}_{jk}=\delta_{ij}$, 由此可得 $\sum_k|a_{ik}|^2=1$, 从而有 $|a_{ik}|\leqslant 1$, $\|A\|=\sqrt{\sum_{ij}|a_{ij}|^2}\leqslant\sqrt{n}$, 即 $G(n,\mathbb{F})$ 有界. 于是, $G(n,\mathbb{F})$ 是紧致的. 类似地, 可以证明 $Sp(n)$ 也是紧致的. □

注 27　特殊线性群

$$SL(n,\mathbb{R})=\{A\in GL(n,\mathbb{R})\mid\det(A)=1\}$$

是闭的, 但不是紧致的. 事实上, 取

$$A=\begin{pmatrix}1&0&\cdots&t\\0&1&\cdots&0\\\vdots&\vdots&&\vdots\\0&0&\cdots&1\end{pmatrix}\in SL(n,\mathbb{R}),\quad \forall t\in\mathbb{R},$$

我们有

$$\|A\|=\left(n+t^2\right)^{\frac{1}{2}}\to\infty,\quad t\to\infty,$$

这表明 $SL(n,\mathbb{R})$ 无界, 所以不是紧致的.

命题 22　$U(n)$, $SU(n)$, $SO(n)$, $Sp(n)$ 是连通的.

证明　对于任意的 $A\in U(n)$, 存在 $P\in U(n)$, 使得

$$P^{-1}AP=\operatorname{diag}\left(e^{\mathrm{i}\theta_1},e^{\mathrm{i}\theta_2},\cdots,e^{\mathrm{i}\theta_n}\right),\quad \theta_j\in\mathbb{R},\quad j=1,2,\cdots,n.$$

定义映射 $\gamma:[0,1]\to U(n)$:

$$\gamma(t)=P\operatorname{diag}\left(e^{\mathrm{i}\theta_1 t},e^{\mathrm{i}\theta_2 t},\cdots,e^{\mathrm{i}\theta_n t}\right)P^{-1}.$$

显然 γ 是连续的, 且 $\gamma(0)=I$, $\gamma(1)=A$, 可知 $U(n)$ 是道路连通的, 从而是连通的. 对于 $SU(n)$, 与上面的证明过程类似, 只是附加一个条件 $\theta_1+\cdots+\theta_n=0$. 即 $SU(n)$ 是道路连通的, 从而是连通的.

对于任意的 $A\in Sp(n)$, 存在 $P\in Sp(n)$ 使得

$$P^{-1}AP=\operatorname{diag}\left(e^{\mathrm{i}\theta_1},e^{\mathrm{i}\theta_2},\cdots,e^{\mathrm{i}\theta_n}\right),\quad \theta_j\in\mathbb{R},\quad j=1,2,\cdots,n.$$

余下步骤与上面类似, 因此 $Sp(n)$ 是连通的.

对于任意的 $A\in SO(n)$, 存在正交矩阵 $P\in SO(n)$, 使得

$$P^{-1}AP=\operatorname{diag}\left(A_1(\theta_1),A_2(\theta_2),\cdots,A_m(\theta_m),*\right),\quad \theta_j\in\mathbb{R},\quad j=1,2,\cdots,m,$$

其中 $*$ 表示当 n 为偶数时为空, 当 n 为奇数时为 1, 且

$$A_i(\theta_i)=\begin{pmatrix}\cos\theta_i&-\sin\theta_i\\\sin\theta_i&\cos\theta_i\end{pmatrix}.$$

定义曲线 $\gamma:[0,1]\to SO(n)$,

$$\gamma(t)=P\operatorname{diag}\left(A_1(t\theta_1),A_2(t\theta_2),\cdots,A_m(t\theta_m),*\right)P^{-1},$$

注意到 $\gamma(0)=I$, $\gamma(1)=A$, 于是 $SO(n)$ 是道路连通的, 从而是连通的. □

注 28 $O(n)$ 不连通, 它有两个连通分支

$$O^{+}(n)=SO(n)=\{A\in O(n)\mid \det(A)=1\},$$

$$O^{-}(n)=\{A\in O(n)\mid \det(A)=-1\}.$$

命题 23 $GL(n,\mathbb{R})$ 不连通, 有两个连通分支.

证明 假设 $GL(n,\mathbb{R})$ 是连通的, 换言之, 曲线 $A(t)$ $(t\in\mathbb{R})$ 在 $GL(n,\mathbb{R})$ 中是连续的. 由此会导出矛盾. 事实上, 设 $A(t)\in GL(n,\mathbb{R})$. 假设 $\det(A(t_1))>0$, $\det(A(t_2))<0$, 则由连续函数的介值定理可知, 存在介于 t_1, t_2 之间的 t_0 使得 $\det(A(t_0))=0$, 即 $A(t_0)$ 不属于 $GL(n,\mathbb{R})$, 这导致了矛盾.

下面证明它有两个连通分支. 事实上, 令

$$GL^{+}(n,\mathbb{R})=\{A\in GL(n,\mathbb{R})\mid \det(A)>0\},$$

$$GL^{-}(n,\mathbb{R})=\{A\in GL(n,\mathbb{R})\mid \det(A)<0\},$$

其中 $GL^{+}(n,\mathbb{R})$ 与 $GL^{-}(n,\mathbb{R})$ 是 $GL(n,\mathbb{R})$ 的两个不相交但同胚的开子集. 下面只证明 $GL^{+}(n,\mathbb{R})$ 是连通的. 为此, 只需证明 $GL^{+}(n,\mathbb{R})$ 的每个元素可由一条连续曲线与单位矩阵 I 连接起来, 即要证明 $GL^{+}(n,\mathbb{R})$ 的道路连通性. 首先证明任意的 $A\in GL^{+}(n,\mathbb{R})$ 均能表示为 $A=PR$, 其中 P 是正定矩阵, $R\in SO(n)$. 因为 AA^{T} 是正定矩阵, 则存在正交矩阵 Q, 使得

$$QAA^{\mathrm{T}}Q^{\mathrm{T}}=\mathrm{diag}\{\lambda_1,\lambda_2,\cdots,\lambda_n\},$$

其中 $\lambda_i>0$ $(i=1,2,\cdots,n)$ 是 AA^{T} 的特征值, 从而矩阵 $QAA^{\mathrm{T}}Q^{\mathrm{T}}$ 可以开平方. 令

$$P=Q^{\mathrm{T}}\left(QAA^{\mathrm{T}}Q^{\mathrm{T}}\right)^{\frac{1}{2}}Q,\quad R=P^{-1}A,$$

则 P 是正定矩阵, R 是正交矩阵. 事实上, 可以验证

$$P^2=AA^{\mathrm{T}},\quad RR^{\mathrm{T}}=P^{-1}AA^{\mathrm{T}}\left(P^{-1}\right)^{\mathrm{T}}=P^{-1}PPP^{-1}=I.$$

令 $P_t=tI+(1-t)P$, $t\in[0,1]$, 则 P_t 是正定的, 因此道路 $\gamma(t)=P_tR$ 是 $GL^{+}(n,\mathbb{R})$ 中连接 A 到 R 的一条连续曲线. 既然 $SO(n)$ 是道路连通的, 从而可以用一条连续曲线将 R 连接到单位矩阵 I. 于是 $GL^{+}(n,\mathbb{R})$ 是道路连通的, 从而是连通的. □

3.5　李代数与不变的黎曼度量

下面介绍李代数的概念. 因为李代数是线性空间, 可以像在欧氏空间那样定义长度、角度、体积等.

定义 62　设 $\mathfrak{g}$ 是数域 $\mathbb{F}$ 上的线性空间, 在 $\mathfrak{g}$ 上定义括号运算

$$[\cdot,\cdot]:\mathfrak{g}\times\mathfrak{g}\to\mathfrak{g},$$

使得对于任意的实（复）数 λ_1,λ_2, 以及 $X,Y,Z\in\mathfrak{g}$, 有

1. 线性: $[\lambda_1X+\lambda_2Y,Z]=\lambda_1[X,Z]+\lambda_2[Y,Z]$;
2. 反对称性: $[X,Y]=-[Y,X]$;
3. 雅可比恒等式: $[X,[Y,Z]]+[Y,[Z,X]]+[Z,[X,Y]]=0$,

称满足这样性质的线性空间 $\mathfrak{g}$ 为李代数, 其上的运算 $[\cdot,\cdot]$ 称为李括号.

例 27　设 $\mathfrak{g}=\mathbb{R}^3$, 定义 $[v_1,v_2]=v_1\times v_2$, 其中 $\times$ 表示向量的外积, 则 $\mathfrak{g}$ 是李代数.

例 28　在 $M(n,\mathbb{R})$ 上定义李括号 $[\cdot,\cdot]$, 满足 $[A,B]=AB-BA$, 则 $M(n,\mathbb{R})$ 是李代数.

定义 63　对于李群 G 上的元素 g, 定义左移动

$$L_g:G\to G,$$
$$h\mapsto L_gh=gh,\quad h\in G.$$

类似地, 李群 G 上的右移动定义为

$$R_g:G\to G,$$
$$h\mapsto R_gh=hg,\quad h\in G.$$

定义 64　向量场 $X\in\mathfrak{X}(G)$ 称为左不变向量场, 如果它满足

$$(\mathrm{d}L_g)X=X,\quad g\in G.$$

上式等价于

$$(\mathrm{d}L_g)X_h=X_{gh},\quad h\in G,\quad X_h\in T_hG,\quad X_{gh}\in T_{gh}G.$$

类似地, 满足

$$(\mathrm{d}R_g)X=X,\quad g\in G$$

的向量场 $X \in \mathfrak{X}(G)$ 称为右不变向量场. 等价地, 我们有

$$(\mathrm{d}R_g)X_h = X_{hg}, \quad h \in G, \quad X_h \in T_hG, \quad X_{hg} \in T_{hg}G.$$

定义 65　设 G 是李群, 带有黎曼度量 $\langle\cdot,\cdot\rangle$, 如果

$$(L_g)^*\langle\cdot,\cdot\rangle = \langle\cdot,\cdot\rangle, \quad g \in G,$$

则称 $\langle\cdot,\cdot\rangle$ 为 G 上的左不变度量. 类似地, 如果

$$(R_g)^*\langle\cdot,\cdot\rangle = \langle\cdot,\cdot\rangle, \quad g \in G,$$

称 $\langle\cdot,\cdot\rangle$ 为 G 上的右不变度量.

如果 G 上定义的黎曼度量既是左不变的, 又是右不变的, 则称之为双不变的.

当黎曼度量$\langle\cdot,\cdot\rangle$是左不变度量时, 对于任意的$h, g \in G$, $X, Y \in T_gG$, 我们有

$$\langle X, Y\rangle_g = \langle(\mathrm{d}L_h)_g X, (\mathrm{d}L_h)_g Y\rangle_{hg}.$$

类似地, 对于右不变度量, 我们有

$$\langle X, Y\rangle_g = \langle(\mathrm{d}R_h)_g X, (\mathrm{d}R_h)_g Y\rangle_{gh}, \quad h, g \in G, \quad X, Y \in T_gG.$$

命题 24　设 G 是李群, $\langle\cdot,\cdot\rangle$ 是 G 上的左不变度量, 则对于任意的左不变向量场 X, Y, 以及任意的 $h \in G$, $\langle X_h, Y_h\rangle_h$ 为常数.

证明　设 $L_g : G \to G$ 是左移动, X 是满足 $(\mathrm{d}L_g)X = X$ 的左不变向量场, $\langle\cdot,\cdot\rangle$ 是满足 $(L_g)^*\langle\cdot,\cdot\rangle = \langle\cdot,\cdot\rangle$ 的左不变度量, 则对于任意的 $h \in G$, 有

$$\langle X_h, Y_h\rangle_h = \langle(\mathrm{d}L_g)X_h, (\mathrm{d}L_g)Y_h\rangle_{gh} = \langle X_{gh}, Y_{gh}\rangle_{gh}.$$

取 $g = h^{-1}$, 得到

$$\langle X_h, Y_h\rangle_h = \langle X_e, Y_e\rangle_e,$$

其中 e 为 G 的单位元. 所以 $\langle X_h, Y_h\rangle_h$ 是常数. □

注 29　在下面的叙述中常省略内积在单位元 e 处的下标.

定义 66　称李群 G 上的左不变向量场的全体构成的集合为 G 的李代数, 记为 $\mathfrak{g}$.

李代数可以等同于 T_eG: 给定一个左不变向量场, 可以在 e 处取值; 反之, 给定单位元处一个切向量, 可以扩展成一个左不变向量场.

定义 67　设 $\mathfrak{h}$ 是李代数 $\mathfrak{g}$ 的子代数, 如果对于任意的 $X \in \mathfrak{g}, Y \in \mathfrak{h}$, 有 $[X, Y] \in \mathfrak{h}$, 则称 $\mathfrak{h}$ 为 $\mathfrak{g}$ 的理想.

定义 68　对于李代数 $\mathfrak{g}$, $\dim \mathfrak{g} \geqslant 2$, 如果 $\mathfrak{g}$ 的理想为 0 或者它本身, 则称 $\mathfrak{g}$ 为单李代数. 能表示为单李代数的直和的李代数称为半单李代数.

命题 25 定义在李群 G 上的左不变度量与定义在李群 G 上的李代数 $\mathfrak{g}=T_eG$ 上的内积之间存在一一对应关系.

证明 对于任意的 $g\in G$, $X,Y\in T_gG$, G 上的左不变度量满足

$$\langle X,Y\rangle_g=\langle(\mathrm{d}L_{g^{-1}})_gX,(\mathrm{d}L_{g^{-1}})_gY\rangle,\quad g\in G.$$

这表明定义在李群 G 上的黎曼度量 $\langle\cdot,\cdot\rangle$ 由 G 的李代数 $\mathfrak{g}$ 上的内积完全确定. 另一方面, 设 $\langle\cdot,\cdot\rangle$ 是李群 G 上的李代数 $\mathfrak{g}$ 的内积, 因为

$$\langle X,Y\rangle_g=\langle(\mathrm{d}L_{g^{-1}})_gX,(\mathrm{d}L_{g^{-1}})_gY\rangle,\quad g\in G,\quad X,Y\in T_gG,$$

显然该内积 $\langle\cdot,\cdot\rangle$ 是 G 上的黎曼度量. 下面证明它是左不变的. 对于任意的 $g,h\in G$, $X,Y\in T_hG$, 我们有

$$\begin{aligned}\langle(\mathrm{d}L_g)_hX,(\mathrm{d}L_g)_hY\rangle_{gh}&=\langle(\mathrm{d}L_{(gh)^{-1}})_{gh}((\mathrm{d}L_g)_h X),(\mathrm{d}L_{(gh)^{-1}})_{gh}((\mathrm{d}L_g)_hY)\rangle\\&=\langle\mathrm{d}(L_{(gh)^{-1}}\circ L_g)_hX,\mathrm{d}(L_{(gh)^{-1}}\circ L_g)_hX\rangle\\&=\langle\mathrm{d}(L_{h^{-1}}\circ L_{g^{-1}}\circ L_g)_hX,\mathrm{d}(L_{h^{-1}}\circ L_{g^{-1}}\circ L_g)_hY\rangle\\&=\langle(\mathrm{d}L_{h^{-1}})_hX,(\mathrm{d}L_{h^{-1}})_hY\rangle\\&=\langle X,Y\rangle_h,\end{aligned}$$

即该度量是左不变的. 类似地, 在李群 G 上定义黎曼度量

$$\langle X,Y\rangle_g=\langle(\mathrm{d}R_{g^{-1}})_gX,(\mathrm{d}R_{g^{-1}})_gY\rangle,\quad g\in G,\quad X,Y\in T_gG,$$

可以证明它是右不变的. □

定义 69 设 G 为李群, 对于任意的 $g\in G$, 定义

$$A_g:G\to G,\quad A_g(h)=L_g\circ R_{g^{-1}}(h)=ghg^{-1},\quad h\in G.$$

定义 70 A_g 的切映射定义为

$$\mathrm{d}A_g:\mathfrak{g}\to\mathfrak{g},\quad \mathrm{Ad}(g):=\mathrm{d}A_g=\mathrm{d}(L_g\circ R_{g^{-1}}),\quad g\in G.$$

由定义可得

$$\mathrm{Ad}(g)=(\mathrm{d}L_g)\circ(\mathrm{d}R_{g^{-1}})=(\mathrm{d}R_{g^{-1}})\circ(\mathrm{d}L_g),\quad \mathrm{Ad}(g^{-1})=(\mathrm{Ad}(g))^{-1}.$$

注意到 $L_h\circ R_{g^{-1}}=R_{g^{-1}}\circ L_h$, 我们有

$$\begin{aligned}\mathrm{Ad}(gh)&=\mathrm{d}\big(L_{gh}\circ R_{(gh)^{-1}}\big)\\&=\mathrm{d}(L_g\circ L_h\circ R_{g^{-1}}\circ R_{h^{-1}})\\&=\mathrm{d}(L_g\circ R_{g^{-1}}\circ L_h\circ R_{h^{-1}})\end{aligned}$$

$$
\begin{aligned}
&= \mathrm{d}(L_g \circ R_{g^{-1}}) \circ \mathrm{d}(L_h \circ R_{h^{-1}}) \\
&= \mathrm{Ad}(g) \circ \mathrm{Ad}(h), \quad g, h \in G,
\end{aligned}
$$

所以 $\mathrm{Ad}: G \to GL(\mathfrak{g})$ 是同态映射, 称为李群 G 上的伴随表示, 其中 $GL(\mathfrak{g})$ 表示 $\mathfrak{g}$ 上一一线性映射全体构成的李群.

关于双不变度量, 有下面的命题.

命题 26　*李群 G 上的双不变度量与李群 G 的李代数 $\mathfrak{g}$ 上的 Ad 不变内积之间存在一一对应, Ad 不变内积满足*

$$
\langle \mathrm{Ad}(g)X, \mathrm{Ad}(g)Y \rangle = \langle X, Y \rangle, \quad g \in G, \quad X, Y \in \mathfrak{g} = T_eG.
$$

证明　设 $\langle \cdot, \cdot \rangle$ 是 G 上的双不变度量, 要证明 $\langle \mathrm{Ad}(g)X, \mathrm{Ad}(g)Y \rangle = \langle X, Y \rangle$. 因为 $\langle \cdot, \cdot \rangle$ 是左不变的, 则有 $\left\langle (\mathrm{d}L_g)_e X, (\mathrm{d}L_g)_e Y \right\rangle = \langle X, Y \rangle$. 定义

$$
U = (\mathrm{d}L_g)_e X, \ V = (\mathrm{d}L_g)_e Y,
$$

因为该度量又是右不变的, 所以有

$$
\begin{aligned}
\left\langle (\mathrm{d}R_{g^{-1}})_g U, (\mathrm{d}R_{g^{-1}})_g V \right\rangle &= \langle U, V \rangle_g \\
&= \left\langle (\mathrm{d}L_g)_e X, (\mathrm{d}L_g)_e Y \right\rangle_g = \langle X, Y \rangle.
\end{aligned}
$$

利用 $U = (\mathrm{d}L_g)_e X, \ V = (\mathrm{d}L_g)_e Y$, 可得

$$
\begin{aligned}
\left\langle (\mathrm{d}R_{g^{-1}})_g U, (\mathrm{d}R_{g^{-1}})_g V \right\rangle &= \left\langle (\mathrm{d}R_{g^{-1}})_g (\mathrm{d}L_g)_e X, (\mathrm{d}R_{g^{-1}})_g (\mathrm{d}L_g)_e Y \right\rangle \\
&= \left\langle \mathrm{d}(R_{g^{-1}} \circ L_g)_e X, \mathrm{d}(R_{g^{-1}} \circ L_g)_e Y \right\rangle \\
&= \langle \mathrm{Ad}(g)X, \mathrm{Ad}(g)Y \rangle .
\end{aligned}
$$

因此 $\langle \mathrm{Ad}(g)X, \mathrm{Ad}(g)Y \rangle = \langle X, Y \rangle$, 即 $\mathrm{Ad}(g)$ 是一个等距映射.

反之, 如果 $\langle \cdot, \cdot \rangle$ 是 $\mathfrak{g}$ 上的内积, 即 $\mathrm{Ad}(g)$ $(g \in G)$ 是 $\mathfrak{g}$ 上的一个等距, 需要证明 G 上满足

$$
\langle X, Y \rangle_h = \langle (\mathrm{d}L_{h^{-1}})_h X, (\mathrm{d}L_{h^{-1}})_h Y \rangle, \quad h \in G, \quad X, Y \in T_hG
$$

的度量也是右不变的. 事实上,

$$
\begin{aligned}
\left\langle (\mathrm{d}R_g)_h X, (\mathrm{d}R_g)_h Y \right\rangle_{hg} &= \left\langle \left(\mathrm{d}L_{(hg)^{-1}}\right)_{hg} (\mathrm{d}R_g)_h X, \left(\mathrm{d}L_{(hg)^{-1}}\right)_{hg} (\mathrm{d}R_g)_h Y \right\rangle \\
&= \left\langle \mathrm{d}(L_{g^{-1}} \circ L_{h^{-1}} \circ R_g)_h X, \mathrm{d}(L_{g^{-1}} \circ L_{h^{-1}} \circ R_g)_h Y \right\rangle \\
&= \left\langle \mathrm{d}(R_g \circ L_{g^{-1}} \circ L_{h^{-1}})_h X, \mathrm{d}(R_g \circ L_{g^{-1}} \circ L_{h^{-1}})_h Y \right\rangle \\
&= \left\langle \mathrm{d}(R_g \circ L_{g^{-1}})_e (\mathrm{d}L_{h^{-1}})_h X, \mathrm{d}(R_g \circ L_{g^{-1}})_e (\mathrm{d}L_{h^{-1}})_h Y \right\rangle
\end{aligned}
$$

$$= \left\langle \mathrm{Ad}(g^{-1})\circ(\mathrm{d}L_{h^{-1}})_h X, \mathrm{Ad}\left(g^{-1}\right)\circ(\mathrm{d}L_{h^{-1}})_h Y\right\rangle$$
$$= \langle(\mathrm{d}L_{h^{-1}})_h X, (\mathrm{d}L_{h^{-1}})_h Y\rangle$$
$$= \langle X, Y\rangle_h.$$

这证明了上述定义的左不变度量也是右不变的. □

3.6 矩阵李群的李代数

矩阵李群的李代数具有很好的结构. 下面介绍几个典型的例子.

例 29 一般线性群 $GL(n,\mathbb{R})$ 的李代数 $\mathfrak{g}$ 是 $M(n,\mathbb{R})$, 其上的李括号满足 $[X,Y]=XY-YX$.

例 30 对于正交群

$$O(n)=\left\{A\in GL(n,\mathbb{R})\mid A^{\mathrm{T}}A=I\right\},$$

由于 $O(n)$ 的每一个元素可以表示成 $\gamma(t)=\exp(tX)$, 其中 X 是 $O(n)$ 在单位元 I 处的切向量, 它满足 $\gamma^{\mathrm{T}}(t)\gamma(t)=I$. 关于参数 t 求导数并令 $t=0$, 可得 $X+X^{\mathrm{T}}=0$, 因此 $O(n)$ 的李代数是反对称矩阵的全体

$$\mathfrak{o}(n)=T_I O(n)=\left\{X\in M(n,\mathbb{R})\mid X+X^{\mathrm{T}}=0\right\}.$$

在点 $A\in O(n)$ 处的切空间为

$$T_A O(n)=\left\{X\in M(n,\mathbb{R})\mid X^{\mathrm{T}}A+A^{\mathrm{T}}X=0\right\}.$$

特殊正交群

$$SO(n)=\{A\in O(n)\mid \det(A)=1\}$$

的李代数 $\mathfrak{so}(\mathfrak{n})$ 也是反对称矩阵的全体 $\mathfrak{o}(n)$.

$SO(3)$ 的李代数 $\mathfrak{so}(3)$ 有如下基底

$$X_1=\begin{pmatrix}0&0&0\\0&0&-1\\0&1&0\end{pmatrix},\quad X_2=\begin{pmatrix}0&0&1\\0&0&0\\-1&0&0\end{pmatrix},\quad X_3=\begin{pmatrix}0&-1&0\\1&0&0\\0&0&0\end{pmatrix},$$

它们满足

$$[X_1,X_2]=X_3,\quad [X_2,X_3]=X_1,\quad [X_3,X_1]=X_2.$$

例 31 特殊酉群

$$SU(n)=\left\{A\in GL(n,\mathbb{C})\mid A^{\mathrm{H}}A=I,\ \det(A)=1\right\}$$

的李代数是共轭反对称矩阵全体

$$\mathfrak{su}(n) = T_I SU(n) = \left\{ X \in M(n, \mathbb{C}) \mid X^{\mathrm{H}} + X = 0,\ \mathrm{tr}(X) = 0 \right\},$$

在点 $A \in SU(n)$ 处的切空间表示为

$$T_A SU(n) = \left\{ X \in M(n, \mathbb{C}) \mid X^{\mathrm{H}} A + A^{\mathrm{H}} X = 0,\ \mathrm{tr}(X) = 0 \right\}. \tag{3.3}$$

特别地, 特殊酉群 $SU(2)$ 的李代数 $\mathfrak{su}(2)$ 由基底

$$s_1 = \begin{pmatrix} i & 0 \\ 0 & -i \end{pmatrix}, \quad s_2 = \begin{pmatrix} 0 & 1 \\ -1 & 0 \end{pmatrix}, \quad s_3 = \begin{pmatrix} 0 & i \\ i & 0 \end{pmatrix}$$

张成, 且它们满足

$$[s_1, s_2] = 2s_3, \quad [s_2, s_3] = 2s_1, \quad [s_3, s_1] = 2s_2.$$

例 32　实（复）辛群

$$Sp(n, \mathbb{F}) = \left\{ A \in GL(2n, \mathbb{F}) \mid A^{\mathrm{T}} J A = J \right\}$$

在 $A \in Sp(n, \mathbb{F})$ 点处的切空间为

$$T_A Sp(n, \mathbb{F}) = \left\{ X \in M(2n, \mathbb{F}) \mid X^{\mathrm{T}} J A + A^{\mathrm{T}} J X = 0 \right\},$$

李代数为

$$\mathfrak{sp}(n, \mathbb{F}) = \left\{ X \in M(2n, \mathbb{F}) \mid X^{\mathrm{T}} J + J X = 0 \right\}.$$

我们可以给出 $\mathfrak{sp}(n, \mathbb{F})$ 中元素的具体表达式. 设

$$X = \begin{pmatrix} E & F \\ G & H \end{pmatrix}, \quad F, E, H, G \in M(n, \mathbb{F}).$$

由 $X^{\mathrm{T}} J + J X = 0$, 可得 $G^{\mathrm{T}} = G$, $F^{\mathrm{T}} = F$, $H = -E^{\mathrm{T}}$. 因此有

$$\mathfrak{sp}(n, \mathbb{F}) = \left\{ \begin{pmatrix} E & F \\ G & -E^{\mathrm{T}} \end{pmatrix} \middle| F^{\mathrm{T}} = F,\ G^{\mathrm{T}} = G,\ E, F, G \in M(n, \mathbb{F}) \right\}.$$

例 33　辛群

$$Sp(n) = U(2n) \cap Sp(n, \mathbb{C})$$

的李代数满足

$$\mathfrak{sp}(n) = \left\{ X \in M(2n, \mathbb{C}) \mid X^{\mathrm{T}} J + J X = 0,\ X^{\mathrm{H}} + X = 0 \right\}.$$

对于 $\mathfrak{sp}(n)$ 中的元素 X, 设 $X = \begin{pmatrix} E & F \\ G & H \end{pmatrix}$, 其中 E, F, G, H 均为 n 阶方阵. 经计算可得 $E^{\mathrm{H}} = -E$, $G^{\mathrm{H}} = -F$, $H^{\mathrm{H}} = -H$. 因此有

$$\mathfrak{sp}(n) = \left\{ \begin{pmatrix} E & F \\ -\overline{F} & -E^{\mathrm{T}} \end{pmatrix} \middle| F^{\mathrm{T}} = F, E^{\mathrm{H}} = -E, E, F \in M(n, \mathbb{C}) \right\}.$$

例 34 特殊欧几里得群

$$SE(n) = \left\{ \begin{pmatrix} A & a \\ 0 & 1 \end{pmatrix} \middle| A \in SO(n),\ a \in \mathbb{R}^n \right\}$$

上的乘法定义为

$$\begin{pmatrix} R_2 & a_2 \\ 0 & 1 \end{pmatrix}\begin{pmatrix} R_1 & a_1 \\ 0 & 1 \end{pmatrix} = \begin{pmatrix} R_2R_1 & R_2a_1 + a_2 \\ 0 & 1 \end{pmatrix}, \quad R_1, R_2 \in SO(n), \quad a_1, a_2 \in \mathbb{R}^n.$$

$SE(n)$ 中的元素 $\begin{pmatrix} A & a \\ 0 & 1 \end{pmatrix}$ 的逆元是 $\begin{pmatrix} A^{-1} & -A^{-1}a \\ 0 & 1 \end{pmatrix}$.

$SE(n)$ 的李代数为

$$\mathfrak{se}(n) = \left\{ \begin{pmatrix} \Omega & v \\ 0 & 0 \end{pmatrix} \middle| \Omega^{\mathrm{T}} + \Omega = 0,\ \Omega \in M(n, \mathbb{R}),\ v \in \mathbb{R}^n \right\}.$$

矩阵李群 $GL(n, \mathbb{F})$, $SL(n, \mathbb{F})$, $O(n, \mathbb{F})$, $SO(n, \mathbb{F})$, $U(n)$, $SU(n)$, $Sp(n, \mathbb{R})$, $Sp(n, \mathbb{C})$, $Sp(n)$, $E(n)$, $SE(n)$ 对应的李代数归纳为表 3.2.

表 3.2 矩阵李群的李代数

李群	李代数
$GL(n, \mathbb{F})$	$\mathfrak{gl}(\mathfrak{n}, \mathbb{F}) = M(n, \mathbb{F})$
$SL(n, \mathbb{F})$	$\mathfrak{sl}(n, \mathbb{F}) = \{X \in M(n, \mathbb{F}) \mid \operatorname{tr}(X) = 0\}$
$O(n, \mathbb{F})$	$\mathfrak{o}(n, \mathbb{F}) = \{X \in M(n, \mathbb{R}) \mid X^{\mathrm{T}} + X = 0\}$
$SO(n, \mathbb{F})$	$\mathfrak{so}(n, \mathbb{F}) = \{X \in M(n, \mathbb{R}) \mid X^{\mathrm{T}} + X = 0\}$
$U(n)$	$\mathfrak{u}(n) = \{X \in M(n, \mathbb{C}) \mid X^{\mathrm{H}} + X = 0\}$
$SU(n)$	$\mathfrak{su}(n, \mathbb{F}) = \{X \in M(n, \mathbb{C}) \mid X^{\mathrm{H}} + X = 0,\ \operatorname{tr}(X) = 0\}$
$Sp(n, \mathbb{R})$	$\mathfrak{sp}(n, \mathbb{R}) = \{X \in M(2n, \mathbb{R}) \mid X^{\mathrm{T}}J + JX = 0\}$
$Sp(n, \mathbb{C})$	$\mathfrak{sp}(n, \mathbb{C}) = \{X \in M(2n, \mathbb{C}) \mid X^{\mathrm{T}}J + JX = 0\}$
$Sp(n)$	$\mathfrak{sp}(n) = \mathfrak{sp}(n, \mathbb{C}) \cap \mathfrak{u}(2n)$
$E(n)$	$\mathfrak{e}(n) = \left\{ \begin{pmatrix} X & v \\ 0 & 0 \end{pmatrix} \middle| X^{\mathrm{T}} + X = 0,\ X \in M(n, \mathbb{R}),\ v \in \mathbb{R}^n \right\}$
$SE(n)$	$\mathfrak{se}(n) = \left\{ \begin{pmatrix} X & v \\ 0 & 0 \end{pmatrix} \middle| X^{\mathrm{T}} + X = 0,\ X \in M(n, \mathbb{R}),\ v \in \mathbb{R}^n \right\}$

下面给出两个矩阵李群以及它们的李代数之间的关系.

定理 4　设 G, H 是矩阵李群, $\mathfrak{g}, \mathfrak{h}$ 分别是它们的李代数. 设 $\Phi: G \to H$ 是李群同态, 则存在唯一的线性映射 $\phi: \mathfrak{g} \to \mathfrak{h}$, 对所有的 $X, Y \in \mathfrak{g}$ 和 $A \in G$, 满足

$$\Phi(\exp(X)) = \exp(\phi(X)),$$

以及

1. $\phi\left(AXA^{-1}\right) = \Phi(A)X\Phi\left(A^{-1}\right)$;
2. $\phi([X, Y]) = [\phi(X), \phi(Y)]$;
3. $\phi(X) = \left.\dfrac{\mathrm{d}}{\mathrm{d}t}\right|_{t=0} \Phi(\exp(tX))$.

注 30　定理 4 中的性质 2 说明 ϕ 为李代数同态. 上述定理表明: 李群间的同态诱导了唯一的李代数间的同态. 反之, 如果李群 G 是单连通的, 则李代数之间的同态可以诱导唯一的李群同态.

注 31　设 G 是矩阵李群, $\mathfrak{g}$ 是它的李代数. 对于任意的 $A \in G$,

$$\mathrm{Ad}(A)X = AXA^{-1}.$$

事实上, 对于任意的 $X \in \mathfrak{g}$, 曲线 $\gamma(t) = e^{tX}$, 满足 $\gamma(0) = I$, $\dot{\gamma}(0) = X$, 则有

$$\mathrm{Ad}(A)(X) = \mathrm{d}(A_A)_I(X) = \left.\frac{\mathrm{d}}{\mathrm{d}t}\right|_{t=0}(A_A(\gamma(t))) = \left.\frac{\mathrm{d}}{\mathrm{d}t}\right|_{t=0}\left(Ae^{tX}A^{-1}\right) = AXA^{-1}.$$

命题 27　设 G 是阿贝尔矩阵李群, $\mathfrak{g}$ 是 G 的李代数, 则 $\mathrm{Ad}(G) = \{\mathrm{id}_G\}$. 事实上, 对于任意的 $A \in G, X \in \mathfrak{g}$,

$$\mathrm{Ad}(A)(X) = \left.\frac{\mathrm{d}}{\mathrm{d}t}\right|_{t=0}\left(Ae^{tX}A^{-1}\right) = \left.\frac{\mathrm{d}}{\mathrm{d}t}\right|_{t=0}\left(e^{tX}AA^{-1}\right) = X,$$

所以 $\mathrm{Ad}(A) = \mathrm{id}_A$, 从而 $\mathrm{Ad}(G) = \{\mathrm{id}_G\}$.

对于任意的 $A \in G$, $X, Y \in \mathfrak{g}$, 不难证明

$$\mathrm{Ad}(A)[X, Y] = [\mathrm{Ad}(A)X, \mathrm{Ad}(A)Y].$$

注意到 $\mathrm{Ad}: G \to GL(\mathfrak{g})$, 由李群同态和李代数同态的关系, 定义唯一的满足以下等式的映射 $\mathrm{ad}: \mathfrak{g} \to \mathfrak{gl}(\mathfrak{g})$:

$$\mathrm{Ad}(\exp(X)) = \exp(\mathrm{ad}_X),$$

其中 Ad 为李群同态, ad 为李代数同态.

定理 5　设 G 是矩阵李群, $\mathfrak{g}$ 是它的李代数, 则对于任意的 $X, Y \in \mathfrak{g}$, 有

$$\mathrm{ad}_X Y = [X, Y].$$

证明 由定理 4 中的性质 3, 可知

$$\begin{aligned}\mathrm{ad}_X Y &= \frac{\mathrm{d}}{\mathrm{d}t}\Big|_{t=0} \mathrm{Ad}\left(\exp(tX)\right) Y \\ &= \frac{\mathrm{d}}{\mathrm{d}t}\Big|_{t=0} \left(\exp(tX) Y \exp(-tX)\right) \\ &= XY - YX \\ &= [X, Y].\end{aligned}$$

□

命题 28 对于任意的 $X, Y \in \mathfrak{g}$, 有 $\mathrm{ad}_{[X,Y]} = [\mathrm{ad}_X, \mathrm{ad}_Y]$.

证明 对于任意的 $X, Y, Z \in \mathfrak{g}$, 利用雅可比恒等式可得

$$\begin{aligned}\mathrm{ad}_{[X,Y]} Z &= [[X, Y], Z] \\ &= -[[Y, Z], X] - [[Z, X], Y] \\ &= -\left[\mathrm{ad}_Y Z, X\right] + \left[\mathrm{ad}_X Z, Y\right] \\ &= \mathrm{ad}_X(\mathrm{ad}_Y Z) - \mathrm{ad}_Y(\mathrm{ad}_X Z) \\ &= \left[\mathrm{ad}_X, \mathrm{ad}_Y\right] Z,\end{aligned}$$

由 Z 的任意性可得 $\mathrm{ad}_{[X,Y]} = [\mathrm{ad}_X, \mathrm{ad}_Y]$, 故命题成立. □

命题 29 利用指数映射的定义, 对于任意的 $X, Y \in \mathfrak{g}$, 有

1. $\exp(tX)\exp(tY) = \exp\left(t(X+Y) + \frac{t^2}{2}[X, Y] + o\left(t^2\right)\right)$;
2. $\exp(tX)\exp(tY)\exp(-tX)\exp(-tY) = \exp\left(t^2[X, Y] + o\left(t^2\right)\right)$;
3. $\exp(tX)\exp(tY)\exp(-tX) = \exp\left(tY + t^2[X, Y] + o\left(t^2\right)\right)$.

定义 71 对于任意的 $X, Y \in \mathfrak{g}$, 称

$$B(X, Y) := \mathrm{tr}\left(\mathrm{ad}_X \mathrm{ad}_Y\right)$$

为 Cartan-Killing 形式 .

可以证明 Cartan-Killing 形式是对称的和双线性的, 但是它不满足非退化性, 其符号也是不定的. 然而在特殊情况下, 它仍有较好的性质:

1. Cartan-Killing 形式是不变形式, 即满足结合律

$$B([X, Y], Z) = B(X, [Y, Z]);$$

2. 如果 $\mathfrak{g}$ 是单李代数, 则 $\mathfrak{g}$ 上任意的不变形式都成比例关系;

3. 李代数 $\mathfrak{g}$ 是半单李代数当且仅当其 Cartan-Killing 形式非退化, 而且 $\mathfrak{g}$ 可以表示为 $\mathfrak{g}$ 的单理想的直和 $\mathfrak{g} = \mathfrak{g}_1 + \mathfrak{g}_2 + \cdots + \mathfrak{g}_r$;

4. Cartan-Killing 形式在李代数 $\mathfrak{g}$ 的自同构 ϕ 下不变, 即

$$B(\phi(X),\phi(Y)) = B(X,Y).$$

例 35　设 $A \in G$, 则伴随映射 $\mathrm{Ad}(A) : \mathfrak{g} \to \mathfrak{g}$ 为 $\mathfrak{g}$ 上的自同构映射. 当 G 为一般线性群 $GL(n,\mathbb{R})$ 时, 取 $A = \exp(tZ)$, 其中 $Z \in \mathfrak{g}$. 则对于任意的 $X, Y \in \mathfrak{g}$, 有

$$B(\mathrm{Ad}(\exp(tZ))X, \mathrm{Ad}(\exp(tZ))Y) = B(X,Y).$$

对其关于 t 求导并令 $t=0$ 可得

$$B([Z,X],Y) + B(X,[Z,Y]) = 0.$$

此式与 Cartan-Killing 形式所满足的结合律等价.

例 36　在表 3.3 中, 我们列举一些常见的矩阵李群上的 Cartan-Killing 形式, 其中 $X, Y \in \mathfrak{g}$.

表 3.3　矩阵李群上的 Cartan-Killing 形式

李群	李代数	Cartan-Killing 形式
$GL(n,\mathbb{R})$	$\mathfrak{gl}(n,\mathbb{R})$	$2n\,\mathrm{tr}(XY) - 2\,\mathrm{tr}(X)\,\mathrm{tr}(Y)$
$SL(n,\mathbb{R})$	$\mathfrak{sl}(n,\mathbb{R})$	$2n\,\mathrm{tr}(XY)$
$SO(n)$	$\mathfrak{so}(n)$	$(n-2)\,\mathrm{tr}(XY)$
$SU(n)$	$\mathfrak{su}(n)$	$2n\,\mathrm{tr}(XY)$
$Sp(n,\mathbb{R})$	$\mathfrak{sp}(n,\mathbb{R})$	$(2n+2)\,\mathrm{tr}(XY)$
$Sp(n,\mathbb{C})$	$\mathfrak{sp}(n,\mathbb{C})$	$(2n+2)\,\mathrm{tr}(XY)$

3.7　紧致李群的几何结构

在本节中, 首先介绍紧致李群的性质, 然后介绍紧致李群的测地线.

定理 6　紧致李群上总存在双不变度量.

证明　在紧致李群 G 上取一个右不变的体积形式 ω, 任取 T_eG 上的内积 $\langle\cdot,\cdot\rangle$, 其中 e 为 G 的单位元. 定义新的内积 $\langle\cdot,\cdot\rangle_{\mathrm{new}}$:

$$\langle X,Y\rangle_{\mathrm{new}} := \int_G \langle \mathrm{Ad}(g)(X), \mathrm{Ad}(g)(Y)\rangle \omega_g, \quad g \in G.$$

由命题 26 可知, 只要证明对于任意的 $g \in G$, 下面的等式成立即可:

$$\langle \mathrm{Ad}(g)(X), \mathrm{Ad}(g)(Y)\rangle_{\mathrm{new}} = \langle X,Y\rangle_{\mathrm{new}}.$$

因为 ω 是右不变的, 对于任意的 $h \in G$, $R_h^*\omega = \omega$ 成立. 于是, 有

$$\begin{aligned}
\langle \mathrm{Ad}(h)X, \mathrm{Ad}(h)Y\rangle_{\mathrm{new}} &= \int_G \langle \mathrm{Ad}(g)\circ(\mathrm{Ad}(h))X, \mathrm{Ad}(g)\circ(\mathrm{Ad}(h))Y\rangle\omega_g \\
&= \int_G \langle \mathrm{Ad}(gh)X, \mathrm{Ad}(gh)Y\rangle R_h^*\omega_g \\
&= \int_G \langle \mathrm{Ad}(gh)X, \mathrm{Ad}(gh)Y\rangle\omega_{gh} \\
&= \int_G \langle \mathrm{Ad}(k)X, \mathrm{Ad}(k)Y\rangle\omega_k \\
&= \langle X, Y\rangle_{\mathrm{new}}.
\end{aligned}$$

□

利用该定理, 可以证明

$$\langle [Z, X], Y\rangle + \langle X, [Z, Y]\rangle = 0. \tag{3.4}$$

事实上, 由于 Ad 保持内积不变, 由定理 6, 设

$$\langle \mathrm{Ad}\,(\exp(tZ))\,X, \mathrm{Ad}\,(\exp(tZ))\,Y\rangle = \langle X, Y\rangle,$$

对上式关于 t 求导数, 并注意到

$$\left.\frac{\mathrm{d}}{\mathrm{d}t}\right|_{t=0} \mathrm{Ad}\,(\exp(tZ))\,X = \left.\frac{\mathrm{d}}{\mathrm{d}t}\right|_{t=0} \exp\,(t\,\mathrm{ad}_Z)\,X = \mathrm{ad}_Z\,X,$$

以及

$$\left.\frac{\mathrm{d}}{\mathrm{d}t}\right|_{t=0} \mathrm{Ad}\,(\exp(tZ))\,Y = \mathrm{ad}_Z\,Y,$$

可得

$$\langle [Z, X], Y\rangle + \langle X, [Z, Y]\rangle = 0.$$

例 37 在正交群 $O(n)$ 的李代数 $\mathfrak{o}(n)$ 上定义内积:

$$\langle X, Y\rangle_A = \mathrm{tr}\left(X^{\mathrm{T}}Y\right) = -\,\mathrm{tr}(XY), \quad A \in O(n).$$

对于任意的 $A \in O(n)$, X, $Y \in \mathfrak{o}(n)$, $\mathrm{Ad}(A)X = AXA^{-1}$, 则有

$$\begin{aligned}
\langle \mathrm{Ad}(A)X, \mathrm{Ad}(A)Y\rangle &= \left\langle AXA^{-1}, AYA^{-1}\right\rangle \\
&= \langle X, Y\rangle.
\end{aligned}$$

这表明内积 $\langle\cdot,\cdot\rangle$ 在群同态 Ad 作用下是不变的. 当取 $A = \exp(tZ)$, $t \in \mathbb{R}$, $Z \in \mathfrak{o}(n)$ 时, 有

$$\langle \exp(tZ)X\exp(-tZ), \exp(tZ)Y\exp(-tZ)\rangle = \langle X, Y\rangle.$$

上式对 t 求导数并令 $t=0$, 可得

$$\langle ZX-XZ,Y\rangle+\langle X,ZY-YZ\rangle=0,$$

即

$$\langle [Z,X],Y\rangle+\langle X,[Z,Y]\rangle=0,$$

或

$$\langle \mathrm{ad}_Z X,Y\rangle+\langle X,\mathrm{ad}_Z Y\rangle=0.$$

定理 7 设 G 为带有双不变度量的紧致李群, 则对于任意的 $X,Y\in\mathfrak{g}$, 截面曲率满足

$$K(X,Y)=\frac{\|[X,Y]\|^2}{4(\langle X,X\rangle\langle Y,Y\rangle-\langle X,Y\rangle^2)}.$$

证明 设 $X,Y,Z\in\mathfrak{g}$, 由命题 24, 可知 $\langle X,Y\rangle,\langle X,Z\rangle$, $\langle Y,Z\rangle$ 都是常数. 由黎曼联络的定义可得

$$\begin{aligned}2\langle\nabla_X Y,Z\rangle=&X\langle Y,Z\rangle+Y\langle X,Z\rangle-Z\langle X,Y\rangle\\&+\langle Y,[Z,X]\rangle+\langle Z,[X,Y]\rangle-\langle X,[Y,Z]\rangle\\=&\langle Y,[Z,X]\rangle+\langle Z,[X,Y]\rangle-\langle X,[Y,Z]\rangle\\=&\langle Y,[Z,X]\rangle+\langle Z,[X,Y]\rangle+\langle X,[Z,Y]\rangle.\end{aligned}$$

再利用 (3.4), 可得

$$2\langle\nabla_X Y,Z\rangle=\langle Z,[X,Y]\rangle=\langle [X,Y],Z\rangle,$$

即

$$\nabla_X Y=\frac{1}{2}[X,Y].$$

利用曲率张量的公式可得

$$\langle R(X,Y)X,Y\rangle=-\frac{1}{4}\langle [X,Y],[X,Y]\rangle,$$

于是得到截面曲率

$$K(X,Y)=\frac{\|[X,Y]\|^2}{4\left(\langle X,X\rangle\langle Y,Y\rangle-\langle X,Y\rangle^2\right)}.$$ □

众所周知, 流形上过一点和一个方向的测地线可以由指数映射给出, 但是对于一般的流形而言很难给出测地线的显式表达式.

对于紧致的矩阵李群, 过单位元 I 的单参数子群 $\gamma(t)=\exp(tX)=e^{tX}$ 是测地线. 事实上, 设 G 是紧致李群, 由定理 7 可知存在双不变度量, 使得对于任意的左不变向量场 $X,Y\in T_IG$, $\nabla_XY=\dfrac{1}{2}[X,Y]$. 因此, 利用命题 10 可得

$$\begin{aligned}\nabla_{\dot\gamma(t)}\dot\gamma(t)&=\nabla_{(e^{tX}X)}\left(e^{tX}X\right)\\&=\nabla_{\left(\mathrm{d}L_{e^{tX}}\right)}\left(\left(\mathrm{d}L_{e^{tX}}\right)X\right)\\&=\left(\mathrm{d}L_{e^{tX}}\right)\left(\nabla_XX\right),\end{aligned}$$

而由 $\nabla_XX=\dfrac{1}{2}[X,X]=0$, 我们有

$$\nabla_{\dot\gamma(t)}\dot\gamma(t)=0,$$

即 $\gamma(t)=e^{tX}$ 是测地线. 通过左移动或右移动, 可以得到过紧致李群上任意一点和一个方向的测地线方程. 例如, $\gamma(t)=A\exp(tX)$ 是经过 $A\in O(n)$, 方向为 AX 的测地线, 它也可以看作过单位元 I, 方向为 X 的测地线 $\gamma_1(t)=\exp(tX)$ 经过左移动 $L_A:O(n)\to O(n)$, $L_A\gamma_1(t)=A\exp(tX)=\gamma(t)$ 而获得的.

特别地, 当 $n=3$ 时, 对于任意的 $X\in\mathfrak{so}(3)$, 由指数映射可得

$$\exp(X)=\begin{cases}I, & \theta=0,\\ I+\dfrac{\sin\theta}{\theta}X+\dfrac{1-\cos\theta}{\theta^2}X^2, & \theta\in(0,2\pi),\end{cases}$$

其中 $\theta=\sqrt{\dfrac{1}{2}\operatorname{tr}\left(X^{\mathrm{T}}X\right)}$. 测地线 $\gamma(t)=A\exp(tX)$ 满足 $\gamma(0)=A$, $\left.\dfrac{\mathrm{d}}{\mathrm{d}t}\right|_{t=0}\gamma(t)=AX$, 即它经过点 $A\in SO(3)$, 方向为 AX. 对应的对数映射为

$$\log(A)=\begin{cases}0, & \theta=0,\\ I+\dfrac{\theta}{2\sin\theta}\left(A-A^{\mathrm{T}}\right), & |\theta|\in(0,\pi),\end{cases}$$

其中 $A\in SO(3)$ 且满足 $\operatorname{tr}(A)=2\cos\theta+1$. 值得注意的是这里的指数映射与对数映射的结果都是有限项, 所以便于使用.

3.8 李变换群

定义 72 设 M 为光滑流形, G 为李群. 如果 $\phi:G\times M\to M$ 是光滑映射, 记为

$$\phi(g,x)=g\cdot x,$$

使得

1. 对于任意的 $x \in M$, $e \cdot x = x$;

2. 对于任意的 $x \in M$, $g, h \in G$, $g \cdot (h \cdot x) = (g \cdot h) \cdot x$,

则称 G 是左作用在 M 上的李变换群.

类似地, 可以定义右作用在 M 上的李变换群.

定义 73　设 G 是左作用在 M 上的李变换群, 如果对于 G 中任意的一个非单位元 g, 以及任意的 $x \in M$, 都有 $g \cdot x \neq x$, 则称 G 在 M 上的作用是有效的.

定义 74　设 G 是左作用在 M 上的李变换群, 如果对于 G 中任意的一个非单位元 g, 光滑同胚 $L_g : M \to M$ 都没有不动点, 即对于任意的 $x \in M$, 都有 $L_g x = g \cdot x \neq x$, 则称 G 在 M 上的作用是自由的（或称 G 在 M 上的作用没有不动点）.

李群 G 在光滑流形 M 上的自由作用一定是有效的.

定义 75　设 G 是左作用在 M 上的李变换群, 如果对于任意的 $x, y \in M$, 都存在 $g \in G$, 使得 $y = g \cdot x$, 则称 G 在 M 上的作用是可迁的.

定义 76　设 M 是光滑流形, 如果存在李群 G, 使得 G 是可迁地作用在 M 上的李变换群, 则称 M 是齐性空间.

定理 8　设 M 是齐性空间, G 是可迁地作用在 M 上的李变换群. 取一点 $x \in M$, 定义

$$H_x = \{g \in G \mid g \cdot x = x\},$$

则 H_x 是 G 的闭子群, 并且 M 与光滑流形 G/H_x 光滑同胚. 该闭子群称为变换群 G 关于点 $x \in M$ 的迷向子群.

例 38　对于正定矩阵流形 $SPD(n)$, 作用

$$\phi : GL(n, \mathbb{R}) \times SPD(n) \to SPD(n), \quad \phi_{A_0}(A) = A_0 A A_0^{\mathrm{T}}$$

是一个可迁的作用, 其中 $A_0 \in GL(n, \mathbb{R})$, $A \in SPD(n)$. 即对于任意的 $A, B \in SPD(n)$, 存在 $A_0 \in GL(n, \mathbb{R})$, 使得 $B = A_0 A A_0^{\mathrm{T}}$. 注意到 $\phi_{A_0}(I) = A_0 A_0^{\mathrm{T}}$, 从而有 I 点处的迷向子群

$$H_I = \left\{A_0 \mid \phi_{A_0}(I) = A_0 A_0^{\mathrm{T}} = I\right\} = O(n),$$

于是 $GL(n, \mathbb{R})/H_I = GL(n, \mathbb{R})/O(n)$ 微分同胚于 $SPD(n)$. 类似地, 可以证明 $GL^+(n, \mathbb{R})/SO(n)$ 与 $SPD(n)$ 微分同胚.

例 39　设作用

$$\phi : SO(n) \times S^{n-1} \to S^{n-1}, \quad \phi_A(x) = Ax, \quad A \in SO(n), \quad x \in S^{n-1}.$$

下面寻找迷向子群. 取 $e_1 = (1, 0, \cdots, 0)^{\mathrm{T}} \in S^{n-1}$, 其中 e_1 为 A 的第一列. 迷向子群 $H_{e_1} = \{A \mid \phi_A(e_1) = Ae_1 = e_1\}$, $A \in SO(n)$. 直接计算可得

$$A = \begin{pmatrix} 1 & 0 \\ 0 & B \end{pmatrix}, \quad B \in SO(n-1).$$

于是 $H_{e_1} = SO(n-1)$, $SO(n)/SO(n-1)$ 与 S^{n-1} 微分同胚. 类似地可以证明, $SU(n)/SU(n-1)$ 与 S^{2n-1} 微分同胚, 以及 $Sp(n)/Sp(n-1)$ 与 S^{4n-1} 微分同胚.

例 40 Stiefel 流形 $St(k, n)$ $(1 \leqslant k \leqslant n)$ 是由所有的正交向量组 $\{u_1, u_2, \cdots, u_k\}$, $u_i \in \mathbb{R}^n$ 构成的集合, 它可以表示为

$$St(k, n) = \left\{A \in \mathbb{R}^{n\times k} \mid A^{\mathrm{T}}A = I_k\right\}.$$

显然, $St(1, n) = S^{n-1}$, $St(n, n) = O(n)$. 考虑作用

$$\phi : SO(n) \times St(k, n) \to St(k, n),$$

$$(R, (u_1, u_2, \cdots, u_k)) \mapsto \phi_R (u_1, u_2, \cdots, u_k) = (Ru_1, Ru_2, \cdots, Ru_k),$$

可以证明该作用是可迁的. 迷向子群为

$$H_{(u_1, u_2, \cdots, u_k)} = \{R \mid \phi_R (u_1, u_2, \cdots, u_k) = (u_1, u_2, \cdots, u_k)\},$$

其元素可以表示为

$$R = \begin{pmatrix} I_k & 0 \\ 0 & S \end{pmatrix}, \quad S \in SO(n-k).$$

因此可知 $SO(n)/SO(n-k)$ 与 $St(k, n)$ 微分同胚.

例 41 Grassmann 流形 $Gr(k, n)$ 是 $\mathbb{R}^n$ 中所有 k 维线性子空间的集合, $0 \leqslant k \leqslant n$. 定义作用

$$\phi : O(n) \times Gr(k, n) \to Gr(k, n),$$

$$(R, V) \mapsto \phi_R(U) = \mathrm{span}\,(Ru_1, Ru_2, \cdots, Ru_k),$$

其中 $R \in O(n)$, $V = \mathrm{span}\,\{u_1, u_2, \cdots, u_k\}$, $u_1, u_2, \cdots, u_k \in \mathbb{R}^n$ 线性无关. 该群作用也是可迁的. 设

$$U = \mathrm{span}\,(e_1, e_2, \cdots, e_k), \quad e_i = (0, \cdots, 0, 1, 0, \cdots, 0)^{\mathrm{T}},$$

迷向子群 $H_U = \{R \mid \phi_R(U) = RU = U\}$ 的元素为

$$R = \begin{pmatrix} S & 0 \\ 0 & T \end{pmatrix}, \quad S \in O(k), \quad T \in O(n-k).$$

因此, 可知 $O(n)/\left(O(k) \times O(n-k)\right)$ 与 $Gr(k, n)$ 微分同胚.

3.9　矩阵李群的几何结构

3.9.1　黎曼梯度

许多实际问题可以归结为求目标函数的最小值. 对于定义在欧氏空间上的目标函数, 可以利用梯度下降法求解其局部极小值. 在求解黎曼流形上的目标函数的最小值时, 负的黎曼梯度方向是目标函数最速下降方向. 黎曼梯度的好处在于, 它可以使算法迭代的步数减少, 缓解陷入局部极小的现象. 与牛顿方法假设二次形式的目标函数不同, 黎曼梯度方法在形式上比较简单. 另外, 黎曼梯度在线学习给出了渐近统计意义下的 Fisher 有效估计, 因此它渐近等价于最优批处理过程. 黎曼梯度带有度量矩阵的求逆运算, 但是对于一些特殊的黎曼流形例如矩阵流形, 可以利用黎曼度量结构求出黎曼梯度的显式表达式, 免去矩阵求逆的复杂过程[1,2,4–9,12]. 下面分别针对一些重要的矩阵流形给出黎曼梯度的求解过程.

设 (M,g) 为光滑的黎曼流形, $f: M\to\mathbb{R}$ 为光滑函数. 对于任意给定的光滑曲线 $\gamma:[0,1]\to M$, 满足 $\gamma(0)=x\in M$, $\dot\gamma(0)=X$, 黎曼梯度 $\operatorname{grad} f$ 是 T_xM 上唯一满足下式的切向量

$$g\left(\operatorname{grad} f(x), X\right)=(Xf)(x). \tag{3.5}$$

由 (3.5) 经过简单计算可以获得

$$\operatorname{grad} f=g^{-1}\frac{\partial f}{\partial x},$$

其中 g^{-1} 表示度量 g 的逆, 其中 $\dfrac{\partial f}{\partial x}$ 表示 f 的欧氏梯度.

现在介绍黎曼梯度算法.

定理 9　设 (M,g) 是黎曼流形, $f: M\to\mathbb{R}$ 是光滑函数. 我们有如下基于黎曼梯度的求解 f 最小值的迭代公式:

$$x_{t+1}=x_t-\eta_t\operatorname{grad} f(x_t),$$

其中 $0<\eta_t<1$ 表示迭代步长.

证明　考虑最优化问题

$$\underset{\Delta x}{\arg\min}\, f\left(x+\Delta x\right).$$

当 Δx 趋近于 0 时, $f(x+\Delta x)$ 的泰勒展开可以近似地表示为

$$f(x+\Delta x)=f(x)+\left(\frac{\partial f(x)}{\partial x}\right)^{\mathrm{T}}\Delta x.$$

于是, 上面的优化问题转化为

$$\arg\min_{\Delta x}\left(f(x)+\left(\frac{\partial f(x)}{\partial x}\right)^{\mathrm{T}}\Delta x\right)=\arg\min_{\Delta x}\left(\left(\frac{\partial f(x)}{\partial x}\right)^{\mathrm{T}}\Delta x\right).$$

设 $\Delta x=\varepsilon a$, 其中 ε 为非零常数, $\|a\|_g^2=a^{\mathrm{T}}ga=1$. 设拉格朗日函数

$$F(a)=\left(\frac{\partial f(x)}{\partial x}\right)^{\mathrm{T}}a+\frac{1}{2}\lambda\left(a^{\mathrm{T}}ga-1\right).$$

由 $\dfrac{\partial}{\partial a}F(a)=0$, 可得

$$a=-\frac{1}{\lambda}g^{-1}\frac{\partial f(x)}{\partial x}.$$

进一步得到

$$\Delta x=-\eta g^{-1}\frac{\partial f(x)}{\partial x},\quad \eta=\frac{\varepsilon}{\lambda},$$

或者

$$x_{t+1}=x_t-\eta_t\,\mathrm{grad}\,f(x_t),\quad 0<\eta_t<1.$$

□

3.9.2 一般线性群上的黎曼度量

在同一个光滑流形上可以定义不同的黎曼度量, 从而得到不同的几何结构. 对于一般线性群 $GL(n,\mathbb{R})$, 首先定义它的欧氏度量

$$\langle X,Y\rangle=\mathrm{tr}\left(X^{\mathrm{T}}Y\right),\quad X,Y\in\mathfrak{X}(GL(n,\mathbb{R})).$$

用 $\|X\|=\sqrt{\mathrm{tr}\left(X^{\mathrm{T}}X\right)}$ 表示 X 的模长. 可以验证在该度量下 $GL(n,\mathbb{R})$ 是平坦的.

另一方面, 对于一般线性群 $GL(n,\mathbb{R})$, 我们有

$$L_AB=AB,\quad (\mathrm{d}L_A)\,X=AX,\quad A,B\in GL(n,\mathbb{R}),\quad X\in T_AGL(n,\mathbb{R}).$$

定义 77 在 $GL(n,\mathbb{R})$ 上定义左不变度量 $\langle\cdot,\cdot\rangle$, 满足

$$\begin{aligned}\langle X,Y\rangle_A&=\langle(\mathrm{d}L_{A^{-1}})\,X,(\mathrm{d}L_{A^{-1}})\,Y\rangle_I\\&=\left\langle A^{-1}X,A^{-1}Y\right\rangle_I\\&=\mathrm{tr}\left(\left(A^{-1}X\right)^{\mathrm{T}}\left(A^{-1}Y\right)\right),\end{aligned}$$

其中 $A \in GL(n,\mathbb{R})$, $X, Y \in T_A GL(n,\mathbb{R})$, I 表示 $GL(n,\mathbb{R})$ 的单位元. 类似地, $GL(n,\mathbb{R})$ 上的右不变度量 $\langle\cdot,\cdot\rangle$, 满足

$$\begin{aligned}\langle X,Y\rangle_A &= \langle(\mathrm{d}R_{A^{-1}})\,X,\ (\mathrm{d}R_{A^{-1}})\,Y\rangle_I\\ &= \left\langle XA^{-1},YA^{-1}\right\rangle_I\\ &= \operatorname{tr}\left(\left(XA^{-1}\right)^{\mathrm{T}}\left(YA^{-1}\right)\right).\end{aligned}$$

命题 30　设 $f: GL(n,\mathbb{R}) \to \mathbb{R}$ 为光滑函数. 关于左不变度量, f 的黎曼梯度满足

$$\operatorname{grad} f(A) = AA^{\mathrm{T}}\frac{\partial f(A)}{\partial A},\quad A \in GL(n,\mathbb{R}).$$

证明　由定义 (3.5) 我们有

$$\langle \operatorname{grad} f(A), X\rangle_A = \left\langle \frac{\partial f(A)}{\partial A}, X\right\rangle,\quad X \in T_A GL(n,\mathbb{R}),$$

利用左不变度量可得

$$\begin{aligned}\left\langle \frac{\partial f(A)}{\partial A}, X\right\rangle &= \langle \operatorname{grad} f(A), X\rangle_A\\ &= \left\langle A^{-1}\operatorname{grad} f(A), A^{-1}X\right\rangle_I\\ &= \operatorname{tr}\left(\left(A^{-1}\operatorname{grad} f(A)\right)^{\mathrm{T}} A^{-1}X\right)\\ &= \operatorname{tr}\left(\left(\left(A^{-1}\right)^{\mathrm{T}} A^{-1}\operatorname{grad} f(A)\right)^{\mathrm{T}} X\right)\\ &= \left\langle \left(A^{-1}\right)^{\mathrm{T}} A^{-1}\operatorname{grad} f(A), X\right\rangle,\end{aligned}$$

从而有

$$\frac{\partial f(A)}{\partial A} = \left(A^{-1}\right)^{\mathrm{T}} A^{-1}\operatorname{grad} f(A),$$

即

$$\operatorname{grad} f(A) = AA^{\mathrm{T}}\frac{\partial f(A)}{\partial A}.$$

□

类似于前面的证明, 关于右不变度量, 我们有

命题 31　设 $f: GL(n,\mathbb{R}) \to \mathbb{R}$ 为光滑函数. 关于右不变度量, f 的黎曼梯度满足

$$\operatorname{grad} f(A) = \frac{\partial f(A)}{\partial A}A^{\mathrm{T}}A,\quad A \in GL(n,\mathbb{R}).$$

证明 利用右不变度量可得

$$\begin{aligned}\left\langle \frac{\partial f(A)}{\partial A}, X \right\rangle &= \langle \operatorname{grad} f(A), X\rangle_A \\ &= \left\langle \operatorname{grad} f(A)A^{-1}, XA^{-1}\right\rangle_I \\ &= \operatorname{tr}\left(\left(\operatorname{grad} f(A)A^{-1}\right)^{\mathrm{T}} XA^{-1}\right) \\ &= \operatorname{tr}\left(A^{-1}\left(\operatorname{grad} f(A)A^{-1}\right)^{\mathrm{T}} X\right) \\ &= \operatorname{tr}\left(\left(\operatorname{grad} f(A)A^{-1}(A^{-1})^{\mathrm{T}}\right)^{\mathrm{T}} X\right) \\ &= \left\langle \operatorname{grad} f(A)A^{-1}\left(A^{-1}\right)^{\mathrm{T}}, X\right\rangle.\end{aligned}$$

于是得到

$$\frac{\partial f(A)}{\partial A} = \operatorname{grad} f(A)A^{-1}\left(A^{-1}\right)^{\mathrm{T}},$$

即

$$\operatorname{grad} f(A) = \frac{\partial f(A)}{\partial A} A^{\mathrm{T}} A.$$ □

上面的结果表明: 关于左不变度量的黎曼梯度和关于右不变度量的黎曼梯度不相等! 那么什么时候两者相等? 答案是在双不变度量下两者相等. 对于紧致的李群, 左不变度量和右不变度量相等, 从而相应的两个黎曼梯度也相等.

3.9.3 正交群与酉群上的黎曼梯度

命题 32 设 $f: O(n) \to \mathbb{R}$ 为光滑函数. f 的黎曼梯度满足

$$\operatorname{grad} f(A) = \frac{1}{2}\left(\frac{\partial f(A)}{\partial A} - A\left(\frac{\partial f(A)}{\partial A}\right)^{\mathrm{T}} A\right),$$

其中 $\frac{\partial f(A)}{\partial A}$ 表示 f 的欧氏梯度.

证明 可以证明 $T_AO(n)$ 的法空间能够表示为

$$\begin{aligned}N_AO(n) &= \left\{N \in M(n,\mathbb{R}) \mid \operatorname{tr}\left(N^{\mathrm{T}}X\right) = 0,\ X \in T_AO(n)\right\} \\ &= \left\{N = AS \mid S \in M(n,\mathbb{R}),\ S^{\mathrm{T}} = S\right\}.\end{aligned}$$

事实上, 注意到

$$T_AO(n) = \left\{X \in M(n,\mathbb{R}) \mid X^{\mathrm{T}}A + A^{\mathrm{T}}X = 0\right\},$$

对于任意的矩阵 AS, 其中 $S \in M(n,\mathbb{R})$, 则

$$\begin{aligned}\operatorname{tr}\left((AS)^{\mathrm{T}}X\right) &= \operatorname{tr}\left(S^{\mathrm{T}}A^{\mathrm{T}}X\right)\\ &= \operatorname{tr}\left(-S^{\mathrm{T}}X^{\mathrm{T}}A\right)\\ &= \operatorname{tr}\left(-A^{\mathrm{T}}XS\right)\\ &= \operatorname{tr}\left(-SA^{\mathrm{T}}X\right).\end{aligned}$$

于是得到

$$\operatorname{tr}\left(\left(S+S^{\mathrm{T}}\right)A^{\mathrm{T}}X\right)=0,$$

或者

$$\operatorname{tr}\left(\left(A\left(S+S^{\mathrm{T}}\right)\right)^{\mathrm{T}}X\right)=0.$$

因此, 对于任意的 $N \in N_AO(n)$, 都可以表示成 $N = A\left(S+S^{\mathrm{T}}\right)$ 的形式, $S \in M(n,\mathbb{R})$. 等价地, 可以写成 $N = AS$, $S = S^{\mathrm{T}}$.

由左 (或右) 不变度量的性质, 我们有

$$\begin{aligned}\left\langle X, \frac{\partial f(A)}{\partial A}\right\rangle &= \langle X, \operatorname{grad} f(A)\rangle_A\\ &= \left\langle A^{-1}X, A^{-1}\operatorname{grad} f(A)\right\rangle_I\\ &= \operatorname{tr}\left(\left(A^{-1}X\right)^{\mathrm{T}}\left(A^{-1}\operatorname{grad} f(A)\right)\right)\\ &= \operatorname{tr}\left(X^{\mathrm{T}}\operatorname{grad} f(A)\right)\\ &= \langle X, \operatorname{grad} f(A)\rangle.\end{aligned} \tag{3.6}$$

从 (3.6) 可得

$$\left\langle X, \frac{\partial f(A)}{\partial A} - \operatorname{grad} f(A)\right\rangle = 0,$$

从而

$$\frac{\partial f(A)}{\partial A} - \operatorname{grad} f(A) \in N_AO(n).$$

利用分解, 设

$$\frac{\partial f(A)}{\partial A} - \operatorname{grad} f(A) = AS, \tag{3.7}$$

可得

$$A^{\mathrm{T}}\frac{\partial f(A)}{\partial A} - A^{\mathrm{T}}\operatorname{grad} f(A) = S. \tag{3.8}$$

对 (3.8) 两边进行转置并注意到 $S^{\mathrm{T}}=S$, 有

$$\left(\frac{\partial f(A)}{\partial A}\right)^{\mathrm{T}}A-(\operatorname{grad} f(A))^{\mathrm{T}}A=S^{\mathrm{T}}=S. \tag{3.9}$$

结合 (3.8) 和 (3.9) 可得

$$\frac{1}{2}\left(A^{\mathrm{T}}\frac{\partial f(A)}{\partial A}+\left(\frac{\partial f(A)}{\partial A}\right)^{\mathrm{T}}A\right)-\frac{1}{2}\left(A^{\mathrm{T}}\operatorname{grad} f(A)+(\operatorname{grad} f(A))^{\mathrm{T}}A\right)=S. \tag{3.10}$$

注意到 $\operatorname{grad} f(A)\in T_AO(n)$, 可知

$$A^{\mathrm{T}}\operatorname{grad} f(A)+(\operatorname{grad} f(A))^{\mathrm{T}}A=0.$$

于是, 由 (3.10) 可得

$$S=\frac{1}{2}\left(A^{\mathrm{T}}\frac{\partial f(A)}{\partial A}+\left(\frac{\partial f(A)}{\partial A}\right)^{\mathrm{T}}A\right),$$

代入 (3.8) 中得到

$$\operatorname{grad} f(A)=\frac{1}{2}\left(\frac{\partial f(A)}{\partial A}-A\left(\frac{\partial f(A)}{\partial A}\right)^{\mathrm{T}}A\right). \qquad \square$$

下面介绍定义酉群 $U(n)$ 上函数的黎曼梯度. $U(n)$ 的切空间 $T_AU(n)$ 对应的法空间可以表示为

$$N_AU(n)=\left\{AS \mid S=S^{\mathrm{H}},\ A\in U(n),\ S\in M(n,\mathbb{C})\right\}. \tag{3.11}$$

定义 78 酉群 $U(n)$ 上任意一点 A 处的切空间 $T_AU(n)$ 上的内积定义为

$$\langle X,Y\rangle_A=\operatorname{Re}\left(\operatorname{tr}\left(X^{\mathrm{H}}Y\right)\right),\quad A\in U(n),\quad X,Y\in T_AU(n), \tag{3.12}$$

其中 Re 表示取实部.

现在验证上面定义的合理性. 对于任意的 $A\in U(n)$, $X,Y\in T_AU(n)$, 令

$$X=X_1+\mathrm{i}X_2,\quad Y=Y_1+\mathrm{i}Y_2,\quad X_1,X_2,Y_1,Y_2\in\mathbb{R}^{n\times n},$$

其中 i 表示虚数单位. 注意到

$$X^{\mathrm{H}}Y=\left(X_1^{\mathrm{T}}Y_1+X_2^{\mathrm{T}}Y_2\right)+\mathrm{i}\left(X_1^{\mathrm{T}}Y_2-X_2^{\mathrm{T}}Y_1\right),$$
$$Y^{\mathrm{H}}X=\left(Y_1^{\mathrm{T}}X_1+Y_2^{\mathrm{T}}X_2\right)+\mathrm{i}\left(Y_1^{\mathrm{T}}X_2-Y_2^{\mathrm{T}}X_1\right),$$

可得

$$\begin{aligned}\operatorname{Re}\left(\operatorname{tr}\left(X^{\mathrm{H}}Y\right)\right) &= \operatorname{tr}\left(X_1^{\mathrm{T}}Y_1 + X_2^{\mathrm{T}}Y_2\right) \\ &= \operatorname{tr}\left(Y_1^{\mathrm{T}}X_1 + Y_2^{\mathrm{T}}X_2\right) \\ &= \operatorname{Re}\left(\operatorname{tr}\left(Y^{\mathrm{H}}X\right)\right),\end{aligned}$$

即有对称性 $\langle X, Y\rangle = \langle Y, X\rangle$. 另一方面, 显然有

$$\operatorname{Re}\left(\operatorname{tr}\left(X^{\mathrm{H}}X\right)\right) = \operatorname{tr}\left(X_1^{\mathrm{T}}X_1 + X_2^{\mathrm{T}}X_2\right) \geqslant 0,$$

而且等号成立当且仅当$X_1 = X_2 = 0$, 即$X = 0$. 所以, (3.12) 定义的内积是合理的.

命题 33　设$f : U(n) \to \mathbb{R}$为光滑函数. 关于内积 (3.12), f的黎曼梯度满足

$$\operatorname{grad} f(A) = \frac{1}{2}\left(\frac{\partial f(A)}{\partial A} - A\left(\frac{\partial f(A)}{\partial A}\right)^{\mathrm{H}} A\right).$$

证明　设 $X \in T_A U(n)$, 则

$$\langle \operatorname{grad} f(A), X\rangle_A = \left\langle \frac{\partial f(A)}{\partial A}, X\right\rangle,$$

其中 $\operatorname{grad} f(A) \in T_A U(n)$. 由

$$\langle \operatorname{grad} f(A), X\rangle_A = \operatorname{Re}\left(\operatorname{tr}\left(X^{\mathrm{H}} \operatorname{grad} f(A)\right)\right),$$

以及

$$\left\langle \frac{\partial f(A)}{\partial A}, X\right\rangle = \operatorname{Re}\left(\operatorname{tr}\left\langle X^{\mathrm{H}}\frac{\partial f(A)}{\partial A}\right\rangle\right),$$

可得

$$\operatorname{Re}\operatorname{tr}\left(X^{\mathrm{H}}\left(\frac{\partial f(A)}{\partial A} - \operatorname{grad} f(A)\right)\right) = 0,$$

或者

$$\left\langle \frac{\partial f(A)}{\partial A} - \operatorname{grad} f(A), X\right\rangle = 0,$$

因此

$$\frac{\partial f(A)}{\partial A} - \operatorname{grad} f(A) \in N_A U(n).$$

设

$$\frac{\partial f(A)}{\partial A} - \operatorname{grad} f(A) = AS,$$

于是有

$$A^{\mathrm{H}}\frac{\partial f(A)}{\partial A} - A^{\mathrm{H}} \operatorname{grad} f(A) = S. \tag{3.13}$$

对 (3.13) 两边同时取共轭转置可得

$$\left(\frac{\partial f(A)}{\partial A}\right)^{\mathrm{H}} A - (\operatorname{grad} f(A))^{\mathrm{H}} A = S^{\mathrm{H}} = S. \tag{3.14}$$

注意到

$$A^{\mathrm{H}} \operatorname{grad} f(A) + (\operatorname{grad} f(A))^{\mathrm{H}} A = 0,$$

结合 (3.13) 和 (3.14), 可得

$$S = \frac{1}{2}\left(A^{\mathrm{H}} \frac{\partial f(A)}{\partial A} + \left(\frac{\partial f(A)}{\partial A}\right)^{\mathrm{H}} A\right),$$

从而有

$$\operatorname{grad} f(A) = \frac{1}{2}\left(\frac{\partial f(A)}{\partial A} - A\left(\frac{\partial f(A)}{\partial A}\right)^{\mathrm{H}} A\right). \qquad \square$$

3.9.4 实辛群的几何结构

在本节中, 我们介绍实辛群的几何结构, 特别是黎曼梯度与测地线[18]. 设实辛群

$$Sp(n,\mathbb{R}) = \left\{A \in M(2n,\mathbb{R}) \mid A^{\mathrm{T}} J A = J\right\}, \quad J = \begin{pmatrix} 0 & I_n \\ -I_n & 0 \end{pmatrix},$$

其中 $J^{\mathrm{T}} = J^{-1} = -J, J^2 = -I_{2n}$, $A^{\mathrm{T}} = -JA^{-1}J$, $(A^{-1})^{\mathrm{T}} = -JAJ$. 它的切空间 $T_A Sp(n,\mathbb{R})$ 有下面的结构

$$\begin{aligned} T_A Sp(n,\mathbb{R}) &= \left\{X \in \mathbb{R}^{2n\times 2n} \mid X^{\mathrm{T}} J A + A^{\mathrm{T}} J X = 0\right\} \\ &= \left\{X = AJS \mid S \in \mathbb{R}^{2n\times 2n},\ S^{\mathrm{T}} = S\right\}, \end{aligned}$$

$Sp(n,\mathbb{R})$ 在单位元处的切空间, 即李代数 $\mathfrak{sp}(n,\mathbb{R})$ 为

$$\mathfrak{sp}(n,\mathbb{R}) = \left\{X \in \mathbb{R}^{2n\times 2n} \mid X^{\mathrm{T}} J + J X = 0\right\}.$$

点 $A \in Sp(n,\mathbb{R})$ 处的法空间有下面的结构

$$\begin{aligned} N_A Sp(n,\mathbb{R}) &= \left\{N \in \mathbb{R}^{2n\times 2n} \mid \operatorname{tr}\left(N^{\mathrm{T}} X\right) = 0,\ X \in T_A Sp(n,\mathbb{R})\right\} \\ &= \left\{N = JA\Omega \mid \Omega \in \mathbb{R}^{2n\times 2n},\ \Omega^{\mathrm{T}} = -\Omega\right\}. \end{aligned}$$

分别在 $Sp(n,\mathbb{R})$ 上定义伪黎曼度量

$$\langle X, Y\rangle_A = \left\langle A^{-1} X, A^{-1} Y\right\rangle$$

$$= \operatorname{tr}\left(A^{-1}XA^{-1}Y\right), \quad X,Y \in T_X Sp(n,\mathbb{R}), \tag{3.15}$$

以及黎曼度量

$$\begin{aligned}\langle X,Y\rangle_A &= \left\langle A^{-1}X, A^{-1}Y\right\rangle \\ &= \operatorname{tr}\left(\left(A^{-1}X\right)^{\mathrm{T}}\left(A^{-1}Y\right)\right), \quad X,Y \in T_X Sp(n,\mathbb{R}).\end{aligned} \tag{3.16}$$

命题 34　设 $f: Sp(n,\mathbb{R}) \to \mathbb{R}$ 为光滑函数. 关于伪黎曼度量 (3.15), f 的黎曼梯度满足

$$\operatorname{grad} f(A) = \frac{1}{2}\left(A\left(\frac{\partial f(A)}{\partial A}\right)^{\mathrm{T}} A + AJA^{\mathrm{T}}\frac{\partial f(A)}{\partial A}J\right).$$

证明　由伪黎曼度量的定义, 我们有

$$\begin{aligned}\langle \operatorname{grad} f(A), X\rangle_A &= \operatorname{tr}\left(A^{-1}\operatorname{grad} f(A) A^{-1}X\right) \\ &= \left\langle \frac{\partial f(A)}{\partial A}, X\right\rangle \\ &= \operatorname{tr}\left(\left(\frac{\partial f(A)}{\partial A}\right)^{\mathrm{T}} X\right), \quad X \in T_A Sp(n,\mathbb{R}),\end{aligned}$$

即

$$\operatorname{tr}\left(\left(\frac{\partial f(A)}{\partial A}\right)^{\mathrm{T}} X - A^{-1}\operatorname{grad} f(A) A^{-1}X\right) = 0,$$

于是得到

$$\left\langle \frac{\partial f(A)}{\partial A} - (A^{-1})^{\mathrm{T}}(\operatorname{grad} f(A))^{\mathrm{T}}(A^{-1})^{\mathrm{T}}, X\right\rangle = 0, \quad X \in T_A Sp(n,\mathbb{R}). \tag{3.17}$$

由 (3.17) 可知

$$\frac{\partial f(A)}{\partial A} - (A^{-1})^{\mathrm{T}}(\operatorname{grad} f(A))^{\mathrm{T}}(A^{-1})^{\mathrm{T}} \in N_A Sp(n,\mathbb{R}).$$

设

$$\frac{\partial f(A)}{\partial A} - (A^{-1})^{\mathrm{T}}(\operatorname{grad} f(A))^{\mathrm{T}}(A^{-1})^{\mathrm{T}} = JA\Omega,$$

其中 $\Omega^{\mathrm{T}} = -\Omega$. 由此可得

$$(\operatorname{grad} f(A))^{\mathrm{T}} = A^{\mathrm{T}}\frac{\partial f(A)}{\partial A}A^{\mathrm{T}} - A^{\mathrm{T}}JA\Omega A^{\mathrm{T}} = A^{\mathrm{T}}\frac{\partial f(A)}{\partial A}A^{\mathrm{T}} - J\Omega A^{\mathrm{T}}, \tag{3.18}$$

以及

$$\operatorname{grad} f(A) = A\left(\frac{\partial f(A)}{\partial A}\right)^{\mathrm{T}} A - A\Omega^{\mathrm{T}} A^{\mathrm{T}} J^{\mathrm{T}} A = A\left(\frac{\partial f(A)}{\partial A}\right)^{\mathrm{T}} A - A\Omega J. \tag{3.19}$$

另一方面, 由于

$$(\operatorname{grad} f(A))^{\mathrm{T}} JA + A^{\mathrm{T}} J \operatorname{grad} f(A) = 0, \tag{3.20}$$

将 (3.18) 和 (3.19) 代入 (3.20) 可得

$$\left(A^{\mathrm{T}}\frac{\partial f(A)}{\partial A}A^{\mathrm{T}} - J\Omega A^{\mathrm{T}}\right)JA + A^{\mathrm{T}}J\left(A\left(\frac{\partial f(A)}{\partial A}\right)^{\mathrm{T}} A - A\Omega J\right) = 0,$$

于是有

$$\Omega = -\frac{1}{2}\left(JA^{\mathrm{T}}\frac{\partial f(A)}{\partial A} + \left(\frac{\partial f(A)}{\partial A}\right)^{\mathrm{T}} AJ\right). \tag{3.21}$$

将 (3.21) 代入 (3.19) 可得

$$\begin{aligned}\operatorname{grad} f(A) &= A\left(\frac{\partial f(A)}{\partial A}\right)^{\mathrm{T}} A - A\Omega J \\ &= \frac{1}{2}\left(A\left(\frac{\partial f(A)}{\partial A}\right)^{\mathrm{T}} A + AJA^{\mathrm{T}}\frac{\partial f(A)}{\partial A}J\right).\end{aligned}$$

□

定理 10 设光滑测地线 $\gamma_{X,A}:[0,1]\to Sp(n,\mathbb{R})$, 其中 $A\in Sp(n,\mathbb{R}), X\in T_ASp\,(n,\mathbb{R})$. 关于伪黎曼度量 (3.15) 的测地线满足

$$\gamma_{X,A} = A\exp(tA^{-1}X).$$

证明 由

$$\delta\int_0^1 \operatorname{tr}\left(\gamma^{-1}\dot{\gamma}\gamma^{-1}\dot{\gamma}\right)\mathrm{d}t = 0,$$

经计算可得

$$\int_0^1 \operatorname{tr}\left(\left(\gamma^{-1}\ddot{\gamma}\gamma^{-1} - \gamma^{-1}\dot{\gamma}\gamma^{-1}\dot{\gamma}\gamma^{-1}\right)\delta\gamma\right)\mathrm{d}t = 0,$$

即

$$\int_0^1 \left\langle\left(\gamma^{-1}\ddot{\gamma}\gamma^{-1} - \gamma^{-1}\dot{\gamma}\gamma^{-1}\dot{\gamma}\gamma^{-1}\right)^{\mathrm{T}}, \delta\gamma\right\rangle\mathrm{d}t = 0,$$

其中利用了 $\delta\gamma(0) = \delta\gamma(1) = 0$.

由于 $\delta\gamma\in T_ASp(n,\mathbb{R})$, 则 $\left(\gamma^{-1}\ddot{\gamma}\gamma^{-1} - \gamma^{-1}\dot{\gamma}\gamma^{-1}\dot{\gamma}\gamma^{-1}\right)^{\mathrm{T}}\in N_ASp(n,\mathbb{R})$, 设

$$\gamma^{-1}\ddot{\gamma}\gamma^{-1} - \gamma^{-1}\dot{\gamma}\gamma^{-1}\dot{\gamma}\gamma^{-1} = (J\gamma\Omega)^{\mathrm{T}},$$

注意到

$$(J\gamma\Omega)^{\mathrm{T}} = \Omega^{\mathrm{T}}\gamma^{\mathrm{T}}J^{\mathrm{T}} = \Omega\gamma^{\mathrm{T}}J = \Omega\left(-J\gamma^{-1}J\right)J = \Omega J\gamma^{-1},$$

得到

$$\gamma^{-1}\ddot{\gamma}\gamma^{-1} - \gamma^{-1}\dot{\gamma}\gamma^{-1}\dot{\gamma}\gamma^{-1} = \Omega J\gamma^{-1}. \tag{3.22}$$

由 (3.22) 可得

$$\ddot{\gamma} - \dot{\gamma}\gamma^{-1}\dot{\gamma} = \gamma\Omega J. \tag{3.23}$$

由 $\gamma^{\mathrm{T}}J\gamma = J$ 关于 t 求导可得

$$\dot{\gamma}^{\mathrm{T}}J\gamma + \gamma^{\mathrm{T}}J\dot{\gamma} = 0, \tag{3.24}$$

以及

$$\ddot{\gamma}^{\mathrm{T}}J\gamma + 2\dot{\gamma}^{\mathrm{T}}J\dot{\gamma} + \gamma^{\mathrm{T}}J\ddot{\gamma} = 0. \tag{3.25}$$

将 (3.23) 代入 (3.25), 可得

$$\left(\dot{\gamma}\gamma^{-1}\dot{\gamma} + \gamma\Omega J\right)^{\mathrm{T}} J\gamma + 2\dot{\gamma}^{\mathrm{T}}J\dot{\gamma} + \gamma^{\mathrm{T}}J\left(\dot{\gamma}\gamma^{-1}\dot{\gamma} + \gamma\Omega J\right) = 0. \tag{3.26}$$

利用 (3.24), 由 (3.26) 可得

$$2J\Omega J = 0,$$

于是, 得到 $\Omega = 0$, 以及

$$\ddot{\gamma} - \dot{\gamma}\gamma^{-1}\dot{\gamma} = 0, \tag{3.27}$$

从 (3.27) 得到测地线方程的解

$$\gamma_{X,A} = A\exp(tA^{-1}X),$$

它经过 A 点, 方向为 X. □

命题 35 设 $f: Sp(n,\mathbb{R}) \to \mathbb{R}$ 为光滑函数. 关于黎曼度量 (3.16), f 的黎曼梯度满足

$$\operatorname{grad} f(A) = \frac{1}{2}\left(AA^{\mathrm{T}}\frac{\partial f(A)}{\partial A} + AJ\left(\frac{\partial f(A)}{\partial A}\right)^{\mathrm{T}}AJ\right).$$

证明 由黎曼梯度的定义

$$\langle \operatorname{grad} f(A), X\rangle_A = \left\langle \frac{\partial f(A)}{\partial A}, X\right\rangle, \quad X \in T_ASp(n,\mathbb{R}),$$

可得

$$\left\langle \frac{\partial f(A)}{\partial A} - (A^{-1})^{\mathrm{T}}A^{-1}\operatorname{grad} f(A), X\right\rangle = 0, \quad X \in T_ASp(n,\mathbb{R}).$$

由于 X 的任意性, 上式表明

$$\frac{\partial f(A)}{\partial A}-(A^{-1})^{\mathrm{T}}A^{-1}\,\mathrm{grad}\,f(A)\in N_A Sp(n,\mathbb{R}).$$

于是, 存在矩阵 $\Omega=-\Omega^{\mathrm{T}}$, 使得

$$\frac{\partial f(A)}{\partial A}-(A^{-1})^{\mathrm{T}}A^{-1}\,\mathrm{grad}\,f(A)=JA\Omega,$$

从而可得

$$\mathrm{grad}\,f(A)=AA^{\mathrm{T}}\left(\frac{\partial f(A)}{\partial A}-JA\Omega\right). \tag{3.28}$$

由 $\mathrm{grad}\,f(A)\in T_A Sp(n,\mathbb{R})$, 有

$$(\mathrm{grad}\,f(A))^{\mathrm{T}}JA+A^{\mathrm{T}}J\,\mathrm{grad}\,f(A)=0.$$

把 $\mathrm{grad}\,f(A)$ 代入上式得到

$$\Omega=-\frac{1}{2}\left(\left(\frac{\partial f(A)}{\partial A}\right)^{\mathrm{T}}AJ+JA^{\mathrm{T}}\frac{\partial f(A)}{\partial A}\right),$$

再代入 (3.28) 可得 $\mathrm{grad}\,f(A)$ 的表达式. □

关于在黎曼度量 (3.16) 下的测地线方程, 我们有下面的结论.

命题 36 设 $\gamma:[0,1]\to Sp(n,\mathbb{R})$ 是光滑曲线. 在黎曼度量 (3.16) 下, 通过以下泛函

$$\int_0^1\langle H(t),H(t)\rangle\,\mathrm{d}t$$

的变分可得测地线 γ 满足

$$\dot{H}(t)=H^{\mathrm{T}}(t)H(t)-H(t)H^{\mathrm{T}}(t), \tag{3.29}$$

其中 $H(t)=\gamma^{-1}(t)\dot{\gamma}(t)$. 进一步地, 对于初始值 $\gamma(0)=A$, $\dot{\gamma}(0)=X$, 可得测地线方程

$$\gamma_{A,X}(t)=A\exp\left(t(A^{-1}X)^{\mathrm{T}}\right)\exp\left(t\left(A^{-1}X-(A^{-1}X)^{\mathrm{T}}\right)\right). \tag{3.30}$$

事实上, 由 $H(t)$ 的定义可以验证

$$\begin{aligned}H(t)&=\exp\Big(t\Big(\big(A^{-1}X\big)^{\mathrm{T}}-\big(A^{-1}X\big)\Big)\Big)\big(A^{-1}X\big)\exp\Big(t\Big(\big(A^{-1}X\big)-\big(A^{-1}X\big)^{\mathrm{T}}\Big)\Big),\\ \dot{H}(t)&=\exp\Big(t\Big(\big(A^{-1}X\big)^{\mathrm{T}}-\big(A^{-1}X\big)\Big)\Big)\Big(\big(A^{-1}X\big)^{\mathrm{T}}\big(A^{-1}X\big)-\big(A^{-1}X\big)\big(A^{-1}X\big)^{\mathrm{T}}\Big)\\ &\quad\cdot\exp\Big(t\Big(\big(A^{-1}X\big)-\big(A^{-1}X\big)^{\mathrm{T}}\Big)\Big),\end{aligned}$$

因此

$$
\begin{aligned}
&H^{\mathrm{T}}(t)H(t)-H(t)H^{\mathrm{T}}(t)\\
=&\exp\left(t\left(\left(A^{-1}X\right)^{\mathrm{T}}-\left(A^{-1}X\right)\right)\right)\left(A^{-1}X\right)^{\mathrm{T}}\left(A^{-1}X\right)\exp\left(t\left(\left(A^{-1}X\right)\right.\right.\\
&\left.\left.-\left(A^{-1}X\right)^{\mathrm{T}}\right)\right)-\exp\left(t\left(\left(A^{-1}X\right)^{\mathrm{T}}-\left(A^{-1}X\right)\right)\right)\left(A^{-1}X\right)\left(A^{-1}X\right)^{\mathrm{T}}\\
&\cdot\exp\left(t\left(\left(A^{-1}X\right)-\left(A^{-1}X\right)^{\mathrm{T}}\right)\right)\\
=&\dot{H}(t),
\end{aligned}
$$

即 (3.30) 的确是 (3.29) 的解.

该命题的详细证明可参见文献 [5, 18].

3.9.5 洛伦兹群的几何结构

在本节中, 我们介绍洛伦兹群的几何结构, 特别是黎曼梯度与测地线[19].

定义 79 *洛伦兹群 $O(n,k)$ 是 $GL(n+k,\mathbb{R})$ 的李子群, 定义为*

$$
O(n,k)=\left\{A\in GL(n+k,\mathbb{R})\mid A^{\mathrm{T}}I_{n,k}A=I_{n,k}\right\},\quad I_{n,k}=\begin{pmatrix} I_n & 0_{n\times k}\\ 0_{k\times n} & -I_k\end{pmatrix},
$$

其中 I_n, I_k 分别表示 n 阶和 k 阶单位矩阵, $0_{n\times k}$, $0_{k\times n}$ 分别表示 $n\times k$ 和 $k\times n$ 零矩阵.

对于任意的 $A\in O(n,k)$, 有下列性质:

$$
\begin{aligned}
&\det(A)=\pm1,\quad I_{n,k}^2=I_{n+k},\quad I_{n,k}^{\mathrm{T}}=I_{n,k}^{-1}=I_{n,k},\quad A^{\mathrm{T}}=I_{n,k}A^{-1}I_{n,k},\\
&(A^{-1})^{\mathrm{T}}=I_{n,k}AI_{n,k},
\end{aligned}
$$

其中 I_{n+k} 表示 $n+k$ 阶单位矩阵.

$O(n,k)$ 的切空间、李代数以及法空间分别满足

$$
\begin{aligned}
T_AO(n,k)&=\left\{AI_{n,k}\Omega\mid\Omega\in\mathbb{R}^{(n+k)\times(n+k)},\ \Omega^{\mathrm{T}}=-\Omega\right\},\\
\mathfrak{o}(n,k)&=\left\{I_{n,k}\Omega\mid\Omega\in\mathbb{R}^{(n+k)\times(n+k)},\ \Omega^{\mathrm{T}}=-\Omega\right\},\\
N_AO(n,k)&=\left\{I_{n,k}AS\mid S\in\mathbb{R}^{(n+k)\times(n+k)},\ S^{\mathrm{T}}=S\right\}.
\end{aligned}
$$

利用左不变度量作为黎曼度量, 有

$$
\langle X,Y\rangle_A=\langle A^{-1}X,A^{-1}Y\rangle=\operatorname{tr}\left(\left(A^{-1}X\right)^{\mathrm{T}}\left(A^{-1}Y\right)\right),\quad X,Y\in T_AO(n,k). \tag{3.31}
$$

我们有下面的命题.

命题 37 设 $f: O(n,k) \to \mathbb{R}$ 为光滑函数. 关于黎曼度量 (3.31), f 的黎曼梯度满足

$$\operatorname{grad} f(A) = \frac{1}{2} A I_{n,k} \left(I_{n,k} A^{\mathrm{T}} \frac{\partial f(A)}{\partial A} - \left(\frac{\partial f(A)}{\partial A} \right)^{\mathrm{T}} A I_{n,k} \right).$$

证明 由度量 (3.31) 可得

$$\begin{aligned} \langle \operatorname{grad} f(A), X \rangle_A &= \langle A^{-1} \operatorname{grad} f(A), A^{-1} X \rangle \\ &= \operatorname{tr} \left(\left(A^{-1} \operatorname{grad} f(A) \right)^{\mathrm{T}} A^{-1} X \right) \\ &= \left\langle \left(A^{-1} \right)^{\mathrm{T}} A^{-1} \operatorname{grad} f(A), X \right\rangle. \end{aligned}$$

再结合黎曼梯度的定义

$$\langle \operatorname{grad} f(A), X \rangle_A = \left\langle \frac{\partial f(A)}{\partial A}, X \right\rangle, \quad X \in T_A O(n,k),$$

可得

$$\left\langle \frac{\partial f(A)}{\partial A} - \left(A^{\mathrm{T}} \right)^{-1} A^{-1} \operatorname{grad} f(A), X \right\rangle = 0, \quad X \in T_A O(n,k),$$

于是可知

$$\frac{\partial f(A)}{\partial A} - \left(A^{-1} \right)^{\mathrm{T}} A^{-1} \operatorname{grad} f(A) \in N_A O(n,k).$$

设

$$\frac{\partial f(A)}{\partial A} - \left(A^{-1} \right)^{\mathrm{T}} A^{-1} \operatorname{grad} f(A) = I_{n,k} A S,$$

其中 $S^{\mathrm{T}} = S$. 于是有

$$\operatorname{grad} f(A) = A A^{\mathrm{T}} \frac{\partial f(A)}{\partial A} - A I_{n,k} S. \tag{3.32}$$

另外, 由于 $\operatorname{grad} f(A) \in T_A O(n,k)$, 我们有

$$\left(\operatorname{grad} f(A) \right)^{\mathrm{T}} I_{n,k} A + A^{\mathrm{T}} I_{n,k} \operatorname{grad} f(A) = 0. \tag{3.33}$$

将 (3.32) 代入 (3.33), 得到

$$S = \frac{1}{2} \left(I_{n,k} A^{\mathrm{T}} \frac{\partial f(A)}{\partial A} + \left(\frac{\partial f(A)}{\partial A} \right)^{\mathrm{T}} A I_{n,k} \right). \tag{3.34}$$

再将 (3.34) 代入 (3.32) 可得

$$\operatorname{grad} f(A)=\frac{1}{2}AI_{n,k}\left(I_{n,k}A^{\mathrm{T}}\frac{\partial f(A)}{\partial A}-\left(\frac{\partial f(A)}{\partial A}\right)^{\mathrm{T}}AI_{n,k}\right). \qquad \square$$

命题 38　在黎曼度量 (3.31) 下, 光滑测地线 $\gamma_{A,X}:[0,1]\to O(n,k)$, $A\in O(n,k)$, $X\in T_AO(n,k)$ 满足

$$\gamma_{A,X}(t)=A\exp\left(t\left(A^{-1}X\right)^{\mathrm{T}}\right)\exp\left(t\left(A^{-1}X-(A^{-1}X)^{\mathrm{T}}\right)\right). \tag{3.35}$$

证明　设

$$\mathcal{E}(\gamma)=\int_0^1\langle\dot\gamma,\dot\gamma\rangle_\gamma\,\mathrm{d}t=\int_0^1\operatorname{tr}\left(\left(\gamma^{-1}\dot\gamma\right)^{\mathrm{T}}\left(\gamma^{-1}\dot\gamma\right)\right)\mathrm{d}t. \tag{3.36}$$

对 (3.36) 求变分可得

$$\begin{aligned}\delta\mathcal{E}(\gamma)&=-2\int_0^1\operatorname{tr}\left(\left(\gamma^{-1}\dot\gamma\left(\gamma^{-1}\dot\gamma\right)^{\mathrm{T}}\gamma^{-1}+\frac{\mathrm{d}}{\mathrm{d}t}\left(\left(\gamma^{-1}\dot\gamma\right)^{\mathrm{T}}\gamma^{-1}\right)\right)\delta\gamma\right)\mathrm{d}t\\&=-2\int_0^1\left\langle\left(\gamma^{-1}\dot\gamma\left(\gamma^{-1}\dot\gamma\right)^{\mathrm{T}}\gamma^{-1}+\frac{\mathrm{d}}{\mathrm{d}t}\left(\left(\gamma^{-1}\dot\gamma\right)^{\mathrm{T}}\gamma^{-1}\right)\right)^{\mathrm{T}},\delta\gamma\right\rangle\mathrm{d}t,\end{aligned} \tag{3.37}$$

其中使用了 $\delta\gamma(0)=\delta\gamma(1)=0$, 以及 $\delta\gamma^{-1}=-\gamma^{-1}\delta\gamma\gamma^{-1}$, $\delta\dot\gamma=\dfrac{\mathrm{d}}{\mathrm{d}t}\delta\gamma$.

在 (3.37) 中令 $\delta\mathcal{E}(\gamma)=0$, 因为 $\delta\gamma\in T_\gamma O(n,k)$, 可知

$$\left(\gamma^{-1}\dot\gamma\left(\gamma^{-1}\dot\gamma\right)^{\mathrm{T}}\gamma^{-1}+\frac{\mathrm{d}}{\mathrm{d}t}\left(\left(\gamma^{-1}\dot\gamma\right)^{\mathrm{T}}\gamma^{-1}\right)\right)^{\mathrm{T}}\in N_\gamma O(n,k).$$

设

$$\left(\gamma^{-1}\dot\gamma\left(\gamma^{-1}\dot\gamma\right)^{\mathrm{T}}\gamma^{-1}+\frac{\mathrm{d}}{\mathrm{d}t}\left(\left(\gamma^{-1}\dot\gamma\right)^{\mathrm{T}}\gamma^{-1}\right)\right)^{\mathrm{T}}=I_{n,k}\gamma S,\quad S^{\mathrm{T}}=S, \tag{3.38}$$

由 (3.38), 经过计算可得

$$\ddot\gamma=\gamma\dot\gamma^{\mathrm{T}}\left(\gamma^{-1}\right)^{\mathrm{T}}\gamma^{-1}\dot\gamma+\dot\gamma\gamma^{-1}\dot\gamma-\dot\gamma\dot\gamma^{\mathrm{T}}\left(\gamma^{-1}\right)^{\mathrm{T}}-\gamma I_{n,k}S, \tag{3.39}$$

以及

$$\ddot\gamma^{\mathrm{T}}=\dot\gamma^{\mathrm{T}}\left(\gamma^{-1}\right)^{\mathrm{T}}\gamma^{-1}\dot\gamma\gamma^{\mathrm{T}}+\dot\gamma^{\mathrm{T}}\left(\gamma^{-1}\right)^{\mathrm{T}}\dot\gamma^{\mathrm{T}}-\gamma^{-1}\dot\gamma\dot\gamma^{\mathrm{T}}-SI_{n,k}\gamma^{\mathrm{T}}. \tag{3.40}$$

由 $\gamma^{\mathrm{T}}I_{n,k}\gamma=I_{n,k}$, 可得

$$\dot\gamma^{\mathrm{T}}I_{n,k}\gamma+\gamma^{\mathrm{T}}I_{n,k}\dot\gamma=0, \tag{3.41}$$

以及

$$\ddot\gamma^{\mathrm{T}}I_{n,k}\gamma+2\dot\gamma^{\mathrm{T}}I_{n,k}\dot\gamma+\gamma^{\mathrm{T}}I_{n,k}\ddot\gamma=0. \tag{3.42}$$

将 (3.39), (3.40) 代入 (3.42) 可得

$$\begin{aligned}0 = & -\gamma^{-1}\dot{\gamma}\dot{\gamma}^{\mathrm{T}}I_{n,k}\gamma + \dot{\gamma}^{\mathrm{T}}\left(\gamma^{-1}\right)^{\mathrm{T}}\gamma^{-1}\dot{\gamma}I_{n,k} + \dot{\gamma}^{\mathrm{T}}\left(\gamma^{-1}\right)^{\mathrm{T}}\dot{\gamma}^{\mathrm{T}}I_{n,k}\gamma \\ & + 2\dot{\gamma}^{\mathrm{T}}I_{n,k}\dot{\gamma} - \gamma^{\mathrm{T}}I_{n,k}\dot{\gamma}\dot{\gamma}^{\mathrm{T}}\left(\gamma^{-1}\right)^{\mathrm{T}} + I_{n,k}\dot{\gamma}^{\mathrm{T}}\left(\gamma^{-1}\right)^{\mathrm{T}}\gamma^{-1}\dot{\gamma} \\ & + \gamma^{\mathrm{T}}I_{n,k}\dot{\gamma}\gamma^{-1}\dot{\gamma} - 2S. \end{aligned} \tag{3.43}$$

由 (3.43) 经计算可得 $S=0$. 于是, 再由 (3.39) 可得测地线满足的方程

$$\ddot{\gamma} + \dot{\gamma}\dot{\gamma}^{\mathrm{T}}\left(\gamma^{-1}\right)^{\mathrm{T}} - \gamma\dot{\gamma}^{\mathrm{T}}\left(\gamma^{-1}\right)^{\mathrm{T}}\gamma^{-1}\dot{\gamma} - \dot{\gamma}\gamma^{-1}\dot{\gamma} = 0.$$

定义 $H(t) := \gamma^{-1}(t)\dot{\gamma}(t)$, 可将其化成一阶常微分方程

$$\dot{H}(t) = H^{\mathrm{T}}(t)H(t) - H(t)H^{\mathrm{T}}(t).$$

其一般解为

$$\gamma(t) = X\exp\left(t\left(A^{-1}X\right)^{\mathrm{T}}\right)\exp\left(t\left(A^{-1}X - \left(A^{-1}X\right)^{\mathrm{T}}\right)\right). \qquad \square$$

现在, 我们在 $O(n,k)$ 上定义伪黎曼度量

$$\langle X,Y\rangle_A = \operatorname{tr}\left(A^{-1}XA^{-1}Y\right), \quad A\in O(n,k), \quad X,Y\in T_AO(n,k). \tag{3.44}$$

可以证明该度量是不定度量. 事实上, 对于任意给定的 $A\in O(n,k)$, 根据切空间的结构有

$$A^{-1}X = I_{n,k}\Omega, \quad \Omega^{\mathrm{T}} = -\Omega, \quad X\in T_AO(n,k),$$

其中

$$\Omega = \begin{pmatrix} U_{n\times n} & V_{n\times k} \\ -V_{k\times n}^{\mathrm{T}} & W_{k\times k}\end{pmatrix}, \ U_{n\times n}^{\mathrm{T}} = -U_{n\times n}, \ V_{n\times k}^{\mathrm{T}} = V_{n\times k}, \ W_{k\times k}^{\mathrm{T}} = -W_{k\times k}.$$

注意到

$$I_{n,k}\Omega = \begin{pmatrix} I_n & 0_{n\times k} \\ 0_{k\times n} & -I_k\end{pmatrix}\begin{pmatrix} U_{n\times n} & V_{n\times k} \\ -V_{k\times n}^{\mathrm{T}} & W_{k\times k}\end{pmatrix} = \begin{pmatrix} U_{n\times n} & V_{n\times k} \\ V_{k\times n}^{\mathrm{T}} & -W_{k\times k}\end{pmatrix},$$

经计算得到

$$\|X\|_A^2 = \langle X,X\rangle_A = \operatorname{tr}\left(A^{-1}X\right)^2 = 2\operatorname{tr}\left(VV^{\mathrm{T}}\right) - \operatorname{tr}\left(UU^{\mathrm{T}}\right) - \operatorname{tr}\left(WW^{\mathrm{T}}\right).$$

上面式子的符号显然是不定的.

下面给出在伪黎曼度量 (3.44) 下的黎曼梯度表示.

命题 39　光滑函数 $f: O(n,k) \to \mathbb{R}$ 在伪黎曼度量 (3.44) 下的黎曼梯度满足

$$\operatorname{grad} f(A) = \frac{1}{2}\left(A\left(\frac{\partial f(A)}{\partial A}\right)^{\mathrm{T}} A - I_{n,k}\frac{\partial f(A)}{\partial A}I_{n,k}\right).$$

证明　由黎曼梯度的定义 $\langle \operatorname{grad} f(A), X\rangle_A = \left\langle \frac{\partial f(A)}{\partial A}, X\right\rangle$, 并结合伪黎曼度量 (3.44), 可得

$$\operatorname{tr}\left(A^{-1}\operatorname{grad} f(A)A^{-1}X\right) = \operatorname{tr}\left(\left(\frac{\partial f(A)}{\partial A}\right)^{\mathrm{T}} X\right),$$

从而有

$$\operatorname{tr}\left(\left(\left(\frac{\partial f(A)}{\partial A}\right)^{\mathrm{T}} - A^{-1}\operatorname{grad} f(A)A^{-1}\right)X\right) = 0.$$

由于 $X \in T_AO(n,k)$, 可知

$$\left(\left(\frac{\partial f(A)}{\partial A}\right)^{\mathrm{T}} - A^{-1}\operatorname{grad} f(A)A^{-1}\right)^{\mathrm{T}} \in N_AO(n,k).$$

因此存在 $S = S^{\mathrm{T}}$, 使得

$$\left(\left(\frac{\partial f(A)}{\partial A}\right)^{\mathrm{T}} - A^{-1}\operatorname{grad} f(A)A^{-1}\right)^{\mathrm{T}} = I_{n,k}AS,$$

即

$$\frac{\partial f(A)}{\partial A} - \left(A^{-1}\right)^{\mathrm{T}}(\operatorname{grad} f(A))^{\mathrm{T}}\left(A^{-1}\right)^{\mathrm{T}} = I_{n,k}AS. \tag{3.45}$$

注意到

$$(\operatorname{grad} f(A))^{\mathrm{T}} I_{n,k}A + A^{\mathrm{T}}I_{n,k}\operatorname{grad} f(A) = 0, \tag{3.46}$$

用 $(I_{n,k}A)^{-1}$ 右乘 (3.46) 式可得

$$(\operatorname{grad} f(A))^{\mathrm{T}} = -A^{\mathrm{T}}I_{n,k}\operatorname{grad} f(A)(I_{n,k}A)^{-1}. \tag{3.47}$$

由于

$$(I_{n,k}A)^{-1}\left(A^{-1}\right)^{\mathrm{T}} = A^{-1}I_{n,k}^{-1}\left(A^{-1}\right)^{\mathrm{T}} = A^{-1}I_{n,k}^{-1}I_{n,k}AI_{n,k} = I_{n,k},$$

将 (3.47) 代入 (3.45) 可得

$$\frac{\partial f(A)}{\partial A} + I_{n,k}\operatorname{grad} f(A)I_{n,k} = I_{n,k}AS. \tag{3.48}$$

用 $(I_{n,k}A)^{-1}$ 左乘 (3.48) 可得

$$\begin{aligned} S &= (I_{n,k}A)^{-1}\left(\frac{\partial f(A)}{\partial A} + I_{n,k}\,\mathrm{grad}\,f(A)I_{n,k}\right) \\ &= A^{-1}I_{n,k}\frac{\partial f(A)}{\partial A} + A^{-1}I_{n,k}I_{n,k}\,\mathrm{grad}\,f(A)I_{n,k} \\ &= A^{-1}I_{n,k}\frac{\partial f(A)}{\partial A} + A^{-1}\,\mathrm{grad}\,f(A)I_{n,k}. \end{aligned} \tag{3.49}$$

由 (3.49) 可得

$$\begin{aligned} S^{\mathrm{T}} &= \left(\frac{\partial f(A)}{\partial A}\right)^{\mathrm{T}} I_{n,k}^{\mathrm{T}}\left(A^{-1}\right)^{\mathrm{T}} + I_{n,k}^{\mathrm{T}}\left(\mathrm{grad}\,f(A)\right)^{\mathrm{T}}\left(A^{-1}\right)^{\mathrm{T}} \\ &= \left(\frac{\partial f(A)}{\partial A}\right)^{\mathrm{T}} I_{n,k}^{\mathrm{T}}I_{n,k}AI_{n,k} + I_{n,k}^{\mathrm{T}}\left(\mathrm{grad}\,f(A)\right)^{\mathrm{T}} I_{n,k}AI_{n,k} \\ &= \left(\frac{\partial f(A)}{\partial A}\right)^{\mathrm{T}} AI_{n,k} + I_{n,k}\left(\mathrm{grad}\,f(A)\right)^{\mathrm{T}} I_{n,k}AI_{n,k}. \end{aligned} \tag{3.50}$$

再将 (3.47) 代入 (3.50) 可得

$$\begin{aligned} S^{\mathrm{T}} &= \left(\frac{\partial f(A)}{\partial A}\right)^{\mathrm{T}} AI_{n,k} + I_{n,k}\left(-A^{\mathrm{T}}I_{n,k}\,\mathrm{grad}\,f(A)(I_{n,k}A)^{-1}\right)I_{n,k}AI_{n,k} \\ &= \left(\frac{\partial f(A)}{\partial A}\right)^{\mathrm{T}} AI_{n,k} - I_{n,k}A^{\mathrm{T}}I_{n,k}\,\mathrm{grad}\,f(A)A^{-1}I_{n,k}^{-1}I_{n,k}AI_{n,k} \\ &= \left(\frac{\partial f(A)}{\partial A}\right)^{\mathrm{T}} AI_{n,k} - I_{n,k}A^{\mathrm{T}}I_{n,k}\,\mathrm{grad}\,f(A)I_{n,k} \\ &= \left(\frac{\partial f(A)}{\partial A}\right)^{\mathrm{T}} AI_{n,k} - A^{-1}\,\mathrm{grad}\,f(A)I_{n,k}. \end{aligned} \tag{3.51}$$

再利 $S^{\mathrm{T}} = S$, 由 (3.49) 与 (3.51) 可得

$$A^{-1}I_{n,k}\frac{\partial f(A)}{\partial A} + A^{-1}\,\mathrm{grad}\,f(A)I_{n,k} = \left(\frac{\partial f(A)}{\partial A}\right)^{\mathrm{T}} AI_{n,k} - A^{-1}\,\mathrm{grad}\,f(A)I_{n,k},$$

由此可得

$$\mathrm{grad}\,f(A) = \frac{1}{2}\left(A\left(\frac{\partial f(A)}{\partial A}\right)^{\mathrm{T}} A - I_{n,k}\frac{\partial f(A)}{\partial A}I_{n,k}\right). \qquad \square$$

经计算可得在伪黎曼度量 (3.44) 下测地线的方程满足

$$\gamma(t) = A\exp\left(tA^{-1}X\right),$$

它经过点 A, 而且在点 A 处的切向量为 X.

参考文献

[1] Barbaresco F. Innovative tools for radar signal processing based on Cartan's geometry of SPD matrices and information geometry. IEEE Radar Conference, 2008: 1-6.

[2] Barbaresco F. Interactions between symmetric cone and information geometrics: Bruhat-Tits and Siegel spaces models for high resolution autoregressive Doppler imagery. Springer in Lecture Notes in Computer Science, 2009, 5416: 124-163.

[3] Bredon G E. Topology and Geometry. New York: Springer, 1993.

[4] Fiori S. A theory for learning by weight flow on Stiefel-Grassman manifold. Neural Computation, 2001, 13: 1625-1647.

[5] Fiori S. Solving minimal-distance problems over the manifold of real-symplectic matrices. SIAM Journal on Matrix Analysis and Applications, 2011, 32: 938-968.

[6] Fiori S. Manifold calculus in system theory and control: Fundamentals and first-order systems. Symmetry, 2021, 13: 2092.

[7] Fiori S, Tanaka T. An algorithm to compute averages on matrix Lie groups. IEEE Transactions on Signal Processing, 2009, 57: 4734-4743.

[8] Gallier J Q, Quaintance J. Differential geometry and Lie groups. New York: Springer, 2020.

[9] Hall B. Lie Group, Lie Algebras, and Representations: An Elementary Introduction. Berlin: Springer, 2003.

[10] Helgason S. Differential Geometry, Lie Groups and Symmetric Spaces. New York: Academic Press, 1978.

[11] Hsiang W Y. Lectures on Lie Groups. Singapore: World Scientific, 1998.

[12] Kaneko T, Fiori S, Tanaka T. Empirical arithmetic averaging over the compact Stiefel manifold. IEEE Transactions on Signal Processing, 2013, 61: 883-894.

[13] Karcher H. Riemannian center of mass and mollifier smoothing. Communications on Pure and Applied Mathematics, 1977, 30: 509-541.

[14] Kobayashi S, Nomizu K. Foundations of Differential Geometry. New York: Interscience Publishers, 1963.

[15] Nomizu K. Lie Groups and Differential Geometry. Mathematical Society of Japan, 1956.
[16] Simons J. On transitivity on holonomy systems. Annals of Mathematics, 1962, 76: 213-234.
[17] Spivak M. A Comprehensive Introduction to Differential Geometry. Houston: Publish or Perish, 1999.
[18] Wang J, Sun H, Fiori S. A Riemannian steepest descent approach for optimization on the real symplectic group. Mathematical Methods in the Applied Sciences, 2018, 41: 4273-4286.
[19] Wang J, Sun H, Li D. A geodesic-based Riemannian gradient approach to averaging on the Lorentz group. Entropy, 2017, 19: 698.
[20] Warner F W. Foundations of Differential Manifolds and Lie Groups. New York: Springer, 1983.
[21] Weyl H. The Classical-Groups: Their Invariants and Representations. Princeton: Princeton University Press, 1939.
[22] Zefran M, Kumar V, Croke C. Metrics and connections for rigid-body kinematics. International Journal of Robotic Research, 1999, 18: 1-16.
[23] Zefran M, Kumar V, Croke C. Choice of Riemannian metrics for rigid body kinematics. ASME 24th Biennial Mechanisms Conference, 1996.
[24] 阿姆斯特朗. 础拓扑学. 孙以丰, 译. 北京: 北京大学出版社, 1981.
[25] 村上信吾. 齐性流形引论. 上海: 上海科学技术出版社, 1983.
[26] 横田一郎. 群と位相. 東京: 裳華房, 1969.
[27] 横田一郎. 古典型単純リー群. 東京: 現代数学社,1989.
[28] 黄宣国. 李群基础. 上海: 复旦大学出版社, 2007.
[29] 黄正中. 微分几何导引. 南京: 南京大学出版社, 1992.
[30] 井ノ口順一. はじめまして学ぶリー群. 東京: 現代数学社, 2017.
[31] 梅加强. 流形与几何初步. 北京: 科学出版社, 2013.
[32] 孟道骥, 史毅茜. Riemann 对称空间. 天津: 南开大学出版社, 2005.
[33] 孙华飞, 张真宁, 彭林玉, 段晓敏. 信息几何导引. 北京: 科学出版社, 2016.
[34] 项武义, 侯自新, 孟道骥. 李群讲义. 北京: 北京大学出版社, 1981.
[35] 严志达, 许以超. Lie 群及其 Lie 代数. 北京: 高等教育出版社, 1985.
[36] 赵旭安. 李群和李代数. 北京: 北京师范大学出版社, 2012.

第 4 章　正定矩阵流形的几何结构

正定矩阵流形在统计推断、信号处理、图像处理、最优控制等领域都有重要的应用[5,6,21–24,30,33,41–44,48–50]. 特别地, 由于多元正态分布的协方差矩阵是正定的, 对于正定矩阵流形蕴含的几何性质的刻画有助于多元统计的研究[35,45]. 本章介绍由正定矩阵全体所构成的正定矩阵流形的几何结构, 分别在其上定义了三种黎曼度量: 仿射不变度量、对数欧氏度量以及 Wasserstein 度量, 给出相应的测地距离、曲率、黎曼梯度以及几何平均值等结果.

4.1　正定矩阵流形 $SPD(n)$

本节首先通过矩阵指数介绍实对称矩阵流形 $Sym(n)$ 与正定矩阵流形 $SPD(n)$ 之间的关系, 之后证明 $SPD(n)$ 是 $Sym(n)$ 的开子流形, 而矩阵指数映射 exp 作为两者之间的双射, 成为两个流形之间的光滑同胚, 该映射与矩阵对数映射 log 将用于构造正定矩阵流形上的对数欧氏度量[2,3,7,8,12–15,20].

定义 80　*n 阶实对称正定矩阵全体构成的流形 $SPD(n)$ 称为正定矩阵流形. n 阶实对称矩阵全体构成的流形记为 $Sym(n)$.*

命题 40　*对于任意的 $B \in Sym(n)$, 有 $\exp(B) \in SPD(n)$. 反之, 对于任意的 $A \in SPD(n)$, 存在唯一的 $B \in Sym(n)$ 使得 $A = \exp(B)$.*

证明　一方面, 对于任意的 $B \in Sym(n)$, 由矩阵指数的性质, 有

$$(\exp(B))^{\mathrm{T}} = \exp\left(B^{\mathrm{T}}\right) = \exp(B),$$

即 $\exp(B)$ 对称. 由于 B 是实对称矩阵, 故 B 的特征值 $\lambda_1, \lambda_2, \cdots, \lambda_n$ 均为实数且 $\exp(B)$ 的特征值为 $e^{\lambda_1}, e^{\lambda_2}, \cdots, e^{\lambda_n}$. 因此 $\exp(B)$ 的特征值均为正, 故 $\exp(B)$ 正定.

反之, 对于任意的 $A \in SPD(n)$, 首先证明存在 $B \in Sym(n)$, 满足 $A = \exp(B)$. 因为 A 是正定矩阵, 则有 $A = Q\Lambda Q^{\mathrm{T}}$, 其中 $Q \in O(n)$, Λ 是对角矩阵, 其元素 $\lambda_i > 0 (i = 1, \cdots, n)$ 为 A 的特征值. 令 $L = \operatorname{diag}\big(\log\lambda_1, \log\lambda_2, \cdots, \log\lambda_n\big)$, 显然 $\exp(L) = \Lambda$. 令 $B = QLQ^{\mathrm{T}} (= QLQ^{-1}) \in Sym(n)$, 则

$$\exp(B) = \exp\left(QLQ^{-1}\right) = Q\exp(L)Q^{-1} = Q\Lambda Q^{\mathrm{T}} = A,$$

存在性得证.

现在证明唯一性, 即证明如果 $B_1, B_2 \in Sym(n)$ 且 $\exp(B_1) = \exp(B_2) = A$, 则 $B_1 = B_2$. 记 $u_1, u_2, \cdots, u_n$ 为 B_1 的一组正交特征向量, $\mu_1, \mu_2, \cdots, \mu_n$ 为与之对应的特征值, $v_1, v_1, \cdots, v_n$ 为 B_2 的一组正交特征向量. 取 B_2 的任一特征值 μ, $v = v_i$ 为与之对应的特征向量, 可以将 v 写成 $v = \sum\limits_{i=1}^{n} \alpha_i u_i$ 的形式.

由于 $A = \exp(B_2)$, 故 e^{μ} 是 A 的特征值, v 是与之对应的特征向量, 即

$$Av = e^{\mu} v = e^{\mu} \sum_{i=1}^{n} \alpha_i u_i. \tag{4.1}$$

注意到

$$Av = A \sum_{i=1}^{n} \alpha_i u_i = \sum_{i=1}^{n} \alpha_i A u_i,$$

由于 $A = \exp(B_1)$, 故 e^{μ_i} 是 A 的特征值, u_i 是与之对应的特征向量, 即

$$Au_i = e^{\mu_i} u_i, \quad i = 1, 2, \cdots, n,$$

故有

$$Av = \sum_{i=1}^{n} \alpha_i A u_i = \sum_{i=1}^{n} e^{\mu_i} \alpha_i u_i. \tag{4.2}$$

由于 $u_1,u_2,\cdots,u_n$ 是 $\mathbb{R}^n$ 的一组基底, 对比 (4.1) 和 (4.2) 可以看出, 若 $\mu_i \neq \mu$, 则 $\alpha_i = 0$. 定义指标集 $I = \{i \mid \mu_i = \mu,\ i = 1,2,\cdots,n\}$, 由 $v = \sum\limits_{i \in I} \alpha_i u_i$, 有

$$B_1 v = B_1 \sum_{i \in I} \alpha_i u_i = \sum_{i \in I} \alpha_i B_1 u_i = \sum_{i \in I} \alpha_i \mu_i u_i = \mu \sum_{i \in I} \alpha_i u_i = \mu v,$$

注意到 $B_2 v = \mu v$, 则有

$$B_1 v = B_2 v.$$

上式对于 B_2 的所有特征向量均成立, 故 $B_1 = B_2$, 唯一性得证. □

命题 41 *$SPD(n)$ 是 $Sym(n)$ 的开子流形.*

证明 $Sym(n)$ 作为 $\dfrac{n(n+1)}{2}$ 维线性空间是一个 $\dfrac{n(n+1)}{2}$ 维流形, 只需证明 $SPD(n)$ 是 $Sym(n)$ 的开子集, 即证明对于任意的 $A \in SPD(n)$ 均为内点. 这等价于证明存在常数 $\delta > 0$, 使得对于任意的 $B \in Sym(n)$, $\|B\| \leqslant \delta$, $A + B$ 正定即可.

事实上, 任取单位向量 v, 由 Rayleigh 商内点的性质可知

$$\lambda_1 \leqslant \frac{v^{\mathrm{T}} A v}{v^{\mathrm{T}} v} \leqslant \lambda_n,$$

其中 $\lambda_1 > 0, \lambda_n > 0$ 分别是 A 的最小特征值和最大特征值. 由于

$$\left|v^{\mathrm{T}} B v\right| \leqslant \left\|v^{\mathrm{T}}\right\| \|B\| \|v\| = \|B\| \leqslant \delta,$$

故只要取 $0 < \delta < \lambda_1$, 则有

$$v^{\mathrm{T}} (A + B) v = v^{\mathrm{T}} A v + v^{\mathrm{T}} B v \geqslant \lambda_1 - \delta > 0,$$

即 $A + B$ 正定, 命题得证. □

注 32　$SPD(n)$ 上任意一点 A 处的切空间为 $T_A SPD(n) = Sym(n)$.

命题 42　矩阵指数映射 $\exp : Sym(n) \to SPD(n)$ 和矩阵对数映射 $\log : SPD(n) \to Sym(n)$ 都是光滑同胚映射.

定义 81　对于任意的 $A \in SPD(n)$, $X, Y \in T_A SPD(n) = Sym(n)$, 定义 $SPD(n)$ 上的欧氏内积

$$\langle X, Y \rangle = \mathrm{tr}(XY),$$

并且 $\|X\| = \sqrt{\mathrm{tr}\left(X^2\right)}$.

4.2　$SPD(n)$ 上的仿射不变度量

定义 82　对于任意的 $A \in SPD(n)$, $X, Y \in T_A SPD(n)$, 定义仿射不变度量

$$\langle X, Y \rangle_A = \mathrm{tr}\left(A^{-1} X A^{-1} Y\right). \tag{4.3}$$

由定义有

$$\|X\|_A = \sqrt{\langle X, X \rangle_A} = \sqrt{\mathrm{tr}\left(\left(A^{-1} X\right)^2\right)} = \|A^{-1} X\|.$$

命题 43　$SPD(n)$ 上的仿射不变度量是黎曼度量.

证明　对于任意的 $A \in SPD(n)$, $X, Y \in T_A SPD(n)$, 可以证明其满足以下性质:

对称性　$\langle X, Y \rangle = \langle Y, X \rangle$. 由 $\mathrm{tr}(AB) = \mathrm{tr}(BA)$ 可知对称性成立.

正定性　$\langle X, X \rangle_A = \mathrm{tr}\left(A^{-1} X A^{-1} X\right) = \mathrm{tr}\left(\left(A^{-\frac{1}{2}} X A^{-\frac{1}{2}}\right)^2\right) \geqslant 0$, 等号成立当且仅当 $A^{-\frac{1}{2}} X A^{-\frac{1}{2}} = 0$, 而 $A^{-\frac{1}{2}}$ 正定, 故等号成立当且仅当 $X = 0$.

双线性性　由迹的线性的性质可知双线性性成立. □

定义 83　设 $C_{A,B} = \{\gamma \mid \gamma : [a, b] \to SPD(n),\ \gamma(a) = A,\ \gamma(b) = B\}$ 是由

C^2 曲线所构成的空间, $C_{A,B}$ 中曲线的长度由以下泛函定义:

$$\mathcal{L}(\gamma)=\int_a^b \|\dot{\gamma}(t)\|_{\gamma(t)}\,\mathrm{d}t=\int_a^b \left(\mathrm{tr}\left(\gamma^{-1}\dot{\gamma}\gamma^{-1}\dot{\gamma}\right)\right)^{\frac{1}{2}}\mathrm{d}t,$$

它的极值点称为测地线.

我们有如下结论[38].

定理 11 测地线 $\gamma:[a,b]\to SPD(n)$ 满足

$$\ddot{\gamma}-\dot{\gamma}\gamma^{-1}\dot{\gamma}=0,$$

而且过 $\gamma_0\in SPD(n)$, 方向为 $S\in Sym(n)=T_{\gamma_0}SPD(n)$ 的测地线方程满足

$$\gamma(t)=\gamma_0^{\frac{1}{2}}\exp\left(t\gamma_0^{-\frac{1}{2}}S\gamma_0^{-\frac{1}{2}}\right)\gamma_0^{\frac{1}{2}},\quad t\in\mathbb{R}.$$

证明 因为

$$\mathcal{L}(\gamma)=\int_a^b \|\dot{\gamma}(t)\|_{\gamma(t)}\,\mathrm{d}t=\int_a^b \left(\mathrm{tr}\left(\gamma^{-1}\dot{\gamma}\gamma^{-1}\dot{\gamma}\right)\right)^{\frac{1}{2}}\mathrm{d}t$$

的极值点与能量泛函

$$\mathcal{E}(\gamma)=\frac{1}{2}\int_a^b \|\dot{\gamma}(t)\|_{\gamma(t)}^2\,\mathrm{d}t=\frac{1}{2}\int_a^b \mathrm{tr}\left(\gamma^{-1}\dot{\gamma}\gamma^{-1}\dot{\gamma}\right)\mathrm{d}t$$

的极值点一致, 为方便起见, 利用能量泛函求极值点.

令 $L(\gamma,\dot{\gamma})=\dfrac{1}{2}\mathrm{tr}\left(\gamma^{-1}\dot{\gamma}\gamma^{-1}\dot{\gamma}\right)$, 由欧拉-拉格朗日方程可得

$$\frac{\partial L}{\partial\gamma^\alpha}-\frac{\mathrm{d}}{\mathrm{d}t}\left(\frac{\partial L}{\partial\dot{\gamma}^\alpha}\right)=0,\quad 1\leqslant\alpha\leqslant\frac{1}{2}n(n+1),$$

其中 γ^α 与 $\dot{\gamma}^\alpha$ 分别是 γ 与 $\dot{\gamma}$ 关于基底 $\{E_\alpha\}$ (对角线的元素为 1, 其余位置的元素为 0 的方阵, 或者对称位置为 1, 其余位置的元素为 0 的方阵) 的分量, 即 $\gamma=\gamma^\alpha E_\alpha$, $\dot{\gamma}=\dot{\gamma}^\alpha E_\alpha$. 注意到

$$\frac{\partial\gamma}{\partial\gamma^\alpha}=E_\alpha,\quad \frac{\partial\gamma^{-1}}{\partial\gamma^\alpha}=-\gamma^{-1}\frac{\partial\gamma}{\partial\gamma^\alpha}\gamma^{-1}=-\gamma^{-1}E_\alpha\gamma^{-1},$$

我们有

$$\begin{aligned}\frac{\partial L}{\partial\gamma^\alpha}&=\frac{1}{2}\frac{\partial}{\partial\gamma^\alpha}\mathrm{tr}\left(\gamma^{-1}\dot{\gamma}\gamma^{-1}\dot{\gamma}\right)\\&=\frac{1}{2}\mathrm{tr}\left(\frac{\partial\gamma^{-1}}{\partial\gamma^\alpha}\dot{\gamma}\gamma^{-1}\dot{\gamma}+\gamma^{-1}\dot{\gamma}\frac{\partial\gamma^{-1}}{\partial\gamma^\alpha}\dot{\gamma}\right)\\&=\frac{1}{2}\mathrm{tr}\left(-\gamma^{-1}E_\alpha\gamma^{-1}\dot{\gamma}\gamma^{-1}\dot{\gamma}+\gamma^{-1}\dot{\gamma}(-\gamma^{-1}E_\alpha\gamma^{-1})\dot{\gamma}\right)\end{aligned}$$

$$= -\operatorname{tr}\left(\gamma^{-1}E_\alpha\gamma^{-1}\dot{\gamma}\gamma^{-1}\dot{\gamma}\right).$$

另一方面, 由于 $\dfrac{\partial\dot{\gamma}}{\partial\dot{\gamma}^\alpha}=E_\alpha$, 我们有

$$\begin{aligned}
\frac{\partial L}{\partial\dot{\gamma}^\alpha} &= \frac{1}{2}\frac{\partial}{\partial\dot{\gamma}^\alpha}\operatorname{tr}\left(\gamma^{-1}\dot{\gamma}\gamma^{-1}\dot{\gamma}\right)\\
&= \frac{1}{2}\operatorname{tr}\left(\gamma^{-1}\frac{\partial\dot{\gamma}}{\partial\dot{\gamma}^\alpha}\gamma^{-1}\dot{\gamma}\right)+\frac{1}{2}\operatorname{tr}\left(\gamma^{-1}\dot{\gamma}\gamma^{-1}\frac{\partial\dot{\gamma}}{\partial\dot{\gamma}^\alpha}\right)\\
&= \operatorname{tr}\left(\gamma^{-1}\frac{\partial\dot{\gamma}}{\partial\dot{\gamma}^\alpha}\gamma^{-1}\dot{\gamma}\right)\\
&= \operatorname{tr}\left(\gamma^{-1}E_\alpha\gamma^{-1}\dot{\gamma}\right).
\end{aligned}$$

由于 E_α 与 t 无关, 以及 $\dfrac{\mathrm{d}\gamma^{-1}}{\mathrm{d}t}=-\gamma^{-1}\dot{\gamma}\gamma^{-1}$, 经计算可得

$$\begin{aligned}
\frac{\mathrm{d}}{\mathrm{d}t}\left(\frac{\partial L}{\partial\dot{\gamma}^\alpha}\right) &= \operatorname{tr}\left(\frac{\mathrm{d}\gamma^{-1}}{\mathrm{d}t}E_\alpha\gamma^{-1}\dot{\gamma}+\gamma^{-1}E_\alpha\frac{\mathrm{d}\gamma^{-1}}{\mathrm{d}t}\dot{\gamma}\right)+\operatorname{tr}\left(\gamma^{-1}E_\alpha\gamma^{-1}\ddot{\gamma}\right)\\
&= \operatorname{tr}\left(-\gamma^{-1}\dot{\gamma}\gamma^{-1}E_\alpha\gamma^{-1}\dot{\gamma}-\gamma^{-1}E_\alpha\gamma^{-1}\dot{\gamma}\gamma^{-1}\dot{\gamma}+\gamma^{-1}E_\alpha\gamma^{-1}\ddot{\gamma}\right)\\
&= \operatorname{tr}\left(-2\gamma^{-1}\dot{\gamma}\gamma^{-1}E_\alpha\gamma^{-1}\dot{\gamma}+\gamma^{-1}E_\alpha\gamma^{-1}\ddot{\gamma}\right)\\
&= \operatorname{tr}\left(-2\gamma^{-1}\dot{\gamma}\gamma^{-1}\dot{\gamma}\gamma^{-1}E_\alpha+\gamma^{-1}\ddot{\gamma}\gamma^{-1}E_\alpha\right).
\end{aligned}$$

于是, 由 $\dfrac{\partial L}{\partial\gamma^\alpha}-\dfrac{\mathrm{d}}{\mathrm{d}t}\left(\dfrac{\partial L}{\partial\dot{\gamma}^\alpha}\right)=0$ 可得

$$\operatorname{tr}\left(\gamma^{-1}\ddot{\gamma}\gamma^{-1}E_\alpha-\gamma^{-1}\dot{\gamma}\gamma^{-1}\dot{\gamma}\gamma^{-1}E_\alpha\right)=0,$$

即

$$\operatorname{tr}\left(\gamma^{-1}(\ddot{\gamma}-\dot{\gamma}\gamma^{-1}\dot{\gamma})\gamma^{-1}E_\alpha\right)=0.$$

于是有

$$g_\gamma\left(\ddot{\gamma}-\dot{\gamma}\gamma^{-1}\dot{\gamma},E_\alpha\right)=0,$$

这意味着

$$\ddot{\gamma}-\dot{\gamma}\gamma^{-1}\dot{\gamma}=0,$$

即

$$\frac{\mathrm{d}}{\mathrm{d}t}\left(\gamma^{-1}\dot{\gamma}\right)=0. \tag{4.4}$$

由 (4.4), 设 $\dot{\gamma}=\gamma(t)C$, 其中 C 为 n 阶常矩阵, 上面方程的解为 $\gamma(t)=D\exp(tC)$, 其中 D 为 $GL(n,\mathbb{R})$ 中的 n 阶常矩阵. 由于 $\gamma(t)$ 对称, 我们

有 $D\exp(tC)=\exp\left(tC^{\mathrm{T}}\right)D^{\mathrm{T}}$, 令 $t=0$ 可得 $D^{\mathrm{T}}=D$. 另一方面, 对 $D\exp(tC)=\exp\left(tC^{\mathrm{T}}\right)D^{\mathrm{T}}$ 关于 t 求导数并令 $t=0$, 可得 $DC=(DC)^{\mathrm{T}}$. 于是当 $D=P^{\mathrm{T}}P$, $C=P^{-1}MP$, $P\in GL(n,\mathbb{R})$, $M\in Sym(n)$ 时, 我们有

$$\gamma(t)=P^{\mathrm{T}}P\exp\left(tP^{-1}MP\right)=P^{\mathrm{T}}PP^{-1}\exp(tM)P=P^{\mathrm{T}}\exp(tM)P.$$

再看初始条件, $\gamma(0)=\gamma_0\in SPD(n)$, $\gamma_0=P^{\mathrm{T}}P$, 取 $P=\gamma_0^{\frac{1}{2}}$, $\dot{\gamma}(0)=P^{\mathrm{T}}MP=\gamma_0^{\frac{1}{2}}M\gamma_0^{\frac{1}{2}}:=S$, 则 $M=\gamma_0^{-\frac{1}{2}}S\gamma_0^{-\frac{1}{2}}$, 于是得到

$$\gamma(t)=\gamma_0^{\frac{1}{2}}\exp\left(t\gamma_0^{-\frac{1}{2}}S\gamma_0^{-\frac{1}{2}}\right)\gamma_0^{\frac{1}{2}}.$$

□

注 33　由上述测地线的表达式, 我们给出经过$t=0$, $t=1$的测地线方程. 令

$$\gamma(0)=\gamma_0,\quad \gamma(1)=\gamma_0^{\frac{1}{2}}\exp\left(\gamma_0^{-\frac{1}{2}}S\gamma_0^{-\frac{1}{2}}\right)\gamma_0^{\frac{1}{2}},$$

取 $\gamma(0)=\gamma_0=A$, $\gamma(1)=B$, 可得

$$S=\gamma_0^{\frac{1}{2}}\log\left(\gamma_0^{-\frac{1}{2}}B\gamma_0^{-\frac{1}{2}}\right)\gamma_0^{\frac{1}{2}}=A^{\frac{1}{2}}\log\left(A^{-\frac{1}{2}}BA^{-\frac{1}{2}}\right)A^{\frac{1}{2}}.$$

所以过 A, B 两点的测地线方程为

$$\begin{aligned}\gamma_{A,B}(t)&=A^{\frac{1}{2}}\exp\left(tA^{-\frac{1}{2}}A^{\frac{1}{2}}\log\left(A^{-\frac{1}{2}}BA^{-\frac{1}{2}}\right)A^{\frac{1}{2}}A^{-\frac{1}{2}}\right)A^{\frac{1}{2}}\\&=A^{\frac{1}{2}}\exp\left(t\log\left(A^{-\frac{1}{2}}BA^{-\frac{1}{2}}\right)\right)A^{\frac{1}{2}}\\&=A^{\frac{1}{2}}\left(A^{-\frac{1}{2}}BA^{-\frac{1}{2}}\right)^tA^{\frac{1}{2}}.\end{aligned}$$

注 34　我们也可以直接对能量泛函求变分, 来获得测地线满足的方程. 事实上, 利用 $\delta\gamma(0)=\delta\gamma(1)=0$, 经计算可得

$$\delta\mathcal{E}(\gamma)=\int_0^1\left\langle\gamma^{-1}\dot{\gamma}\gamma^{-1}\dot{\gamma}\gamma^{-1}-\gamma^{-1}\ddot{\gamma}\gamma^{-1},\delta\gamma\right\rangle.$$

令 $\delta\mathcal{E}(\gamma)=0$, 由于 $\delta\gamma\in T_ASPD(n)$, 则

$$\gamma^{-1}\dot{\gamma}\gamma^{-1}\dot{\gamma}\gamma^{-1}-\gamma^{-1}\ddot{\gamma}\gamma^{-1}\in N_ASPD(n),$$

其中 $N_ASPD(n)=\left\{S\in M(n,\mathbb{R})\mid S^{\mathrm{T}}=-S\right\}$ 是法空间, 满足

$$N_ASPD(n)=\left\{S\mid\operatorname{tr}\left(S^{\mathrm{T}}X\right)=0,\ X\in T_ASPD(n)\right\}.$$

设

$$\gamma^{-1}\dot{\gamma}\gamma^{-1}\dot{\gamma}\gamma^{-1}-\gamma^{-1}\ddot{\gamma}\gamma^{-1}=S,$$

注意到 $S^{\mathrm{T}}=-S$, 由上式可得 $S=0$. 于是得到

$$\gamma^{-1}\dot{\gamma}\gamma^{-1}\dot{\gamma}\gamma^{-1}-\gamma^{-1}\ddot{\gamma}\gamma^{-1}=0,$$

即

$$\ddot{\gamma} - \dot{\gamma}\gamma^{-1}\dot{\gamma} = 0.$$

命题 44 设 A, B 为正定矩阵流形 $SPD(n)$ 上的任意两点, 则 A, B 之间的测地距离满足

$$d(A,B) = \sqrt{\operatorname{tr}\left(\log^2\left(A^{-\frac{1}{2}}BA^{-\frac{1}{2}}\right)\right)} = \sqrt{\sum_{i=1}^{n} \log^2 \lambda_i\left(A^{-\frac{1}{2}}BA^{-\frac{1}{2}}\right)}, \tag{4.5}$$

其中 $\lambda_i\left(A^{-\frac{1}{2}}BA^{-\frac{1}{2}}\right)$ $(i = 1, 2, \cdots, n)$ 表示矩阵 $A^{-\frac{1}{2}}BA^{-\frac{1}{2}}$ 的特征值.

事实上, 设连接 $A, B \in SPD(n)$ 两点的测地线为

$$\gamma_{A,B}(t) = A^{\frac{1}{2}}\left(A^{-\frac{1}{2}}BA^{-\frac{1}{2}}\right)^t A^{\frac{1}{2}},$$

于是, 它的长度表示为

$$\int_0^1 \|\dot{\gamma}(t)\|_{\gamma(t)}\, \mathrm{d}t = \int_0^1 \langle\dot{\gamma}(t), \dot{\gamma}(t)\rangle_{\gamma(t)}^{\frac{1}{2}}\, \mathrm{d}t.$$

既然

$$\langle\dot{\gamma}(t), \dot{\gamma}(t)\rangle_{\gamma(t)} = \left\langle\gamma^{-1}(t)\dot{\gamma}(t), \gamma^{-1}(t)\dot{\gamma}(t)\right\rangle_I = \operatorname{tr}\left(\gamma^{-1}(t)\dot{\gamma}(t)\right)^2,$$

$$\gamma^{-1}(t) = A^{-\frac{1}{2}}\left(A^{-\frac{1}{2}}BA^{-\frac{1}{2}}\right)^{-t} A^{-\frac{1}{2}},$$

$$\dot{\gamma}(t) = A^{\frac{1}{2}}\left(A^{-\frac{1}{2}}BA^{-\frac{1}{2}}\right)^{\mathrm{T}} \log\left(A^{-\frac{1}{2}}BA^{-\frac{1}{2}}\right)A^{\frac{1}{2}},$$

经计算可得

$$\left(\gamma^{-1}(t)\dot{\gamma}(t)\right)^2 = A^{-\frac{1}{2}}\left(\log\left(A^{-\frac{1}{2}}BA^{-\frac{1}{2}}\right)\right)^2 A^{\frac{1}{2}}.$$

于是得到

$$\operatorname{tr}\left(\gamma^{-1}(t)\dot{\gamma}(t)\right)^2 = \operatorname{tr}\left(A^{-\frac{1}{2}}\left(\log\left(A^{-\frac{1}{2}}BA^{-\frac{1}{2}}\right)\right)^2 A^{\frac{1}{2}}\right) = \operatorname{tr}\left(\log\left(A^{-\frac{1}{2}}BA^{-\frac{1}{2}}\right)\right)^2.$$

因此,

$$\begin{aligned}\int_0^1 \langle\dot{\gamma}(t), \dot{\gamma}(t)\rangle_{\gamma(t)}^{\frac{1}{2}}\, \mathrm{d}t &= \int_0^1 \left(\operatorname{tr}\left(\log\left(A^{-\frac{1}{2}}BA^{-\frac{1}{2}}\right)\right)^2\right)^{\frac{1}{2}} \mathrm{d}t \\ &= \left(\operatorname{tr}\left(\log^2\left(A^{-\frac{1}{2}}BA^{-\frac{1}{2}}\right)\right)\right)^{\frac{1}{2}}.\end{aligned}$$

从而得到

$$d(A,B) = \sqrt{\operatorname{tr}\left(\log\left(A^{-\frac{1}{2}}BA^{-\frac{1}{2}}\right)\right)^2} = \sqrt{\sum_i \log^2 \lambda_i\left(A^{-\frac{1}{2}}BA^{-\frac{1}{2}}\right)}.$$

下面利用指数映射和对数映射的关系给出测地距离的表达式.

命题 45 设 $A,B\in SPD(n)$, 对数映射 $\log_A: SPD(n)\to T_ASPD(n)$, $X=\log_A B=A^{\frac{1}{2}}\log\left(A^{-\frac{1}{2}}BA^{-\frac{1}{2}}\right)A^{\frac{1}{2}}$, 测地距离 $d(A,B)=\|X\|_A$, 则

$$d(A,B)=\|\log_A B\|_A=\sqrt{\operatorname{tr}\left(\log^2\left(A^{-\frac{1}{2}}BA^{-\frac{1}{2}}\right)\right)}.$$

事实上, 我们有

$$\begin{aligned}
d^2(A,B)&=\|X\|_A^2\\
&=\|\log_A B\|_A^2\\
&=\operatorname{tr}\left(A^{-1}\log_A BA^{-1}\log_A B\right)\\
&=\operatorname{tr}\big(A^{-1}A^{\frac{1}{2}}\log\big(A^{-\frac{1}{2}}BA^{-\frac{1}{2}}\big)A^{\frac{1}{2}}A^{-1}A^{\frac{1}{2}}\log\big(A^{-\frac{1}{2}}BA^{-\frac{1}{2}}\big)A^{\frac{1}{2}}\big)\\
&=\operatorname{tr}\big(A^{-\frac{1}{2}}\log^2\big(A^{-\frac{1}{2}}BA^{-\frac{1}{2}}\big)A^{\frac{1}{2}}\big)\\
&=\operatorname{tr}\big(\log^2\big(A^{-\frac{1}{2}}BA^{-\frac{1}{2}}\big)\big).
\end{aligned}$$

命题 46 对于任意的 $A,B,C\in SPD(n)$, 测地距离满足如下性质:

1. $d(A,B)\geqslant 0$, 而且等号成立当且仅当 $A=B$;
2. $d(A,B)=d(B,A)$;
3. $d(A,C)\leqslant d(A,B)+d(B,C)$;
4. $d(A,B)=d\left(PAP^{\mathrm{T}},PBP^{\mathrm{T}}\right)$, $P\in GL(n,\mathbb{R})$;
5. $d(A,B)=d\left(A^{-1},B^{-1}\right)$;
6. $d(A,B)=d\big(I,A^{-\frac{1}{2}}BA^{-\frac{1}{2}}\big)$.

事实上, 注意到 $A^{-1}B=A^{-\frac{1}{2}}A^{-\frac{1}{2}}BA^{-\frac{1}{2}}A^{\frac{1}{2}}$, 以及

$$\log\big(A^{-1}B\big)=\log\big(A^{-\frac{1}{2}}A^{-\frac{1}{2}}BA^{-\frac{1}{2}}A^{\frac{1}{2}}\big)=A^{-\frac{1}{2}}\log\big(A^{-\frac{1}{2}}BA^{-\frac{1}{2}}\big)A^{\frac{1}{2}},$$

可得

$$d(A,B)=\big\|\log(A^{-1}B)\big\|=\big(\operatorname{tr}\big(\log^2\big(A^{-\frac{1}{2}}BA^{-\frac{1}{2}}\big)\big)\big)^{\frac{1}{2}}.$$

显然 $d(A,B)\geqslant 0$ 而且等号成立当且仅当 $\log\left(A^{-1}B\right)=0$, 即 $A^{-1}B=I$, $A=B$. 下面证明 2 成立. 设 $A^{-1}BX=\lambda_{(A^{-1}B)}X$, 其中 $\lambda_{(A^{-1}B)}$ 表示 $A^{-1}B$ 的特征值, X 为相应的特征向量. 由于

$$X=\left(A^{-1}B\right)^{-1}\left(A^{-1}B\right)X=\lambda_{(A^{-1}B)}\left(A^{-1}B\right)^{-1}X,$$

可知 $\left(A^{-1}B\right)^{-1}=B^{-1}A$ 的特征值 $\lambda_{(B^{-1}A)}=\lambda_{(A^{-1}B)}^{-1}$. 于是

$$\begin{aligned}
d(B,A)&=\left\|\log\left(B^{-1}A\right)\right\|\\
&=\left(\sum_{i=1}^{n}\log^2\lambda_{i(B^{-1}A)}\right)^{\frac{1}{2}}
\end{aligned}$$

$$
\begin{aligned}
&= \left(\sum_{i=1}^{n} \left(\log\left(\lambda_{i(A^{-1}B)}^{-1}\right)\right)^2\right)^{\frac{1}{2}} \\
&= \left(\sum_{i=1}^{n} \left(-\log\left(\lambda_{i(A^{-1}B)}\right)\right)^2\right)^{\frac{1}{2}} \\
&= \left(\sum_{i=1}^{n} \left(\log^2 \lambda_{i(A^{-1}B)}\right)\right)^{\frac{1}{2}} \\
&= d(A, B).
\end{aligned}
$$

至于 3, 由测地距离的定义可知 $d(A,C) \leqslant d(A,B) + d(B,C)$.

对于任意的 $P \in GL(n, \mathbb{R})$, 由于

$$
\begin{aligned}
d\left(P^{\mathrm{T}}AP, P^{\mathrm{T}}BP\right) &= \left\|\log\left(\left(P^{\mathrm{T}}AP\right)^{-1}\left(P^{\mathrm{T}}BP\right)\right)\right\| \\
&= \left\|\log\left(P^{-1}A^{-1}\left(P^{\mathrm{T}}\right)^{-1}P^{\mathrm{T}}BP\right)\right\| \\
&= \left\|\log\left(P^{-1}A^{-1}BP\right)\right\| \\
&= \left\|P^{-1}\log\left(A^{-1}B\right)P\right\| \\
&= \left\|\log\left(A^{-1}B\right)\right\| \\
&= d(A, B).
\end{aligned}
$$

这证明了 4. 下面证明 5. 事实上, 因为

$$
\begin{aligned}
d\left(A^{-1}, B^{-1}\right) &= \left\|\log\left(\left(A^{-1}\right)^{-1}(B)^{-1}\right)\right\| \\
&= \left\|\log\left(AB^{-1}\right)\right\| \\
&= \left\|\log\left(BB^{-1}AB^{-1}\right)\right\| \\
&= \left\|\log\left(B^{-1}A\right)\right\| \\
&= d(B, A) \\
&= d(A, B),
\end{aligned}
$$

这意味着 A^{-1} 与 B^{-1} 之间的距离等于 A 与 B 之间的距离.

最后证明 6. 显然有

$$
\begin{aligned}
d\left(I, A^{-\frac{1}{2}}BA^{-\frac{1}{2}}\right) &= \left\|\log\left(I^{-1}\left(A^{-\frac{1}{2}}BA^{-\frac{1}{2}}\right)\right)\right\| \\
&= \left\|\log\left(A^{-\frac{1}{2}}BA^{-\frac{1}{2}}\right)\right\|
\end{aligned}
$$

$$= d(A, B).$$

这证明了 A 与 B 之间的距离等于单位矩阵 I 到 $A^{-\frac{1}{2}}BA^{-\frac{1}{2}}$ 之间的距离.

注 35 从文献 [45] 可知, 对于任意的 $X, Y \in T_A SPD(n)$, $A \in SPD(n)$, 关于仿射不变度量诱导的黎曼联络 ∇ 满足

$$\nabla_X Y = \nabla_Y X = -\frac{1}{2}\left(XA^{-1}Y + YA^{-1}X\right). \tag{4.6}$$

而且, 由 (4.6) 可得曲率张量满足

$$R(X, Y, Z, W) = \frac{1}{4}\operatorname{tr}\left(YA^{-1}XA^{-1}ZA^{-1}WA^{-1} - XA^{-1}YA^{-1}ZA^{-1}WA^{-1}\right), \tag{4.7}$$

其中 $X, Y, Z, W \in T_A SPD(n)$. 进一步地, 由 (4.7), 经计算可知 $SPD(n)$ 在仿射不变度量下的截面曲率位于 $-\dfrac{1}{2}$ 与 0 之间.

命题 47 设 $f : SPD(n) \to \mathbb{R}$ 是光滑函数, 则在仿射不变度量下, f 在 $A \in SPD(n)$ 处的黎曼梯度满足

$$\operatorname{grad} f(A) = A\frac{\partial f(A)}{\partial A}A.$$

证明 对于任意的 $X \in T_A SPD(n)$, 我们有

$$\langle \operatorname{grad} f(A), X\rangle_A = \operatorname{tr}\left(A^{-1}\operatorname{grad} f(A)A^{-1}X\right) = \left\langle \frac{\partial f(A)}{\partial A}, X\right\rangle.$$

由此得到

$$A^{-1}\operatorname{grad} f(A)A^{-1} = \frac{\partial f(A)}{\partial A},$$

即

$$\operatorname{grad} f(A) = A\frac{\partial f(A)}{\partial A}A. \qquad \square$$

4.3 $SPD(n)$ 上的对数欧氏度量

为方便起见, 我们把作为黎曼流形上的指数映射、对数映射以及作为李群上的指数映射、对数映射均分别记为 exp 以及 log. 通过指数映射 $\exp : Sym(n) \to SPD(n)$ 以及对数映射 $\log : SPD(n) \to Sym(n)$ 可以在 $SPD(n)$ 上定义一个可交换的李群结构, 使得 $SPD(n)$ 成为阿贝尔李群, 其李代数即为 $Sym(n)$. 该部分的具体细节可参见文献 [9, 15, 17, 18, 27].

定义 84　对于任意的 $A, B \in SPD(n)$, 定义乘法运算 $\odot$ 如下:

$$A \odot B = \exp\left(\log(A) + \log(B)\right).$$

命题 48　对于任意的 $A, B \in SPD(n)$, 当 $AB = BA$ 时, $A \odot B = AB$.

证明　当 $AB = BA$ 时, A, B 可同时对角化, 即存在非退化矩阵 Q 使得

$$A = Q\Lambda_1 Q^{-1}, \quad B = Q\Lambda_2 Q^{-1},$$

其中 $\Lambda_1 = \mathrm{diag}\left(\lambda_1, \lambda_2, \cdots, \lambda_n\right)$, $\Lambda_2 = \mathrm{diag}\left(\mu_1, \mu_2, \cdots, \mu_n\right)$, $\lambda_i, \mu_i > 0$ $(i = 1, 2, \cdots, n)$ 分别为 A, B 的特征值. 定义对角矩阵

$$L_1 = \mathrm{diag}\left(\log\left(\lambda_1\right), \log\left(\lambda_2\right), \cdots, \log\left(\lambda_n\right)\right),$$

$$L_2 = \mathrm{diag}\left(\log\left(\mu_1\right), \log\left(\mu_2\right), \cdots, \log\left(\mu_n\right)\right).$$

令 $A_1 = QL_1Q^{-1}$, $B_1 = QL_2Q^{-1}$, 则有

$$\exp\left(A_1\right) = A, \quad \exp\left(B_1\right) = B, \quad A_1, B_1 \in Sym(n),$$

故有

$$A_1 = \log(A), \quad B_1 = \log(B).$$

于是

$$\begin{aligned} A_1B_1 &= QL_1Q^{-1}QL_2Q^{-1} = QL_1L_2Q^{-1} \\ &= QL_2L_1Q^{-1} = QL_2Q^{-1}QL_1Q^{-1} = B_1A_1, \end{aligned}$$

即 A_1, B_1 可交换, 进而由矩阵指数的性质可知

$$\begin{aligned} A \odot B &= \exp\left(\log(A) + \log(B)\right) = \exp\left(A_1 + B_1\right) \\ &= \exp\left(A_1\right)\exp\left(B_1\right) = AB. \end{aligned}$$

□

命题 49　$(SPD(n), I, \odot)$ 是阿贝尔李群.

证明　首先验证 $SPD(n)$ 在乘法运算 $\odot$ 下成为群. 对于任意的 $A, B \in SPD(n)$, 由定义可知 $A \odot B \in SPD(n)$, 即关于乘法运算封闭. 对于任意的 $A, B \in SPD(n)$, 因为

$$A \odot B = \exp\left(\log(A) + \log(B)\right) = \exp\left(\log(B) + \log(A)\right) = B \odot A,$$

所以关于乘法运算 $\odot$ 具有交换性. 于是, 对于任意的 $A \in SPD(n)$, 利用交换性有

$$A \odot I = I \odot A = \exp\left(\log(I) + \log(A)\right) = A,$$

即 I 是单位元. 进而, 对于任意的 $A \in SPD(n)$, 利用交换性可得

$$A \odot A^{-1} = A^{-1} \odot A = \exp\left(\log(A^{-1}) + \log(A)\right) = \exp(0) = I,$$

所以 A^{-1} 是元素 A 的逆元. 于是 $(SPD(n), I, \odot)$ 是一个阿贝尔群.

进一步地, 定义

$$
\begin{aligned}
&SPD(n) \times SPD(n) \to SPD(n), \\
&(A, B) \mapsto A \odot B^{-1} = \exp\left(\log(A) + \log\left(B^{-1}\right)\right) = \exp\left(\log(A) - \log(B)\right),
\end{aligned}
$$

由于 exp, log 以及矩阵求逆运算均光滑, 因此 $(SPD(n), I, \odot)$ 是阿贝尔李群. □

由于 $(SPD(n), I, \odot)$ 是阿贝尔李群, 由命题 27, 我们有如下命题.

命题 50 对于阿贝尔李群 $(SPD(n), I, \odot)$, 有 $\mathrm{Ad}(SPD(n)) = \{\mathrm{id}_{SPD(n)}\}$, 从而有

$$\langle \mathrm{Ad}(A)X, \mathrm{Ad}(A)Y \rangle = \langle X, Y \rangle, \quad A \in SPD(n), \quad X, Y \in Sym(n).$$

而且由命题 26 可知, $SPD(n)$ 上存在双不变度量.

引理 1 对于任意的带有双不变度量的李群 G, 设其李代数为 $\mathfrak{g}$, 则经过单位元 e 处的测地线是左不变向量场的积分曲线

$$t \mapsto \exp_g(tu), \quad u \in \mathfrak{g}, \ g \in G,$$

其中 $\exp_g$ 表示李群 G 的指数映射.

命题 51 $SPD(n)$ 赋予由 $Sym(n)$ 上内积诱导的双不变度量, 则经过 $A \in SPD(n)$, 以 $Y \in T_A SPD(n)$ 为方向的测地线满足

$$\gamma(t) = \exp\left(\log(A) + t\left(\mathrm{dlog}_A(Y)\right)\right). \tag{4.8}$$

证明 对于阿贝尔李群 $(SPD(n), I, \odot)$ 由于带有双不变度量的李群上的测地线是通过对单位元处测地线左 (或右) 移动得到的, 故经过 $A \in SPD(n)$ 点的测地线可以写成如下形式

$$\gamma(t) = A \odot \exp(tX), \quad X \in Sym(n),$$

于是可得

$$\gamma(t) = \exp\left(\log(A) + tX\right), \tag{4.9}$$

进而有

$$\dot\gamma(0) = \mathrm{dexp}_{\log(A)}(X),$$

即测地线经过 $\gamma(0) = A$, 方向为 $\dot\gamma(0) = \mathrm{dexp}_{\log(A)}(X)$.

由于作为黎曼流形 $SPD(n)$ 上的指数映射 exp 满足

$$\exp_A(Y) = \gamma_Y(1),$$

其中 γ_Y 是满足 $\gamma_Y(0) = A, \dot{\gamma}_Y(0) = Y$ 的测地线, 则有

$$\mathrm{dexp}_{\log A}(X) = Y.$$

由于 $\exp : Sym(n) \to SPD(n)$ 是光滑同胚, 故 dexp 的逆映射存在, 注意到

$$\mathrm{dexp} \circ \mathrm{dlog} = \mathrm{id},$$

故有

$$X = (\mathrm{dexp}_{\log(A)})^{-1}(Y) = \mathrm{dlog}_A(Y). \tag{4.10}$$

将 (4.10) 代入 (4.9) 得到测地线方程 (4.8). □

命题 52 设 $SPD(n)$ 赋予由 $Sym(n)$ 上内积诱导的双不变度量, 则在 $A \in SPD(n)$ 处的指数映射为

$$\exp_A(B) = \mathrm{dexp}_{\log(A)}(\log(B) - \log(A)), \quad B \in SPD(n).$$

证明 由前面的命题 51 可知, 对于任意的 $A \in SPD(n), X \in T_A SPD(n)$, 有

$$\exp_A(X) = \gamma_X(1) = \exp(\log(A) + (\mathrm{dlog}_A(X))),$$

另一方面, 记 $\log_A(B) = X$, 则

$$B = \exp_A(X) = \exp(\log(A) + \mathrm{dlog}_A(X)),$$

由上式可得

$$X = (\mathrm{dlog}_A)^{-1}(\log(B) - \log(A)) = \mathrm{dexp}_{\log(A)}(\log(B) - \log(A)).$$ □

命题 53 $SPD(n)$ 上双不变度量的显式表达为

$$\langle X, Y \rangle_A = \langle \mathrm{dlog}_A(X), \mathrm{dlog}_A(Y) \rangle, \tag{4.11}$$

其中 $A \in SPD(n)$, $X, Y \in Sym(n)$, 该度量称作 $SPD(n)$ 上的对数欧氏度量. 在该度量下, $SPD(n)$ 上任意两点 A, B 之间的测地距离为

$$d(A, B) = \|\log(B) - \log(A)\|, \tag{4.12}$$

其中 $\|\cdot\|$ 为 $Sym(n)$ 中的欧氏内积诱导的范数.

证明 由左不变度量的定义可知, 对于任意的 $A \in SPD(n), X, Y \in Sym(n)$, 有

$$\langle X, Y \rangle_A = \langle (\mathrm{d}L_{A^{-1}})_A(X), (\mathrm{d}L_{A^{-1}})_A(Y) \rangle,$$

注意到

$$\begin{aligned}(\log \circ L_{A^{-1}})(B) &= \log\left(A^{-1} \odot B\right) \\ &= \log\left(\exp\left(\log\left(A^{-1}\right) + \log(B)\right)\right) \\ &= \log\left(A^{-1}\right) + \log(B),\end{aligned}$$

对上式两端求微分有

$$\mathrm{d}(\log \circ L_{A^{-1}})_B = \mathrm{dlog}_B\,.$$

由切映射的链式法则有

$$\mathrm{dlog}_{A^{-1}\odot B} \circ (\mathrm{d}L_{A^{-1}})_B = \mathrm{dlog}_B\,.$$

取 $B=A$, 则 $A^{-1}\odot B = I$, 进而 $\mathrm{dlog}_{A^{-1}\odot B} = \mathrm{id}$, 故

$$(\mathrm{d}L_{A^{-1}})_A = \mathrm{dlog}_A,$$

于是可得

$$\langle X, Y\rangle_A = \langle \mathrm{dlog}_A(X), \mathrm{dlog}_A(Y)\rangle\,.$$

因为带有双不变度量的李群 $SPD(n)$ 是完备的, 经过 $A, B \in SPD(n)$ 的测地线只有一条, 故连接 A, B 的测地线段长度即为 A, B 之间的测地距离. 设经过 A, B 两点的测地线为 $\gamma_{A,B}(t)$, 满足 $\gamma_{A,B}(0)=A$, $\gamma_{A,B}(1)=B$, $\dot{\gamma}_{A,B}(0)=X$, 则有

$$d(A,B) = L\left(\gamma_{A,B}\right) = \|X\|_A = \|\mathrm{dlog}_A(X)\|\,.$$

根据

$$B = \gamma(1) = \exp\left(\log(A) + \mathrm{dlog}_A(X)\right),$$

我们有

$$X = \log_A(B) = \mathrm{dexp}_{\log(A)}\left(\log(B) - \log(A)\right), \tag{4.13}$$

利用 $\mathrm{dexp}\circ\mathrm{dlog} = \mathrm{id}$, 可得

$$\begin{aligned}d(A,B) &= \|\,\mathrm{dlog}_A(X)\| \\ &= \left\|\mathrm{dlog}_A\left(\mathrm{dexp}_{\log(A)}\left(\log(B)-\log(A)\right)\right)\right\| \\ &= \left\|\left(\mathrm{dlog}_A \circ \mathrm{dexp}_{\log(A)}\right)\left(\log(B)-\log(A)\right)\right\| \\ &= \|\log(B) - \log(A)\|.\end{aligned}$$

□

将 (4.13) 代入测地线方程 (4.8) 可以得到 $\gamma(t)$ 的显式表达

$$\begin{aligned}\gamma_{A,B}(t) &= \exp\left(\log(A) + t\left(\operatorname{dlog}_A(X)\right)\right) \\ &= \exp\left(\log(A) + t\left(\log(B) - \log(A)\right)\right).\end{aligned}$$

可以验证, 获得的距离函数满足距离函数的三条公理. 事实上, 首先, 显然有 $d(A,B) \geqslant 0$, 而且等号成立当且仅当 $A = B$, 以及 $d(A,B) = d(B,A)$, 即对称性成立. 其次, 对于任意的 $A,B,C \in SPD(n)$, 由

$$\begin{aligned}d(A,C) &= \|\log(A) - \log(C)\| \\ &\leqslant \|\log(A) - \log(B)\| + \|\log(B) - \log(C)\| \\ &= d(A,B) + d(B,C)\end{aligned}$$

可知, 三角不等式成立. 除此之外, 该距离函数还满足如下的可逆不变性与相似不变性, 即

$$d\left(A^{-1}, B^{-1}\right) = d(A,B), \quad d\left(Q^{\mathrm{T}}AQ, Q^{\mathrm{T}}BQ\right) = d(A,B),$$

其中 Q 为正交矩阵, 满足 $Q^{\mathrm{T}}Q = QQ^{\mathrm{T}} = I$.

事实上, 我们有

$$\begin{aligned}d\left(A^{-1}, B^{-1}\right) &= \left\|\log(A^{-1}) - \log(B^{-1})\right\| \\ &= \|\log(A) - \log(B)\| \\ &= d(A,B).\end{aligned}$$

注意到 $\log\left(Q^{\mathrm{T}}AQ\right) = Q^{\mathrm{T}}\log(A)Q$, $\log\left(Q^{\mathrm{T}}BQ\right) = Q^{\mathrm{T}}\log(B)Q$, 以及 $\log(A) - \log(B)$ 是对称的, 我们有

$$\begin{aligned}d\left(Q^{\mathrm{T}}AQ, Q^{\mathrm{T}}BQ\right) &= \left\|\log\left(Q^{\mathrm{T}}AQ\right) - \log\left(Q^{\mathrm{T}}BQ\right)\right\| \\ &= \left\|Q^{\mathrm{T}}\left(\log(A) - \log(B)\right)Q\right\| \\ &= \|\log(A) - \log(B)\| \\ &= d(A,B).\end{aligned}$$

可以证明, 李群 $(SPD(n), I, \odot)$ 与 $SPD(n)$ 的李代数 $Sym(n)$ 等距同构, 从而 $SPD(n)$ 成为一个平坦的黎曼流形, 它的截面曲率为 0.

4.4 $SPD(n)$ 上的 Wasserstein 度量

本节构造从 $GL(n,\mathbb{R})$ 到 $SPD(n)$ 上的黎曼淹没, 将 $GL(n,\mathbb{R})$ 上每一点的切空间直和分解为竖直子空间与水平子空间, 通过 $SPD(n)$ 上每点的切空间和该点在 $GL(n,\mathbb{R})$ 中对应点切空间的水平子空间之间的等距, 得到 $SPD(n)$ 上一种黎曼度量的显式表达. 在考虑 $SPD(n)$ 上任意两点之间最短距离时, 由于 $SPD(n)$ 在此度量下并不完备, 无法通过计算测地线长度来解决, 使用水平提升将两点间最短距离转化为两点纤维上点的最短距离, 而纤维上两点距离即为普通的欧氏距离, 进而得到 $SPD(n)$ 上任意两点之间最短距离的显式表达. 令人惊奇的是, 该距离与两个零均值正态分布 (其协方差矩阵是正定矩阵) 之间的 Wasserstein 距离完全一致. 称通过黎曼淹没获得的 $SPD(n)$ 上的黎曼度量为 Wasserstein 度量, 基于 Wasserstein 度量的测地距离为 Wasserstein 距离. 该度量结构最初的想法来自 Wong 教授团队, 在此我们从几何观点重新给出该度量的构造过程, 体现纤维丛的美妙之处. 进一步地, 我们给出该度量的显式表达, 并且借助该表达式给出 $SPD(n)$ 关于 Wasserstein 度量的几何刻画[30,31,48]. 有关 Wasserstein 黎曼几何的内容可参见文献 [1, 4, 16, 29, 32, 34, 46].

4.4.1 预备知识——矩阵的平方根

由于本章会多次涉及正定矩阵以及特征值均为正的矩阵的平方根, 故首先介绍与矩阵平方根相关的结果以及在后续推导中经常使用的性质.

定理 12 *若 n 阶非退化实矩阵 A 的特征值非负, 则矩阵方程 $A = X^2$ 的解 $X \in M(n,\mathbb{R})$ 存在且唯一, 记为 $X = A^{\frac{1}{2}}$, X 称作矩阵 A 的平方根.*

该定理的详细证明可以参见文献 [19]. 特别地, 对于特征值均为正的实对称矩阵 A, 其特征值分解 $A = P^{-1}\Lambda P$, 其中 $\Lambda = \operatorname{diag}(\lambda_1, \cdots, \lambda_n)$, $\lambda_i > 0\ (i = 1, 2, \cdots, n)$ 为 A 的特征值, $P \in GL(n,\mathbb{R})$. 由于 $\left(P^{-1}\Lambda^{\frac{1}{2}}P\right)^2 = A$, 我们有 $A^{\frac{1}{2}} = P^{-1}\Lambda^{\frac{1}{2}}P$. 于是有

$$\left(P^{-1}A^{\frac{1}{2}}P\right)^2 = P^{-1}AP,$$

从而有

$$P^{-1}A^{\frac{1}{2}}P = \left(P^{-1}AP\right)^{\frac{1}{2}}. \tag{4.14}$$

在后面的计算中会多次用到 (4.14).

4.4.2 从 $GL(n,\mathbb{R})$ 到 $SPD(n)$ 的黎曼淹没

对于任意的 $A \in SPD(n)$, 考虑 A 的正交分解

$$A = Q\Lambda Q^{\mathrm{T}} = Q\Lambda^{\frac{1}{2}}\Lambda^{\frac{1}{2}}Q^{\mathrm{T}} = Q\Lambda^{\frac{1}{2}}Q^{\mathrm{T}}Q\Lambda^{\frac{1}{2}}Q^{\mathrm{T}} = \left(Q\Lambda^{\frac{1}{2}}Q^{\mathrm{T}}\right)^2, \tag{4.15}$$

其中 $Q \in O(n)$, $\Lambda = \mathrm{diag}\left(\lambda_1, \lambda_2, \cdots, \lambda_n\right)$, $\lambda_i > 0\ (i = 1, 2, \cdots, n)$ 为 A 的特征值.

由 (4.15) 可知 $A^{\frac{1}{2}} = Q\Lambda^{\frac{1}{2}}Q^{\mathrm{T}}$. 对于任意的正交矩阵 $U \in O(n)$, 令 $\widetilde{A} = A^{\frac{1}{2}}U$, 则有

$$\widetilde{A}\widetilde{A}^{\mathrm{T}} = A^{\frac{1}{2}}UU^{\mathrm{T}}A^{\frac{1}{2}} = A.$$

另外, 注意到对于任意的 n 阶实矩阵 M, MM^{T} 是半正定的. 若 M 非退化, 则 MM^{T} 正定, 故可以定义从 $GL(n,\mathbb{R})$ 到 $SPD(n)$ 的投影

$$\begin{aligned}\pi : GL(n,\mathbb{R}) &\to SPD(n),\\ \widetilde{A} &\mapsto A = \widetilde{A}\widetilde{A}^{\mathrm{T}},\ \widetilde{A} \in GL(n,\mathbb{R}).\end{aligned}$$

对于任意的 $A \in SPD(n)$,

$$\pi^{-1}(A) = \left\{\widetilde{A}\ \middle|\ \widetilde{A} = A^{\frac{1}{2}}U, U \in O(n)\right\},$$

称 $\widetilde{A}$ 为 A 的表示, $\pi^{-1}(A)$ 是 A 的纤维.

4.4.3 $GL(n,\mathbb{R})$ 上点的切空间的直和分解

本节介绍对 $GL(n,\mathbb{R})$ 上每点的切空间的直和分解. 首先回顾 $GL(n,\mathbb{R})$ 的几何结构. 在 $GL(n,\mathbb{R})$ 上定义欧氏内积

$$\langle X, Y\rangle_A = \mathrm{tr}\left(X^{\mathrm{T}}Y\right), \quad A \in GL(n,\mathbb{R}), \quad X, Y \in T_AGL(n,\mathbb{R}),$$

该内积诱导出的 $GL(n,\mathbb{R})$ Frobenius 距离为

$$d_F(A,B) = \sqrt{\mathrm{tr}\left((A-B)(A-B)^{\mathrm{T}}\right)}, \quad A, B \in GL(n,\mathbb{R}).$$

引理 2　$GL(n,\mathbb{R})$ 是 $M(n,\mathbb{R})$ 的开子集, 进而是 $M(n,\mathbb{R})$ 的开子流形, 且 $GL(n,\mathbb{R})$ 上每点的切空间为 $M(n,\mathbb{R})$.

定义 85　对于任意的 $\widetilde{A} \in GL(n,\mathbb{R})$, 定义 $\widetilde{A}$ 点的切空间 $T_{\widetilde{A}}GL(n,\mathbb{R})$ 的直和分解

$$T_{\widetilde{A}}GL(n,\mathbb{R}) = V_{\widetilde{A}} \oplus H_{\widetilde{A}},$$

其中

$$V_{\widetilde{A}} = \left\{ \widetilde{X} \in T_{\widetilde{A}}GL(n,\mathbb{R}) \;\middle|\; \mathrm{d}\pi_{\widetilde{A}}(\widetilde{X}) = 0 \right\},$$
$$H_{\widetilde{A}} = \left\{ \widetilde{Y} \in T_{\widetilde{A}}GL(n,\mathbb{R}) \;\middle|\; \langle \widetilde{X}, \widetilde{Y} \rangle_{\widetilde{A}} = 0,\ \forall \widetilde{X} \in V_{\widetilde{A}} \right\},$$

$V_{\widetilde{A}}$, $H_{\widetilde{A}}$ 分别称为竖直子空间和水平子空间.

为给出竖直子空间和水平子空间的具体表达式, 需要下面的结果.

引理 3 若对于任意的反对称矩阵 $S \in M(n,\mathbb{R})$, 都有 $\mathrm{tr}(AS) = 0$, 其中 $A \in M(n,\mathbb{R})$, 则 A 是对称矩阵.

证明 对于任意的 $B \in M(n,\mathbb{R})$, 我们有

$$\mathrm{tr}(BS) = \mathrm{tr}\left(S^{\mathrm{T}}B^{\mathrm{T}}\right) = -\,\mathrm{tr}\left(SB^{\mathrm{T}}\right) = -\,\mathrm{tr}\left(B^{\mathrm{T}}S\right),$$

即

$$\mathrm{tr}\left(\left(B + B^{\mathrm{T}}\right)S\right) = 0.$$

因此, 如果 $\mathrm{tr}(AS) = 0$, 取 $A = B + B^{\mathrm{T}}$, 则 A 对称. □

命题 54 $V_{\widetilde{A}} = \left\{ \widetilde{A}S \;\middle|\; S^{\mathrm{T}} = -S \right\}$, $H_{\widetilde{A}} = \left\{ K\widetilde{A} \;\middle|\; K^{\mathrm{T}} = K \right\}$.

证明 竖直子空间中的元素必然为 $\widetilde{A}$ 点所在纤维中经过 $\widetilde{A}$ 点的一条光滑曲线在 $\widetilde{A}$ 点处的切向量, 而 $\widetilde{A}$ 点处的纤维为

$$\pi^{-1}\left(\pi(\widetilde{A})\right) = \left\{ \widetilde{A}Q \;\middle|\; Q \in O(n) \right\},$$

故 $\widetilde{A}$ 点所在纤维中且经过 $\widetilde{A}$ 点的光滑曲线与 $O(n)$ 中经过单位元 I 的光滑曲线一一对应, 而 $O(n)$ 中经过单位元的光滑曲线的切向量全体为 n 阶反对称矩阵全体, 进而有

$$V_{\widetilde{A}} = \left\{ \widetilde{A}S \;\middle|\; S^{\mathrm{T}} = -S \right\}.$$

另一方面, 任取反对称矩阵 S, 由于

$$\left(\exp(tS)\right)^{\mathrm{T}} = \exp\left(tS^{\mathrm{T}}\right) = \exp(-tS) = \left(\exp(tS)\right)^{-1},$$

故 $\exp(tS) \in O(n)$, 因此

$$\gamma(t) = \widetilde{A}\exp(tS)$$

为一条经过 $\widetilde{A}$ 点且位于 $\widetilde{A}$ 点所在纤维中的光滑曲线, 且有

$$\gamma(0) = \widetilde{A}, \quad \dot{\gamma}(0) = \left.\frac{\mathrm{d}}{\mathrm{d}t}\right|_{t=0}\left(\widetilde{A}\exp(tS)\right) = \widetilde{A}S \in V_{\widetilde{A}}.$$

再任取一条经过 $\widetilde{A}$ 的光滑曲线 $\tilde{c}:(-\delta,\delta)\to GL(n,\mathbb{R})$ 使得 $\tilde{c}(0)=\widetilde{A}$. 设 $\widetilde{X}=\dot{\tilde{c}}(0)$, 若 $\widetilde{X}\in H_{\widetilde{A}}$, 则对于任意的反对称矩阵 S, 我们有

$$0=\langle\widetilde{X},\widetilde{A}S\rangle_{\widetilde{A}}=\operatorname{tr}\left(\widetilde{X}^{\mathrm{T}}\widetilde{A}S\right),$$

由引理 3 可知 $\widetilde{X}^{\mathrm{T}}\widetilde{A}$ 对称, 即 $\widetilde{X}^{\mathrm{T}}\widetilde{A}=\widetilde{A}^{\mathrm{T}}\widetilde{X}$, 进而有

$$\widetilde{X}=(\widetilde{A}^{\mathrm{T}})^{-1}\widetilde{X}^{\mathrm{T}}\widetilde{A},$$

令 $K=(\widetilde{A}^{\mathrm{T}})^{-1}\widetilde{X}^{\mathrm{T}}$, 则 $\widetilde{X}=K\widetilde{A}$, 且有

$$K^{\mathrm{T}}=\widetilde{X}(\widetilde{A})^{-1}=K\widetilde{A}(\widetilde{A})^{-1}=K.$$

反之, 任取对称矩阵 K, 若令 $\widetilde{X}=K\widetilde{A}$, 则有

$$(\widetilde{X})^{\mathrm{T}}\widetilde{A}=(\widetilde{A})^{\mathrm{T}}K^{\mathrm{T}}\widetilde{A}=(\widetilde{A})^{\mathrm{T}}K\widetilde{A}=(\widetilde{A})^{\mathrm{T}}\widetilde{X},$$

即 $(\widetilde{X})^{\mathrm{T}}\widetilde{A}$ 对称, 进而 $\widetilde{X}\in H_{\widetilde{A}}$. 这给出了对称矩阵全体与 $H_{\widetilde{A}}$ 之间的一一对应, 即

$$H_{\widetilde{A}}=\left\{K\widetilde{A}\;\middle|\;K^{\mathrm{T}}=K\right\}.$$ □

4.4.4 $SPD(n)$ 上黎曼度量的显式表达

命题 55　对于任意的 $A\in SPD(n)$, $\widetilde{A}$ 为 A 在 $GL(n,\mathbb{R})$ 上的一个表示, 则对于任意的 $X\in T_ASPD(n)$, 存在 $\widetilde{X}\in H_{\widetilde{A}}$, 使得

$$X=\widetilde{A}\widetilde{X}^{\mathrm{T}}+\widetilde{X}\widetilde{A}^{\mathrm{T}}.$$

证明　由于 $(\mathrm{d}\pi)_{\widetilde{A}}$ 是满射, 故只要证明对于 $\widetilde{X}\in H_{\widetilde{A}}$, $X=(\mathrm{d}\pi)_{\widetilde{A}}(\widetilde{X})$ 满足上式即可. 在 $GL(n,\mathbb{R})$ 中取光滑曲线 $\widetilde{c}:(-\delta,\delta)\to GL(n,\mathbb{R})$, 使得 $\widetilde{c}(0)=\widetilde{A}$, $\dot{\widetilde{c}}(0)=\widetilde{X}$, 则有

$$\begin{aligned}X=(\mathrm{d}\pi)_{\widetilde{A}}(\widetilde{X})&=\left.\frac{\mathrm{d}}{\mathrm{d}t}\right|_{t=0}\pi\left(\widetilde{c}(t)\right)\\&=\widetilde{c}(0)\dot{\widetilde{c}}(0)^{\mathrm{T}}+\dot{\widetilde{c}}(0)\widetilde{c}(0)^{\mathrm{T}}\\&=\widetilde{A}\widetilde{X}^{\mathrm{T}}+\widetilde{X}\widetilde{A}^{\mathrm{T}}.\end{aligned}$$ □

现在考虑为使 $T_ASPD(n)$ 和 $H_{\widetilde{A}}$ 等距, $SPD(n)$ 上的度量需要满足的条件. 对于 $A\in SPD(n)$, $\widetilde{A}\in GL(n,\mathbb{R})$, $X,Y\in T_ASPD(n)$, 由命题 55 的结论可知, 存在 $\widetilde{X},\widetilde{Y}\in H_{\widetilde{A}}$, 满足

$$X=\widetilde{A}\widetilde{X}^{\mathrm{T}}+\widetilde{X}\widetilde{A}^{\mathrm{T}},\quad Y=\widetilde{A}\widetilde{Y}^{\mathrm{T}}+\widetilde{Y}\widetilde{A}^{\mathrm{T}}.$$

现在计算 $\langle \widetilde{X}, \widetilde{Y} \rangle_{\widetilde{A}}$. 由前面的结论可知, 必然存在对称矩阵 K 使得 $\widetilde{Y} = K\widetilde{A}$, 利用 $GL(n,\mathbb{R})$ 上的欧氏内积, 我们有

$$\begin{aligned}\langle \widetilde{X}, \widetilde{Y} \rangle_{\widetilde{A}} &= \operatorname{tr}\big(\widetilde{X}^{\mathrm{T}}\widetilde{Y}\big) = \operatorname{tr}\big(\widetilde{X}^{\mathrm{T}}K\widetilde{A}\big) \\ &= \frac{1}{2}\Big(\operatorname{tr}\big(\widetilde{A}\widetilde{X}^{\mathrm{T}}K\big) + \operatorname{tr}\big(\widetilde{X}\widetilde{A}^{\mathrm{T}}K\big)\Big) \\ &= \frac{1}{2}\operatorname{tr}\big(\big(\widetilde{A}\widetilde{X}^{\mathrm{T}} + \widetilde{X}\widetilde{A}^{\mathrm{T}}\big)K\big) \\ &= \frac{1}{2}\operatorname{tr}(XK),\end{aligned}$$

以及

$$Y = \widetilde{A}\widetilde{Y}^{\mathrm{T}} + \widetilde{Y}\widetilde{A}^{\mathrm{T}} = \widetilde{A}\widetilde{A}^{\mathrm{T}}K + K\widetilde{A}\widetilde{A}^{\mathrm{T}} = AK + KA,$$

其中用到了以下等式

$$\operatorname{tr}\big(\widetilde{X}^{\mathrm{T}}K\widetilde{A}\big) = \operatorname{tr}\big(\widetilde{A}^{\mathrm{T}}K^{\mathrm{T}}\widetilde{X}\big) = \operatorname{tr}\big(\widetilde{X}\widetilde{A}^{\mathrm{T}}K\big).$$

在 $SPD(n)$ 上定义

$$g_A(X,Y) = \frac{1}{2}\operatorname{tr}(XK), \tag{4.16}$$

其中 $A \in SPD(n)$, $X,Y \in T_ASPD(n)$, K 对称且满足 $AK+KA = Y$. 我们将证明 $g_A(\cdot,\cdot)$ 是黎曼度量. 显然在该度量下, $H_{\widetilde{A}}$ 与 $T_ASPD(n)$ 等距, 进而映射 $\pi: GL(n,\mathbb{R}) \to SPD(n)$ 是黎曼淹没. 先引入 Sylvester 方程以及相关的结论.

定义 86 对于给定的 $A \in M(m,\mathbb{R})$, $B \in M(n,\mathbb{R})$, $C \in M(m \times n,\mathbb{R})$, 关于未知矩阵 $X \in M(m \times n,\mathbb{R})$ 的方程

$$AX - XB = C$$

称为 Sylvester 方程.

引理 4 Sylvester 方程有唯一解当且仅当 A, B 没有公共特征值.

定理 13 $g_A(\cdot,\cdot)$ 是 $SPD(n)$ 上的黎曼度量.

证明 首先证明如果 $A \in SPD(n)$, $B \in Sym(n)$, 则满足方程 $AK + KA = B$ 的矩阵 K 存在且唯一, 同时它是对称的. 由于 A 和 $-A$ 显然无共同的特征值, 故该方程的解唯一, 于是只需找到一个满足该方程的矩阵 K 即可.

设 $A = Q\Lambda Q^{\mathrm{T}}$, 其中 $Q \in O(n)$, $\Lambda = \operatorname{diag}(\lambda_1, \lambda_2, \cdots, \lambda_n)$ 为对角矩阵, $\lambda_i > 0$ $(i = 1, 2, \cdots, n)$ 是 A 的特征值. 令 $C = Q^{\mathrm{T}}BQ$ 为对称矩阵, 记 $C = (c_{ij})$. 构造矩阵 $E = (e_{ij})$, 其中 $e_{ij} = \dfrac{1}{\lambda_i + \lambda_j}c_{ij}$.

下面验证 $K = QEQ^{\mathrm{T}}$ 是方程 $AK + KA = B$ 的解. 首先, 我们有

$$
\begin{aligned}
AK + KA &= Q\Lambda Q^{\mathrm{T}}QEQ^{\mathrm{T}} + QEQ^{\mathrm{T}}Q\Lambda Q^{\mathrm{T}} \\
&= Q\left(\Lambda E + E\Lambda\right)Q^{\mathrm{T}}.
\end{aligned}
$$

令 $F = \Lambda E + E\Lambda = (f_{ij})$, 则有

$$
f_{ij} = \lambda_i \cdot \frac{1}{\lambda_i + \lambda_j} c_{ij} + \frac{1}{\lambda_i + \lambda_j} c_{ij} \cdot \lambda_j = c_{ij},
$$

即 $F = C$, 故有

$$
KA = AK = QFQ^{\mathrm{T}} = QCQ^{\mathrm{T}} = B,
$$

因此 $K = QEQ^{\mathrm{T}}$ 是方程 $AK + KA = B$ 的唯一解, 显然 K 是对称的.

由以上的证明过程可知 K 光滑依赖于 A, 故只要验证该定义满足对称性、正定性和双线性性即可证明 $g_A(\cdot,\cdot)$ 是 $SPD(n)$ 上的黎曼度量.

对称性　对于任意的 $A \in SPD(n)$, $X, Y \in T_A SPD(n)$, 我们有

$$
g_A(X,Y) = \frac{1}{2}\mathrm{tr}(XK), \quad g_A(Y,X) = \frac{1}{2}\mathrm{tr}(YL),
$$

其中 L, K 分别为方程 $AK + KA = Y$ 和 $AL + LA = X$ 的解.

以下计算 $g_A(X,Y)$. 令 $Q^{\mathrm{T}}XQ = (\alpha_{ij})$, $Q^{\mathrm{T}}YQ = (\beta_{ij})$. 则 $AK + KA = Y$ 的解为 $K = QEQ^{\mathrm{T}}$. 因此,

$$
\begin{aligned}
g_A(X,Y) &= \frac{1}{2}\,\mathrm{tr}(XK) \\
&= \frac{1}{2}\,\mathrm{tr}\left(Q^{\mathrm{T}}XQQ^{\mathrm{T}}KQ\right) \\
&= \frac{1}{2}\,\mathrm{tr}\left((\alpha_{ij})\,(e_{ij})\right) \\
&= \frac{1}{2}\sum_{ij}\frac{\alpha_{ij} + \beta_{ij}}{\lambda_i + \lambda_j}.
\end{aligned}
$$

由类似的计算可得

$$
g_A(Y,X) = \frac{1}{2}\sum_{ij}\frac{\beta_{ij} + \alpha_{ij}}{\lambda_i + \lambda_j}.
$$

于是得到

$$
g_A(X,Y) = g_A(Y,X).
$$

正定性 对于任意的 $A \in SPD(n)$, $X \in T_ASPD(n)$, 有

$$\begin{aligned} g_A(X,X) &= \frac{1}{2}\mathrm{tr}(XK) \\ &= \frac{1}{2}\mathrm{tr}((AK+KA)K) \\ &= \mathrm{tr}\left(AK^2\right) \\ &= \mathrm{tr}\left(\left(A^{\frac{1}{2}}K\right)\left(A^{\frac{1}{2}}K\right)^{\mathrm{T}}\right) \\ &\geqslant 0, \end{aligned}$$

以及 $g_A(X,X)=0 \Longleftrightarrow A^{\frac{1}{2}}K=0 \Longleftrightarrow K=0 \Longleftrightarrow X=0$.

双线性性 由迹的线性性和线性方程解的线性性可知双线性性显然成立. □

注 36 在该度量下, $\pi : GL(n,\mathbb{R}) \to SPD(n)$ 是黎曼淹没, $GL(n,\mathbb{R})$ 是 $SPD(n)$ 上的平凡主丛, 其结构群为 $O(n)$. 进一步地, 可知 $SPD(n)$ 与 $GL(n,\mathbb{R})/O(n)$ 微分同胚以及 g_E 在 $O(n)$ 的群作用下保持不变, 其中 g_E 表示欧氏度量.

为计算 $SPD(n)$ 上带有上述黎曼度量的目标函数的最优值, 需要给出其在该黎曼度量下的黎曼梯度.

命题 56 光滑函数 $f : SPD(n) \to \mathbb{R}$ 在度量 (4.16) 下的黎曼梯度为

$$\mathrm{grad} f(A) = 2\left(A\frac{\partial f(A)}{\partial A} + \frac{\partial f(A)}{\partial A}A\right). \tag{4.17}$$

证明 对于任意的 $X \in T_ASPD(n)$,

$$g\left(\mathrm{grad}\, f(A), X\right) = \frac{1}{2}\,\mathrm{tr}\left(\mathrm{grad}\, f(A)K\right) = \left\langle \frac{\partial f(A)}{\partial A}, X\right\rangle,$$

其中 K 为方程 $AK+KA=X$ 的解. 由于

$$\begin{aligned} \left\langle \frac{\partial f(A)}{\partial A}, X\right\rangle &= \mathrm{tr}\left(\left(\frac{\partial f(A)}{\partial A}\right)^{\mathrm{T}} X\right) \\ &= \mathrm{tr}\left(\left(\frac{\partial f(A)}{\partial A}\right)^{\mathrm{T}} (AK+KA)\right) \\ &= \mathrm{tr}\left(\left(\left(\frac{\partial f(A)}{\partial A}\right)^{\mathrm{T}} A + A\left(\frac{\partial f(A)}{\partial A}\right)^{\mathrm{T}}\right)K\right). \end{aligned}$$

比较以上两式可得

$$\operatorname{grad} f(A) = 2\left(A\frac{\partial f(A)}{\partial A} + \frac{\partial f(A)}{\partial A}A\right). \qquad \square$$

4.4.5　$SPD(n)$ 上任意两点之间最短距离的显式表达

下面通过 $H_{\widetilde{A}}$ 和 $T_A SPD(n)$ 之间的等距得出在该黎曼度量下 $SPD(n)$ 上任意两点之间的最短距离.

定义 87　对于连接 $SPD(n)$ 上任意两点 A, B 的分段光滑曲线

$$\gamma : [a, b] \to SPD(n),\ \gamma(a) = A,\ \gamma(b) = B,$$

定义其提升为 $GL(n, \mathbb{R})$ 中连接 $\widetilde{A}$ 和 $\widetilde{B}$ 的分段光滑曲线

$$\widetilde{\gamma} : [a, b] \to GL(n, \mathbb{R}),\ \widetilde{\gamma}(a) = \widetilde{A},\ \widetilde{\gamma}(b) = \widetilde{B}.$$

显然一条曲线的提升不唯一. 定义 γ 的水平提升为在每点的切向量均属于该点切空间的水平子空间的提升. 在固定 $\widetilde{A}$ 或 $\widetilde{B}$ 后, γ 的水平提升 $\widetilde{\gamma}$ 唯一, 且 γ 的弧长与 $\widetilde{\gamma}$ 的弧长相等.

为得到距离函数的显式表达, 我们需要借助以下引理.

引理 5　设 O, Q 为正交矩阵, R 为主对角线元素非负的对角矩阵, 则有 $\operatorname{tr}(ORQ) \leqslant \operatorname{tr}(R)$, 而且当 $O = Q = I$ 时等号成立.

证明　记 $O = (o_{ij})$, $Q = (q_{ij})$, $R = \operatorname{diag}(r_1, r_2, \cdots, r_n)$, $P = ORQ = (p_{ij})$, 则

$$p_{ij} = \sum_k o_{ik} r_k q_{kj},$$

由于 $(o_{1k}, o_{2k}, \cdots, o_{nk})$ 和 $(q_{k1}, q_{k2}, \cdots, q_{kn})$ 均为单位向量, 故有

$$\begin{aligned}
\operatorname{tr}(P) = \sum_i p_{ii} &= \sum_k r_k \left(\sum_i o_{ik} q_{ki}\right) \\
&\leqslant \sum_k r_k \left(\sqrt{\sum_i o_{ik}^2}\sqrt{\sum_i q_{ki}^2}\right) \\
&= \sum_k r_k = \operatorname{tr}(R),
\end{aligned}$$

显然, 当 $O = Q = I$ 时等号成立. $\square$

命题 57　连接 A, $B \in SPD(n)$ 两点的最短距离为

$$d(A, B) = \sqrt{\operatorname{tr}(A) + \operatorname{tr}(B) - 2\operatorname{tr}\left(A^{\frac{1}{2}} B A^{\frac{1}{2}}\right)^{\frac{1}{2}}}. \tag{4.18}$$

证明 首先, 考虑 $GL(n,\mathbb{R})$ 上连接两点 $\widetilde{A}$ 和 $\widetilde{B}$ 的所有分段光滑曲线弧长的下确界, $\widetilde{A}$ 和 $\widetilde{B}$ 之间的距离基于 Frobenius 内积. 尽管有时连接 $\widetilde{A},\widetilde{B}$ 两点的直线段并不一定全部位于 $GL(n,\mathbb{R})$, 但可以通过分段光滑曲线去逼近直线, 使得这些分段光滑曲线弧长的下确界取到直线段长度, 亦即 $\sqrt{\mathrm{tr}((\widetilde{A}-\widetilde{B})^{\mathrm{T}}(\widetilde{A}-\widetilde{B}))}$.

然后, 再求 $SPD(n)$ 上基于度量 (4.16) 的两点 A,B 之间的最短距离 $d(A,B)$. 固定 $\widetilde{A}$, 考虑所有连接 A,B 的分段光滑曲线的水平提升, 这些水平提升的弧长下确界即为 $\widetilde{A}$ 到 B 点纤维 $\pi^{-1}(B)$ 上每一点距离的最小值, 而 $\widetilde{A}$ 变动时, 水平提升的弧长不变, 故有

$$d(A,B)=\min_{\widetilde{A},\widetilde{B}}\sqrt{\mathrm{tr}((\widetilde{A}-\widetilde{B})^{\mathrm{T}}(\widetilde{A}-\widetilde{B}))}.$$

由于 $\widetilde{A}$, $\widetilde{B}$ 可以分别写成 $A^{\frac{1}{2}}Q_1$, $B^{\frac{1}{2}}Q_2$ 的形式, 其中 Q_1, Q_2 为正交矩阵, 故有

$$\begin{aligned}d^2(A,B)&=\min_{Q_1,Q_2\in O(n)}\mathrm{tr}\left(\left(A^{\frac{1}{2}}Q_1-B^{\frac{1}{2}}Q_2\right)^{\mathrm{T}}\left(A^{\frac{1}{2}}Q_1-B^{\frac{1}{2}}Q_2\right)\right)\\&=\min_{Q_1,Q_2\in O(n)}\left(\mathrm{tr}(A)+\mathrm{tr}(B)-2\mathrm{tr}\left(Q_2Q_1^{\mathrm{T}}A^{\frac{1}{2}}B^{\frac{1}{2}}\right)\right)\\&=\mathrm{tr}(A)+\mathrm{tr}(B)-2\max_{Q_1,Q_2\in O(n)}\mathrm{tr}\left(Q_2Q_1^{\mathrm{T}}A^{\frac{1}{2}}B^{\frac{1}{2}}\right).\end{aligned}$$

由于 $A^{\frac{1}{2}}$ 与 $B^{\frac{1}{2}}$ 分别可以写成 $A^{\frac{1}{2}}=P_1P_1^{\mathrm{T}}$, $B^{\frac{1}{2}}=P_2P_2^{\mathrm{T}}$, 其中 P_1,P_2 均为非退化矩阵, 则 $A^{\frac{1}{2}}B^{\frac{1}{2}}=P_1P_1^{\mathrm{T}}P_2P_2^{\mathrm{T}}P_1P_1^{-1}$, 于是可知 $A^{\frac{1}{2}}B^{\frac{1}{2}}$ 与正定矩阵 $P_1^{\mathrm{T}}P_2P_2^{\mathrm{T}}P_1$ 相似, 所以 $A^{\frac{1}{2}}B^{\frac{1}{2}}$ 的特征值大于 0. 由奇异值分解可知, 存在正交矩阵 U,V 使得 $A^{\frac{1}{2}}B^{\frac{1}{2}}=U\Lambda V^{\mathrm{T}}$, 其中 Λ 是对角线为正数的对角矩阵. 于是, 我们有

$$\left(A^{\frac{1}{2}}B^{\frac{1}{2}}\right)\left(A^{\frac{1}{2}}B^{\frac{1}{2}}\right)^{\mathrm{T}}=U\Lambda^2U^{\mathrm{T}}=\left(U\Lambda U^{\mathrm{T}}\right)^2,$$

从而有

$$\mathrm{tr}(\Lambda)=\mathrm{tr}\left(\left(A^{\frac{1}{2}}B^{\frac{1}{2}}\right)\left(A^{\frac{1}{2}}B^{\frac{1}{2}}\right)^{\mathrm{T}}\right)^{\frac{1}{2}}.$$

利用引理 5 可得

$$\begin{aligned}\mathrm{tr}\left(Q_2Q_1^{\mathrm{T}}A^{\frac{1}{2}}B^{\frac{1}{2}}\right)&=\mathrm{tr}\left(Q_2Q_1^{\mathrm{T}}U\Lambda V^{\mathrm{T}}\right)\\&=\mathrm{tr}\left(Q_1^{\mathrm{T}}U\Lambda V^{\mathrm{T}}Q_2\right)\\&\leqslant\mathrm{tr}\left(\Lambda\right)\\&=\mathrm{tr}\left(\left(A^{\frac{1}{2}}B^{\frac{1}{2}}\right)\left(A^{\frac{1}{2}}B^{\frac{1}{2}}\right)^{\mathrm{T}}\right)^{\frac{1}{2}}\end{aligned}$$

$$= \mathrm{tr}\left(A^{\frac{1}{2}}BA^{\frac{1}{2}}\right)^{\frac{1}{2}},$$

当 $Q_1 = U,\ Q_2 = V$ 时, 等号成立, 因此

$$d(A,B) = \sqrt{\mathrm{tr}(A) + \mathrm{tr}(B) - 2\mathrm{tr}\left(A^{\frac{1}{2}}BA^{\frac{1}{2}}\right)^{\frac{1}{2}}}. \qquad \square$$

注 37　由于 $A^{\frac{1}{2}}BA^{\frac{1}{2}} = A^{-\frac{1}{2}}ABA^{\frac{1}{2}}$, 于是 $A^{\frac{1}{2}}BA^{\frac{1}{2}}$ 与 AB 相似, 两者具有相同的特征值. 而 $A^{\frac{1}{2}}BA^{\frac{1}{2}}$ 为正定矩阵, 进而 AB 的特征值均为正, 设其为 $\lambda_1, \lambda_2, \cdots, \lambda_n$, 则有

$$\mathrm{tr}\left(A^{\frac{1}{2}}BA^{\frac{1}{2}}\right)^{\frac{1}{2}} = \sum_i \sqrt{\lambda_i} = \mathrm{tr}\left((AB)^{\frac{1}{2}}\right).$$

故 $d(A,B)$ 可表示为

$$d(A,B) = \sqrt{\mathrm{tr}(A) + \mathrm{tr}(B) - 2\mathrm{tr}(AB)^{\frac{1}{2}}}. \tag{4.19}$$

注意到

$$A^{\frac{1}{2}}BA^{\frac{1}{2}} = A^{-\frac{1}{2}}ABA^{\frac{1}{2}} = A^{-\frac{1}{2}}B^{-\frac{1}{2}}B^{\frac{1}{2}}AB^{\frac{1}{2}}B^{\frac{1}{2}}A^{\frac{1}{2}},$$

所以 $A^{\frac{1}{2}}BA^{\frac{1}{2}}$ 与 $B^{\frac{1}{2}}AB^{\frac{1}{2}}$ 相似. 则

$$\mathrm{tr}\left(\left(A^{\frac{1}{2}}BA^{\frac{1}{2}}\right)^{\frac{1}{2}}\right) = \mathrm{tr}\left(\left(B^{\frac{1}{2}}AB^{\frac{1}{2}}\right)^{\frac{1}{2}}\right).$$

于是有 $d(A,B) = d(B,A)$, 即对称性成立. 由测地距离的定义可知 (4.18) 的距离函数 $d(\cdot,\cdot)$ 满足非负性以及三角不等式.

定义 88　称

$$W_p\left(P_1, P_2\right) = \inf_{\gamma \sim \Pi(P_1,P_2)} \left(E_{(x,y)\sim\gamma}\left[\|x-y\|^p\right]\right)^{\frac{1}{p}} \tag{4.20}$$

为 Wasserstein 距离, 其中 $\Pi\left(P_1, P_2\right)$ 为 P_1, P_2 的联合概率分布, E 表示数学期望.

特别地, Wasserstein-2 距离 W_2 反映流形的度量结构. 尽管一般的 Wasserstein 距离没有显式的表达式, 但是在一些特殊情况下可以获得显式的表达式. 例如 $\mathbb{R}^n$ 中两个高斯分布之间的 Wasserstein 距离有显式表达式

$$W\left(\mathcal{N}_1, \mathcal{N}_2\right) = \|\mu_1 - \mu_2\| + \sqrt{\mathrm{tr}(\Sigma_1) + \mathrm{tr}(\Sigma_2) - 2\mathrm{tr}\left(\Sigma_1^{\frac{1}{2}}\Sigma_2\Sigma_1^{\frac{1}{2}}\right)^{\frac{1}{2}}}, \tag{4.21}$$

其中 μ_1, μ_2 以及 Σ_1, Σ_1 分别是分布 $\mathcal{N}_1, \mathcal{N}_2$ 的平均值和协方差矩阵. 可以看出, 当 $\mu_1 = \mu_2 = 0$ 时, $W\left(\mathcal{N}_1,\ \mathcal{N}_2\right) = W(\Sigma_1, \Sigma_2)$ 恰好是距离函数 (4.18), 因此称该距离为 $SPD(n)$ 上的 Wasserstein 距离.

4.4.6 $(SPD(n), g)$ 的对称度

首先介绍 Sylvester 方程解的性质[47]. 设 Sylvester 方程

$$AK + KA = X, \quad A \in SPD(n), \quad X \in M(n, \mathbb{R})$$

的解为 $K = \Gamma_A[X]$. 在定理 13 中, 通过构造性证明发现, 当 X 对称时 K 唯一存在且对称. 可以将该方程的解表示为以下映射

$$\begin{aligned} \Gamma : M(n, \mathbb{R}) \times SPD(n) &\to M(n, \mathbb{R}), \\ (X, A) &\mapsto \Gamma_A[X] = K, \end{aligned}$$

其中 $AK + KA = X$.

可以验证以下命题成立.

命题 58 对于任意的 A, $B \in SPD(n)$, $X, Y \in M(n, \mathbb{R})$, $Q \in O(n)$, $k \in \mathbb{R}\backslash\{0\}$, 以下等式成立:

1. $\Gamma_A[X + kY] = \Gamma_A[X] + k\Gamma_A[Y]$;
2. $\Gamma_{kA}[X] = \dfrac{1}{k}\Gamma_A[X]$;
3. $\Gamma_{A+B}[X] = \Gamma_A[X] - \Gamma_A[B\Gamma_{A+B}[X] + \Gamma_{A+B}[X]B]$;
4. $\Gamma_A[AX] = A\Gamma_A[X], \Gamma_A[XA] = \Gamma_A[X]A$;
5. $\Gamma_{A^{-1}}[X] = \Gamma_A[AXA] = A\Gamma_A[X]A$;
6. $\Gamma_{QAQ^{-1}}[QXQ^{-1}] = Q\Gamma_A[X]Q^{-1}$.

借助记号 Γ, 可以给出命题 55 的一种等价形式.

命题 59 对于任意的 $\widetilde{A} \in GL(n, \mathbb{R})$, $X \in T_A SPD(n)$, 其中 $A = \widetilde{A}\widetilde{A}^{\mathrm{T}}$, 存在唯一的 $\widetilde{X} \in T_{\widetilde{A}} GL(n, \mathbb{R})$ 作为 X 的水平提升, 满足

$$\widetilde{X} = \Gamma_A[X]\widetilde{A}. \tag{4.22}$$

注意到, $\Gamma_A[X], \Gamma_A[Y], A$ 均对称以及其满足 $A\Gamma_A[X] + \Gamma_A[X]A = X$. 借助于 Sylvester 方程, 给出 Wasserstein 度量的另一种表达, 该度量表达式将用于后面的各种几何量计算.

定义 89 对于任意的 $A \in SPD(n)$, Wasserstein 度量可以定义为

$$\begin{aligned} g_A(X, Y) &= \operatorname{tr}(\Gamma_A[X]A\Gamma_A[Y]) \\ &= \frac{1}{2}\operatorname{tr}(X\Gamma_A[Y]), \quad X, Y \in T_A SPD(n). \end{aligned} \tag{4.23}$$

显然在该度量下, $H_{\widetilde{A}}$ 与 $T_A SPD(n)$ 等距, 进而映射 $\pi : GL(n, \mathbb{R}) \to SPD(n)$ 是黎曼淹没. 可以验证, 由 (4.23) 定义的 Wasserstein 度量确实是

黎曼度量. 事实上, 由于 $\Gamma_A[Y]$ 光滑依赖于 A, Y, 故只要验证该定义满足对称性、正定性和双线性性即可.

对称性 对于任意的 $A \in SPD(n)$, $X, Y \in T_A SPD(n)$, $Q \in O(n)$, 有

$$g_A(X,Y) = \frac{1}{2}\mathrm{tr}(X\Gamma_A[Y]) = \frac{1}{2}\mathrm{tr}(Q^{\mathrm{T}}XQQ^{\mathrm{T}}\Gamma_A YQ),$$

$$g_A(Y,X) = \frac{1}{2}\mathrm{tr}(Y\Gamma_A[X]) = \frac{1}{2}\mathrm{tr}(Q^{\mathrm{T}}YQQ^{\mathrm{T}}\Gamma_A XQ).$$

令 $Q^{\mathrm{T}}XQ = (x_{ij})$, $Q^{\mathrm{T}}YQ = (y_{ij})$, 则 $\Gamma_A[Y] = QDQ^{\mathrm{T}}$, $\Gamma_A[X] = QEQ^{\mathrm{T}}$, 其中 $D = (d_{ij})$, $E = (e_{ij})$ 分别满足

$$d_{ij} = \frac{1}{\lambda_i + \lambda_j} y_{ij}, \quad e_{ij} = \frac{1}{\lambda_i + \lambda_j} x_{ij},$$

λ_i $(i = 1, 2, \cdots, n)$ 是 A 的特征值. 故有

$$g_A(X,Y) = \frac{1}{2}\mathrm{tr}\left(Q^{\mathrm{T}}XQD\right) = \frac{1}{2}\sum_{ij}\frac{x_{ij}y_{ij}}{\lambda_i + \lambda_j} = g_A(Y,X).$$

正定性 对于任意的 $A \in SPD(n)$, $X \in T_A SPD(n)$, 有

$$\begin{aligned} g_A(X,X) &= \frac{1}{2}\mathrm{tr}\left(X\Gamma_A[X]\right) \\ &= \mathrm{tr}\left(A\Gamma_A[X]^2\right) \\ &= \mathrm{tr}\left(\left(A^{\frac{1}{2}}\Gamma_A X\right)\left(A^{\frac{1}{2}}\Gamma_A[X]\right)^{\mathrm{T}}\right) \geqslant 0, \end{aligned}$$

以及 $g_A(X,X) = 0 \Longleftrightarrow A^{\frac{1}{2}}\Gamma_A[X] = 0 \Longleftrightarrow \Gamma_A[X] = 0 \Longleftrightarrow X = 0$.

双线性性 由迹的线性性和线性方程解的线性性知, 双线性性显然.

考虑在一个特殊群作用下 Wasserstein 度量的不变性, 证明正交群 $O(n)$ 同构于等距群 $ISO\left(SPD(n), g\right)$ 的子群.

定义 90 正交群作用 $\Psi: O(n) \times SPD(n) \to SPD(n)$ 定义为

$$\Psi_O(A) = OAO^{\mathrm{T}}, \quad O \in O(n), \quad A \in SPD(n). \tag{4.24}$$

定理 14 正交群 $O(n)$ 同构于 $(SPD(n), g)$ 的等距群的子群, 即

$$\{\Psi_O\}_{O \in O(n)} \lhd ISO\left(SPD(n), g\right). \tag{4.25}$$

证明 首先验证 Ψ 是群作用. 对于任意的 $A \in SPD(n)$, $O_1, O_2 \in O(n)$, 我们有

$$\Psi_I(A) = A = \mathrm{id}(A),$$

$$\Psi_{O_1 O_2^{-1}}(A) = O_1 O_2^{\mathrm{T}} A O_2 O_1^{\mathrm{T}} = \Psi_{O_1} \circ \Psi_{O_2^{-1}}(A).$$

然后证明切映射 Ψ_O 是等距映射. 事实上, 对于任意的 $A \in SPD(n)$, $X, Y \in T_A SPD(n)$, 我们有

$$\begin{aligned} g_{OAO^{\mathrm{T}}}\left(\mathrm{d}\Psi_O(X), \mathrm{d}\Psi_O(Y)\right) =& \frac{1}{2}\mathrm{tr}\left(OXO^{\mathrm{T}}\Gamma_{OAO^{\mathrm{T}}}\left(OYO^{\mathrm{T}}\right)\right) \\ =& \frac{1}{2}\mathrm{tr}\left(X\Gamma_A[Y]\right) = g_A(X, Y), \end{aligned}$$

从而证明了 Ψ_O 是等距映射. □

对于一个黎曼流形, 当且仅当其等距群的截面曲率为常数时, 等距群的维数 (即该流形的对称度) 达到最大. 我们将证明 $(SPD(n), g)$ 没有常截面曲率, 这意味着其对称度小于最大的对称度. 关于等距群的著名的区间定理[26] 表明不存在维数介于 $\dfrac{m(m-1)}{2}+1$ 和 $\dfrac{m(m+1)}{2}$ 之间的等距群, 其中 m 是黎曼流形的维数, 且 $m \neq 4$. 另一方面, (4.25) 表明 Wasserstein 等距群的维数不低于 $O(n)$ 的维数. 所以, 由 $\dim(SPD(n)) = \dfrac{n^2+n}{2} \neq 4$ 以及 $\dim(O(n)) = \dfrac{n^2-n}{2}$, 我们有以下结论.

推论 1 $(SPD(n), g)$ 的对称度 $\dim(ISO \mid g)$ 满足

$$\frac{1}{2}(n-1)n \leqslant \dim(ISO \mid g) \leqslant \frac{1}{8}(n-1)n(n+1)(n+2)+1.$$

注 38 在研究局部几何时, 借助群作用 (4.24), 可以将 $SPD(n)$ 上的任一点转化为与其正交相似的对角矩阵, 进一步地还可以规定对角矩阵对角元素升序排列. 定理 14 表明, 转化前后的局部几何特征相同, 一些逐点依赖的几何量如截面曲率和数量曲率仅与特征值有关.

4.4.7 测地线

在本节中, 我们将证明 $(SPD(n), g)$ 是测地凸的, 该性质保证任意两点之间存在最短测地线. 同时, 计算每条测地线的最大长度, 而且给出关于 Wasserstein 半径的结果.

定理 15 对于任意的 $A_1, A_2 \in SPD(n)$, 以及 $A_1{}^{\frac{1}{2}} = \widetilde{A}_1$ 作为 A_1 的提升, 存在 A_2 的提升

$$\widetilde{A}_2 = (A_2 A_1)^{\frac{1}{2}} A_1^{-\frac{1}{2}}, \tag{4.26}$$

使得线段 $\widetilde{\gamma}(t) = t\widetilde{A}_2 + (1-t)\widetilde{A}_1$, $t \in [0,1]$ 是水平的且非退化.

事实上, 将 $\widetilde{\gamma}(t)$ 投影到 $SPD(n)$ 中即可得到连接 A_1, A_2 的最短测地线, 进而证明测地凸性.

证明 为证明定理 15, 首先注意到, 对于任意的 $\widetilde{A}_1, \widetilde{A}_2 \in GL(n,\mathbb{R})$, 记 $\widetilde{\gamma}(t) = t\widetilde{A}_2 + (1-t)\widetilde{A}_1$, $t \in [0,1]$. $\dot{\widetilde{\gamma}}(t)$ 是水平的当且仅当 $\det(\widetilde{\gamma}(t)) > 0$ 以及 $\dot{\widetilde{\gamma}}(0)$ 在切空间 $T_{\widetilde{A}_1}GL(n,\mathbb{R})$ 中是水平的. 事实上, 由命题 54, $\widetilde{X} \in T_{\widetilde{A}}GL(n,\mathbb{R})$ 是水平的当且仅当 $\widetilde{X}\widetilde{A}^{-1} \in Sym(n)$. 因此有

$$\dot{\widetilde{\gamma}}(t) = \widetilde{A}_2 - \widetilde{A}_1 \in H_{\widetilde{A}_1} \Longleftrightarrow (\widetilde{A}_2 - \widetilde{A}_1)\widetilde{A}_1^{-1} = \dot{\widetilde{\gamma}}(0)\widetilde{\gamma}^{-1}(0) \Longleftrightarrow \dot{\widetilde{\gamma}}(0) \in H_{\widetilde{A}_1}.$$

对于任意的满足 $\widetilde{\gamma}(s) \in GL(n,\mathbb{R})$ 的 $s \in (0,1)$, 通过收缩线段 $\widetilde{\gamma}_s(t) := \widetilde{\gamma}(st)$ 即可证明 $\dot{\widetilde{\gamma}}(s)$ 是水平的当且仅当 $\dot{\widetilde{\gamma}}(0)$ 是水平的.

因此, 将判断线段上每点是否水平的问题简化为判断初始向量是否水平, 为后面的证明带来很大的方便.

为证明定理, 我们需要下面的引理.

引理 6 *对于任意的 $A_1, A_2 \in SPD(n)$, 存在 $P = {A_2}^{-\frac{1}{2}}(A_2A_1)^{\frac{1}{2}}{A_1}^{-\frac{1}{2}} \in O(n)$ 使得 $\widetilde{\gamma}(t) = t{A_2}^{\frac{1}{2}}P + (1-t){A_1}^{\frac{1}{2}}$. 当 $\det(\widetilde{\gamma}(t)) > 0$ 时, $\dot{\widetilde{\gamma}}(t)$ 是水平的.*

证明 首先, 验证 $P \in O(n)$. 直接计算可得

$$\begin{aligned} PP^{\mathrm{T}} &= {A_2}^{-\frac{1}{2}}(A_2A_1)^{\frac{1}{2}}{A_1}^{-1}(A_1A_2)^{\frac{1}{2}}{A_2}^{-\frac{1}{2}} \\ &= {A_2}^{-\frac{1}{2}}{A_1}^{-1}(A_1A_2)^{\frac{1}{2}}(A_1A_2)^{\frac{1}{2}}{A_2}^{-\frac{1}{2}} \\ &= I. \end{aligned} \tag{4.27}$$

由前面的论述可知, 只需验证 $\dot{\widetilde{\gamma}}(0){A_1}^{-\frac{1}{2}} \in Sym(n)$. 事实上,

$$\begin{aligned} \dot{\widetilde{\gamma}}(0)\widetilde{A}_1^{-1} &= \dot{\widetilde{\gamma}}(0){A_1}^{-\frac{1}{2}} \\ &= (A_2A_1)^{\frac{1}{2}}{A_1}^{-1} - I \\ &= A_1^{-\frac{1}{2}}A_1^{\frac{1}{2}}(A_2A_1)^{\frac{1}{2}}A_1^{-\frac{1}{2}}A_1^{-\frac{1}{2}} - I \\ &= A_1^{-\frac{1}{2}}\left(A_1^{\frac{1}{2}}A_2A_1^{\frac{1}{2}}\right)^{\frac{1}{2}}A_1^{-\frac{1}{2}} - I \in Sym(n), \end{aligned} \tag{4.28}$$

从而 $\dot{\widetilde{\gamma}}(0) \in H_{\widetilde{A}_1}$, 引理得证. □

剩下的只需再验证 $\widetilde{\gamma}(t)$ 的非退化性即可完成定理 15 的证明. 由注 38, 只需考虑 $A_1 = \Lambda$ 的情形. 我们将证明对于任意的 $t \in [0,1]$ 均有 $\det(\widetilde{\gamma}(t)) > 0$. 事实上, 有

$$\begin{aligned} \det(\widetilde{\gamma}(t)) &= \det\left(t(A_2\Lambda)^{\frac{1}{2}}\Lambda^{-\frac{1}{2}} + (1-t)\Lambda^{\frac{1}{2}}\right) \\ &= (1-t)^n\det\left(\Lambda^{\frac{1}{2}}\right)\det\left(I + \frac{t}{(1-t)}\Lambda^{-\frac{1}{2}}(A_2\Lambda)^{-\frac{1}{2}}\Lambda^{-\frac{1}{2}}\right), \end{aligned} \tag{4.29}$$

由于 $\Lambda^{-\frac{1}{2}}(A_2\Lambda)^{\frac{1}{2}}\Lambda^{-\frac{1}{2}}$ 与 $(A_2\Lambda)^{\frac{1}{2}}$ 合同, 故其特征值均为正, 因此 $\det(\widetilde{\gamma}(t)) > 0$ 对于任意的 $t \in (0,1)$ 均成立, 而两端点 $\widetilde{\gamma}(0) = A_1, \widetilde{\gamma}(1) = A_2$ 显然非退化, 故线段 $\widetilde{\gamma}(t)$ 非退化. 这就完成了定理的证明. □

注意到 $\widetilde{\gamma}(t)\widetilde{\gamma}^{\mathrm{T}}(t) = \gamma(t)$, 由定理 15 可得如下推论.

推论 2 $(SPD(n), g)$ 上任意两点 $A_1, A_2 \in SPD(n)$ 之间存在最短测地线

$$\gamma(t) = (1-t)^2 A_1 + t(1-t)\left((A_1A_2)^{\frac{1}{2}} + (A_2A_1)^{\frac{1}{2}}\right) + t^2 A_2, \tag{4.30}$$

其中 $\gamma(t)$, $t \in [0,1]$ 严格落在 $SPD(n)$ 中, 进而 $(SPD(n), g)$ 是测地凸的.

定理 16 $(SPD(n), g)$ 上任意两点之间存在唯一的连接它们的测地线. 从几何上来说, 在任意两点上不存在割迹.

证明 在推论 2 中, 我们证明了任意两点之间测地线的存在性. 假设 $A, B \in SPD(n)$ 之间存在两条测地线 $\gamma_1(t), \gamma_2(t)$, 考虑这两条测地线的水平提升. 固定端点 A 的提升为 $\widetilde{A} = A^{\frac{1}{2}}$, 另一端 B 的提升分别记为 $\widetilde{B}_1 = B^{\frac{1}{2}}Q_1, \widetilde{B}_2 = B^{\frac{1}{2}}Q_2$, 其中 $Q_1, Q_2 \in O(n)$. 注意到 Q_1 和 Q_2 均为下列优化问题的解

$$\arg\min_{Q \in O(n)} d_F\left(A^{\frac{1}{2}}, B^{\frac{1}{2}}Q\right),$$

由 $O(n)$ 的紧致性, 上述问题的解唯一, 因此测地线也唯一. □

利用推论 2, 我们可以直接写出 $SPD(n)$ 上任意一点 A_1 处的对数映射 $\log_{A_1}: SPD(n) \to T_{A_1}SPD(n)$ 如下

$$\log_{A_1} A_2 = \dot{\gamma}(0) = (A_1A_2)^{\frac{1}{2}} + (A_2A_1)^{\frac{1}{2}} - 2A_1, \tag{4.31}$$

通过求解上面方程, 可以得到指数映射的表达式.

定理 17 对于任意的 $A \in SPD(n)$, 取 $T_ASPD(n)$ 中一个充分小的开球 $B(0,\epsilon)$, $\epsilon > 0$, 则在该开球内指数映射 $\exp_A: B(0,\epsilon) \to SPD(n)$ 可以写成

$$\exp_A X = A + X + \Gamma_A[X]A\Gamma_A[X]. \tag{4.32}$$

证明 通过选择法坐标系[27], 可以选到适当的邻域 $B(0,\epsilon)$ 使得 $\exp_A$ 有定义. 从 (4.31) 可知, $\exp_A X$ 满足

$$(A\exp_A X)^{\frac{1}{2}} + ((\exp_A X)A)^{\frac{1}{2}} = X + 2A. \tag{4.33}$$

方程 (4.33) 可以转化为 Sylvester 方程

$$AA^{-1}(A\exp_A X)^{\frac{1}{2}} + A^{-1}A((\exp_A X)A)^{\frac{1}{2}}A^{-1}A = X + 2A$$
$$\Longleftrightarrow A\left(A^{-1}(A\exp_A X)^{\frac{1}{2}}\right) + \left(A^{-1}(A\exp_A X)^{\frac{1}{2}}\right)A = X + 2A$$

$$\iff \Gamma_A (X + 2A) = A^{-1} (A \exp_A X)^{\frac{1}{2}}$$
$$\iff (A \exp_A X)^{\frac{1}{2}} = A\Gamma_A (X + 2A), \tag{4.34}$$

因此我们有

$$\begin{aligned}\exp_A X &= \Gamma_A[X + 2A]A\Gamma_A[X + 2A] \\ &= (\Gamma_A[X] + I)\, A\, (\Gamma_A[X] + I) \\ &= A + X + \Gamma_A[X]A\Gamma_A[X],\end{aligned} \tag{4.35}$$

其中用到了

$$\Gamma_A[X + 2A] = \Gamma_A[X] + \Gamma_A[2A] = I + \Gamma_A[X],$$

至此完成了定理的证明. □

类似于 [11], 构造 $J(t)$ 为

$$J(t) := \left.\frac{\partial}{\partial s}\right|_{s=0} \exp_A t\,(X + sY)\,. \tag{4.36}$$

将 (4.32) 代入 (4.36), 经计算可得下面的定理.

定理 18 沿测地线 $\gamma(t)$, $\gamma(0) = A \in SPD(n)$, $\dot\gamma(0) = X \in T_ASPD(n)$, 存在唯一的法向雅可比场 $J(t)$, 满足初值条件 $J(0) = 0$, $\nabla_{\dot\gamma(0)}J(t) = Y \in T_ASPD(n)$, 其中 $\langle X, Y\rangle_A = 0$, 其表达式为

$$J(t) = tY + t^2 \left(\Gamma_A[X]A\Gamma_A[Y] + \Gamma_A[Y]A\Gamma_A[X]\right). \tag{4.37}$$

根据指数映射的表达式可以直接写出给定起点和方向的测地线方程. 具体地, 我们有如下命题.

命题 60 $(SPD(n), g)$ 上带有初值 $\gamma(0)$, $\dot\gamma(0)$ 的测地线方程有如下的显式表达

$$\gamma(t) = \gamma(0) + t\dot\gamma(0) + t^2\Gamma_{\gamma(0)}\left[\dot\gamma(0)\right]\gamma(0)\Gamma_{\gamma(0)}\left[\dot\gamma(0)\right], \quad t \in (-\epsilon, \epsilon). \tag{4.38}$$

命题 61 $(SPD(n), g)$ 不是完备的, 因此由 Hopf-Rinow 定理[11]可知, $SPD(n)$ 在 g 诱导的度量下是不完备的度量空间.

有了测地线的显式表达, 以及 $(SPD(n), g)$ 不完备的结果, 一个自然的问题是测地线能够延伸的最大长度. 该问题等价于求指数映射的最大范围, 此处仍只需考虑对角矩阵的情形.

定理 19 对于任意的 $A \in SPD(n)$ 以及 $X \in T_A SPD(n)$, 使得 $\gamma : [0, \epsilon) \to SPD(n)$, $\gamma(t) = \exp_A(tX)$ 有定义的 ϵ 的最大值为

$$\epsilon(X) = \begin{cases} -\dfrac{1}{\lambda_{\min}}, & \lambda_{\min} < 0, \\ +\infty, & \lambda_{\min} \geqslant 0, \end{cases}$$

其中 $\lambda_{\min}$ 为 $\Gamma_A[X]$ 的最小特征值.

证明 显然, $\epsilon(X) = \min\{s > 0 \mid \det(\exp_A(sX)) = 0\}$. 由 (4.35) 有

$$\begin{aligned} &\det(\exp_A(sX)) = \det(A)\det^2(I + s\Gamma_A[X]) = 0 \\ \Longleftrightarrow\ &\det\left(\Gamma_A[X] + \frac{1}{s}I\right) = 0 \\ \Longleftrightarrow\ &s = -\frac{1}{\lambda(\Gamma_A[X])}, \end{aligned}$$

其中 $\lambda(\Gamma_A[X])$ 是 $\Gamma_A[X]$ 的特征值. 于是 $\epsilon(X) = \min\left\{-\dfrac{1}{\lambda(\Gamma_A[X])} > 0\right\}$. □

定义 91 对于任意的 $A \in SPD(n)$, 称 $r(A)$ 为 $SPD(n)$ 在 A 点处的 Wasserstein 半径, 其中 $r(A)$ 是使得 $\exp_A$ 在 $B(0, \epsilon)$ 中有定义的最大 ϵ 值.

定理 20 Wasserstein 半径 $r(A) : SPD(n) \to (0, +\infty)$ 由下式给出

$$r(A) = \sqrt{\lambda_{\min}(A)},$$

其中函数 $r(A)$ 是连续的, $\lambda_{\min}(A)$ 为 A 的最小特征值.

证明 由注 38 可知 $r(A) = r(\Lambda)$, 其中 Λ 是与 A 正交相似的对角矩阵, 故只需要考虑 $r(\Lambda)$ 即可. 首先根据 Wasserstein 半径的定义, 我们有

$$\begin{aligned} r(\Lambda) &= \inf\{\|X\|_g \mid X \in T_\Lambda SPD(n),\ \det(\exp_A X) = 0\} \\ &= \inf\{\|X\|_g \mid X \in T_\Lambda SPD(n),\ \det(I + \Gamma_A[X]) = 0\}, \end{aligned}$$

其中 $\|\cdot\|_g$ 是 g 诱导的范数.

利用 $\Lambda\Gamma_\Lambda[X] + \Gamma_\Lambda[X]\Lambda = X$, Wasserstein 半径可以等价地表示为

$$r(\Lambda) = \inf\left\{\sqrt{\frac{1}{2}\mathrm{tr}(X\Gamma_\Lambda[X])}\middle| X \in T_\Lambda SPD(n), \Gamma_\Lambda[x]\ \text{至少有一个特征值为}\ -1\right\}.$$

记该特征值为 $\eta_1 = -1$, 则有

$$2r^2(\Lambda) = \inf\{\mathrm{tr}(X\Gamma_\Lambda[X]) \mid X \in T_\Lambda SPD(n), \eta_1 = -1\}.$$

因为

$$\begin{aligned}\operatorname{tr}(X\Gamma_\Lambda[X]) &= \operatorname{tr}(\Lambda\Gamma_\Lambda[X] + \Gamma_\Lambda[X]\Lambda)\\ &= 2\operatorname{tr}\left(\Lambda\Gamma_\Lambda^2[X]\right),\end{aligned}$$

设 $K = \Gamma_\Lambda[X]$, $\Lambda = \operatorname{diag}(\lambda_1, \lambda_2, \cdots, \lambda_n)$, $\lambda_i > 0\ (i = 1, 2, \cdots, n)$, 由 K 的对称性可知, K^2 的特征值皆为负, 并且至少有一个特征值为 $(-1)^2 = 1$. 所以

$$\begin{aligned}\operatorname{tr}(X\Gamma_\Lambda[X]) &= 2\sum_{i,j}\lambda_i K_{ij}K_{ji}\\ &= 2\sum_{ij}\lambda_i K_{ij}^2\\ &\geqslant 2\lambda_{\min}\sum_{ij}K_{ij}^2\\ &= 2\lambda_{\min}\operatorname{tr}\Gamma_\Lambda^2[X]\\ &\geqslant 2\lambda_{\min}.\end{aligned}$$

故

$$r(\Lambda) = \sqrt{\lambda_{\min}}.$$

□

由于 $(SPD(n), g)$ 的测地凸性, 每点的 Wasserstein 半径事实上给出了该点到边界的测地距离, 也可称其为该点的退化度.

4.4.8 联络

本节介绍 $(SPD(n), g)$ 的黎曼联络, 或称为 Wasserstein 联络. 利用 $GL(n,\mathbb{R})$ 的平坦性以及黎曼淹没 π 可以给本节的分析带来很多方便. 在本节的计算过程中, 在不引起歧义的情况下, $GL(n,\mathbb{R})$ 上的欧氏度量以及 $SPD(n)$ 上的黎曼度量都用 $\langle\cdot,\cdot\rangle$ 来表示, D 表示欧氏空间的联络, ∇ 表示 Wasserstein 联络. 获得 Wasserstein 联络的主要思想是通过计算提升向量场的欧氏协变导数的水平分解.

定理 21 欧氏空间联络是 Wasserstein 联络的提升. 对于光滑向量场 $X, Y \in \mathfrak{X}(SPD(n))$, $A \in SPD(n)$ 以及它们的水平提升 $\widetilde{X}, \widetilde{Y}, \widetilde{A}$, 有

$$(\mathrm{d}\pi)_{\widetilde{A}} D_{\widetilde{X}}\widetilde{Y} = \nabla_X Y.$$

在证明定理 21 之前, 我们证明下面的关键引理.

引理 7 水平提升与李括号可交换, 即

$$(\mathrm{d}\pi)_{\widetilde{A}}[\widetilde{X}, \widetilde{Y}] = [X, Y].$$

证明 注意到平坦流形 $GL(n,\mathbb{R})$ 上的联络即为欧氏空间中的方向导数, 故对于任意的向量场 $X,Y\in\mathfrak{X}(SPD(n))$, 有

$$\begin{aligned}D_{\widetilde{X}}\widetilde{Y}&=\lim_{t\to 0}\frac{1}{t}(\widetilde{Y}|_{\widetilde{A}+\widetilde{t}X}-\widetilde{Y}|_{\widetilde{A}})\\&=\lim_{t\to 0}\frac{1}{t}(\Gamma_{A+tX}[Y|_{A+tX}](\widetilde{A}+\widetilde{t}X)-\Gamma_A[Y|_A]\widetilde{A})\\&=\lim_{t\to 0}\frac{1}{t}(\Gamma_{A+tX}[Y|_{A+tX}]-\Gamma_A[Y|_A])\widetilde{A}+\Gamma_A[Y]\widetilde{X}\\&=\lim_{t\to 0}\frac{1}{t}(\Gamma_{A+tX}[Y|_{A+tX}]-\Gamma_A[Y|_A])\widetilde{A}+\Gamma_A[Y]\Gamma_A[X]\widetilde{A}\\&=(\Gamma_A[\mathrm{d}Y(X)]-\Gamma_A[X\Gamma_A[Y]+\Gamma_A[Y]X]+\Gamma_A[Y]\Gamma_A[X])\,\widetilde{A},\end{aligned}\tag{4.39}$$

其中用到了

$$\begin{aligned}&\lim_{t\to 0}\frac{1}{t}\left(\Gamma_{A+tX}[Y|_{A+tX}]-\Gamma_A[Y|_A]\right)\\=&\lim_{t\to 0}\frac{1}{t}\left(\Gamma_A[Y|_{A+tX}]-\Gamma_A[tX\Gamma_{A+tX}[Y|A]+t\Gamma_{A+tX}[Y|A]X]-\Gamma_A[Y|_A]\right)\\=&\lim_{t\to 0}\frac{\Gamma_A[Y|_{A+tX}]-\Gamma_A[Y|_A]}{t}-\Gamma_A[X\Gamma_A[Y]+\Gamma_A[Y]X]\\=&\Gamma_A[\mathrm{d}Y(X)]-\Gamma_A[X\Gamma_A[Y]+\Gamma_A[Y]X].\end{aligned}$$

进一步计算李括号得

$$\begin{aligned}[\widetilde{X},\widetilde{Y}]=&D_{\widetilde{X}}\widetilde{Y}-D_{\widetilde{Y}}\widetilde{X}\\&=\Gamma_A[\mathrm{d}Y(X)-\mathrm{d}X(Y)]\widetilde{A}+(\Gamma_A[Y]\Gamma_A[X]-\Gamma_A[X]\Gamma_A[Y])\,\widetilde{A}\\&\quad-\Gamma_A[X\Gamma_A[Y]+\Gamma_A[Y]X-Y\Gamma_A[X]-\Gamma_A[X]Y]\widetilde{A}.\end{aligned}\tag{4.40}$$

注意到

$$\begin{aligned}&X\Gamma_A[Y]+\Gamma_A[Y]X-Y\Gamma_A[X]-\Gamma_A[X]Y\\=&(A\Gamma_A[X]+\Gamma_A[X]A)\Gamma_A[Y]+\Gamma_A[Y](A\Gamma_A[X]+\Gamma_A[X]A)\\&-(A\Gamma_A[Y]+\Gamma_A[Y]A)\Gamma_A[X]-\Gamma_A[X](A\Gamma_A[Y]+\Gamma_A[Y]A)\\=&A\Pi(A,X,Y)-\Pi(A,X,Y)A,\end{aligned}$$

其中 $\Pi(A,X,Y)=\Gamma_A[X]\Gamma_A[Y]-\Gamma_A[Y]\Gamma_A[X]$, 我们有

$$\begin{aligned}\Gamma_A[A\Pi(A,X,Y)-\Pi(A,X,Y)A]=&A\Gamma_A[\Pi(A,X,Y)]-\Gamma_A[\Pi(A,X,Y)]A\\=&2A\Gamma_A[\Pi(A,X,Y)]-\Pi(A,X,Y),\end{aligned}$$

故有

$$[\widetilde{X},\widetilde{Y}]=\widetilde{[X,Y]}-2A\Gamma_A[\Pi(A,X,Y)]\widetilde{A}.$$

最后, 证明上式的第二项是竖直项, 亦即验证 $2A\Gamma_A[\Pi(A,X,Y)]\widetilde{A}\in V_{\widetilde{A}}$. 事实上, 由于

$$2A\Gamma_A[\Pi(A,X,Y)]\widetilde{A}=2\widetilde{A}\widetilde{A}^{\mathrm{T}}\Gamma_A[\Pi(A,X,Y)]\widetilde{A},$$

以及 $\Pi(A,X,Y)$ 反对称, 故 $\widetilde{A}^{\mathrm{T}}\Gamma_A[\Pi(A,X,Y)]\widetilde{A}$ 反对称, 由命题 54 即完成了引理 7 的证明. □

下面证明定理 21.

证明 对于任意的光滑向量场 $Z\in\mathfrak{X}(SPD(n))$ 及其水平提升 $\widetilde{Z}$ 有

$$\begin{aligned}2\langle\widetilde{\nabla_XY},\widetilde{Z}\rangle&=2\langle\nabla_XY,Z\rangle\\&=X\langle Y,Z\rangle+Y\langle Z,X\rangle-Z\langle X,Y\rangle+\langle Z,[X,Y]\rangle\\&\quad+\langle Y,[Z,X]\rangle-\langle X,[Y,Z]\rangle\\&=\widetilde{X}\langle\widetilde{Y},\widetilde{Z}\rangle+\widetilde{Y}\langle\widetilde{Z},\widetilde{Z}\rangle-\widetilde{Z}\langle\widetilde{X},\widetilde{Y}\rangle+\langle\widetilde{Z},\widetilde{[X,Y]}\rangle\\&\quad+\langle\widetilde{Y},\widetilde{[Z,X]}\rangle-\langle\widetilde{X},\widetilde{[Y,Z]}\rangle\\&=\widetilde{X}\langle\widetilde{Y},\widetilde{Z}\rangle+\widetilde{Y}\langle\widetilde{Z},\widetilde{X}\rangle-\widetilde{Z}\langle\widetilde{X},\widetilde{Y}\rangle+\langle\widetilde{Z},[\widetilde{X},\widetilde{Y}]\rangle\\&\quad+\langle\widetilde{Y},[\widetilde{Z},\widetilde{X}]\rangle-\langle\widetilde{X},[\widetilde{Y},\widetilde{Z}]\rangle\\&=2\langle D_{\widetilde{X}}\widetilde{Y},\widetilde{Z}\rangle,\end{aligned}\tag{4.41}$$

其中利用了四个等式,

$$\langle Y,Z\rangle=\langle\widetilde{Y},\widetilde{Z}\rangle,\quad X\langle Y,Z\rangle=\widetilde{X}\langle\widetilde{Y},\widetilde{Z}\rangle,$$

$$\langle Z,[X,Y]\rangle=\langle\widetilde{Z},\widetilde{[X,Y]}\rangle,\quad\langle\widetilde{Z},\widetilde{[X,Y]}\rangle=\langle\widetilde{Z},[\widetilde{X},\widetilde{Y}]\rangle.$$

关于前两个等式, 利用了 $GL(n,\mathbb{R})$ 中水平子空间的内积与其在 $SPD(n)$ 中投影的内积相同的结论, 而关于后两个等式, 利用了 $H_{\widetilde{A}}$ 与 $V_{\widetilde{A}}$ 的正交性. 由 Z 的任意性, 有 $(\mathrm{d}\pi)_{\widetilde{A}}(D_{\widetilde{X}}\widetilde{Y})=\nabla_XY$. □

从上述定理的证明可知 $(\mathrm{d}\pi)_{\widetilde{A}}(D_{\widetilde{X}}\widetilde{Y})$ 不依赖于纤维上 $\widetilde{A}$ 的选择.

命题 62 Wasserstein 联络有如下显式表达

$$\nabla_XY=\mathrm{d}Y(X)-\Gamma_A[X]A\Gamma_A[Y]-\Gamma_A[Y]A\Gamma_A[X].\tag{4.42}$$

证明 从定理 21 以及 (4.40), 有

$$\begin{aligned}
\nabla_X Y &= (\mathrm{d}\pi)_{\widetilde{A}}(D_{\widetilde{X}}\widetilde{Y}) \\
&= \widetilde{A} D_{\widetilde{X}}^{\mathrm{T}} \widetilde{Y} + D_{\widetilde{X}}\widetilde{Y}\widetilde{A}^{\mathrm{T}} \\
&= A\Gamma_A[\mathrm{d}Y(X)] + \Gamma_A[\mathrm{d}Y(X)]A \\
&\quad - (A(X\Gamma_A[Y] + \Gamma_A[Y]X) + (X\Gamma_A[Y] + \Gamma_A[Y]X)A) \\
&\quad + A\Gamma_A[X]\Gamma_A[Y] + \Gamma_A[Y]\Gamma_A[X]A \\
&= \mathrm{d}Y(X) - (X\Gamma_A[Y] + \Gamma_A[Y]X) \\
&\quad + A\Gamma_A[X]\Gamma_A[Y] + \Gamma_A[Y]\Gamma_A[X]A \\
&= \mathrm{d}Y(X) - \Gamma_A[X]A\Gamma_A[Y] - \Gamma_A[Y]A\Gamma_A[X].
\end{aligned}$$

□

定义 92 向量场 Y 沿向量场 X 提升的协变导数的竖直分量是 $GL(n,\mathbb{R})$ 上的张量场 $\mathcal{T}(X,Y)$, 它在点 $\widetilde{A}$ 处的值定义为

$$\mathcal{T}_{\widetilde{A}}(X,Y) := D_{\widetilde{X}}\widetilde{Y} - \widetilde{\nabla_X Y}, \tag{4.43}$$

其中 $\widetilde{A}$ 为 $A \in SPD(n)$ 的水平提升, $\widetilde{X},\widetilde{Y}$ 分别是 $X,Y \in T_A SPD(n)$ 的水平提升.

定理 22 $\mathcal{T}_{\widetilde{A}}(\cdot,\cdot) : T_A SPD(n) \otimes T_A SPD(n) \to T_{\widetilde{A}} GL(n,\mathbb{R})$ 是反对称的双线性映射, 满足

$$\mathcal{T}_{\widetilde{A}}(X,Y) = A\Gamma_A[\Gamma_A[Y]\Gamma_A[X]] - \Gamma_A[X]\Gamma_A[Y]\widetilde{A}.$$

证明 利用 (4.39), (4.42) 以及 (4.22), 直接计算可得

$$\begin{aligned}
\mathcal{T}_{\widetilde{A}}(X,Y) &= (\Gamma_A[\mathrm{d}Y(X)] - \Gamma_A[X\Gamma_A[Y] + \Gamma_A[Y]X] + \Gamma_A[Y]\Gamma_A[X])\widetilde{A} \\
&\quad - \Gamma_A[\mathrm{d}Y(X) - \Gamma_A[X]A\Gamma_A[Y] - \Gamma_A[Y]A\Gamma_A[X]]\widetilde{A} \\
&= (-\Gamma_A[A\Gamma_A[X]\Gamma_A[Y]] - \Gamma_A[\Gamma_A[Y]\Gamma_A[X]A] + \Gamma_A[Y]\Gamma_A[X])\widetilde{A} \\
&= (\Gamma_A[Y]\Gamma_A[X] - \Gamma_A[\Gamma_A[Y]\Gamma_A[X]]A - A\Gamma_A[\Gamma_A[X]\Gamma_A[Y]])\widetilde{A} \\
&= A\Gamma_A[\Gamma_A[Y]\Gamma_A[X] - \Gamma_A[X]\Gamma_A[Y]]\widetilde{A}.
\end{aligned} \tag{4.44}$$

上式表明 $\mathcal{T}_{\widetilde{A}}(X,Y)$ 仅依赖于 $\widetilde{A}$ 以及 $T_{\widetilde{A}}SPD(n)$. 借助该式容易验证双线性性以及反对称性 $\mathcal{T}_{\widetilde{A}}(X,Y) = -\mathcal{T}_{\widetilde{A}}(Y,X)$. □

对比 (4.44) 和 (4.40), 可知

$$[\widetilde{X},\widetilde{Y}] = \widetilde{[X,Y]} + 2\mathcal{T}(X,Y). \tag{4.45}$$

后面我们会发现, 张量 $\mathcal{T}(X,Y)$ 在计算曲率的过程中起着重要的作用.

4.4.9 曲率

众所周知, 雅可比场所满足的方程与曲率有密切的关系. 既然我们已经对 $(SPD(n),g)$ 上的雅可比场有了充分的理解, 利用雅可比场方程即可计算曲率张量. 但计算过程异常复杂, 我们试图寻找其他方法计算曲率. 在本节中, 记 $GL(n,\mathbb{R})$ 上的欧氏曲率为 $\widetilde{R}$, 记 $(SPD(n),g)$ 上的 Wasserstein 曲率为 R.

定理 23 对于任意的 $A\in SPD(n)$, 以及 $(SPD(n),g)$ 上的光滑向量场 X,Y, Wasserstein 曲率张量在 A 处有显式表达

$$R(X,Y,X,Y)=3\mathrm{tr}(\Gamma_A[X]A\Gamma_A[\Gamma_A[X]\Gamma_A[Y]-\Gamma_A[Y]\Gamma_A[X]]A\Gamma_A[Y]).$$

证明 计算 $\widetilde{R}_{\widetilde{A}}(\widetilde{X},\widetilde{Y},\widetilde{X},\widetilde{Y})$ 如下

$$\begin{aligned}
\widetilde{R}_{\widetilde{A}}(\widetilde{X},\widetilde{Y},\widetilde{X},\widetilde{Y})&=\langle D_{\widetilde{X}}D_{\widetilde{Y}}\widetilde{X},\widetilde{Y}\rangle-\langle D_{\widetilde{Y}}D_{\widetilde{X}}\widetilde{X},\widetilde{Y}\rangle-\langle D_{[\widetilde{X},\widetilde{Y}]}\widetilde{X},\widetilde{Y}\rangle\\
&=\langle D_{\widetilde{X}}\widetilde{\nabla_Y X},\widetilde{Y}\rangle-\langle D_{\widetilde{Y}}\widetilde{\nabla_X X},\widetilde{Y}\rangle-\langle D_{\widetilde{[X,Y]}}\widetilde{X},\widetilde{Y}\rangle\\
&\quad+\langle D_{\widetilde{X}}\mathcal{T}(Y,X),\widetilde{Y}\rangle-\langle D_{\widetilde{Y}}\mathcal{T}(X,X),\widetilde{Y}\rangle-\langle D_{2\mathcal{T}(X,Y)}\widetilde{X},\widetilde{Y}\rangle\\
&=\langle\nabla_X\nabla_Y X,Y\rangle-\langle\nabla_Y\nabla_X X,Y\rangle-\langle\nabla_{[X,Y]}X,Y\rangle\\
&\quad+\langle\mathcal{T}(X,Y),\mathcal{T}(X,Y)\rangle-2\langle D_{\mathcal{T}(X,Y)}\widetilde{X},\widetilde{Y}\rangle\\
&=R_A(X,Y,X,Y)+\langle\mathcal{T}(X,Y),\mathcal{T}(X,Y)\rangle-2\langle D_{\mathcal{T}(X,Y)}\widetilde{X},\widetilde{Y}\rangle,
\end{aligned}\tag{4.46}$$

其中用到了 (4.43)、(4.45)、$\mathcal{T}_{\widetilde{A}}(X,Y)\in V_{\widetilde{A}}$ 以及 $\mathcal{T}$ 的反对称性, 同时利用了等式

$$\begin{aligned}
\langle D_{\widetilde{X}}\mathcal{T}(Y,X),\widetilde{Y}\rangle&=\widetilde{X}\langle\mathcal{T}(Y,X),\widetilde{Y}\rangle-\langle\mathcal{T}(Y,X),D_{\widetilde{X}}\widetilde{Y}\rangle\\
&=\langle\mathcal{T}(X,Y),\mathcal{T}(X,Y)+\widetilde{\nabla_X Y}\rangle\\
&=\langle\mathcal{T}(X,Y),\mathcal{T}(X,Y)\rangle.
\end{aligned}$$

注意到, $\mathcal{T}(X,Y)$ 与 $\widetilde{X},\widetilde{Y}$ 均正交, 故

$$\langle[\mathcal{T}(X,Y),\widetilde{X}],\widetilde{Y}\rangle=0.$$

由 $D_{\mathcal{T}(X,Y)}\widetilde{X}-D_{\widetilde{X}}\mathcal{T}(X,Y)=[\mathcal{T}(X,Y),\widetilde{X}]$ 可得

$$\left\langle D_{\mathcal{T}(X,Y)}\widetilde{X},\widetilde{Y}\right\rangle=\left\langle D_{\widetilde{X}}\mathcal{T}(X,Y),\widetilde{Y}\right\rangle=-\langle\mathcal{T}(X,Y),\mathcal{T}(X,Y)\rangle.\tag{4.47}$$

另一方面, 由方向导数的定义以及 $\pi(\widetilde{A}+\mathcal{T}(X,Y))=A$, 我们有

$$D_{\mathcal{T}(X,Y)}\widetilde{X}=\lim_{t\to0}\frac{1}{t}\left(\Gamma_A[X](\widetilde{A}+\mathcal{T}(X,Y)t)-\Gamma_A[X]\widetilde{A}\right)$$

$$= \Gamma_A[X]\mathcal{T}(X,Y), \tag{4.48}$$

将 (4.48) 代入 (4.47) 可得

$$\langle \mathcal{T}(X,Y), \mathcal{T}(X,Y)\rangle = -\langle \Gamma_A[X]\mathcal{T}(X,Y), \widetilde{Y}\rangle,$$

再代回 (4.46) 得

$$\begin{aligned}\widetilde{R}(\widetilde{X},\widetilde{Y},\widetilde{X},\widetilde{Y}) &= R(X,Y,X,Y) - 3\langle \Gamma_A[X]\mathcal{T}(X,Y), \Gamma_A[Y]\widetilde{A}\rangle \\ &= R(X,Y,X,Y) + 3\langle \mathcal{T}(X,Y), \mathcal{T}(X,Y)\rangle.\end{aligned}$$

注意到 $\widetilde{R}(\widetilde{X},\widetilde{Y},\widetilde{X},\widetilde{Y}) \equiv 0$, 可得

$$\begin{aligned}R(X,Y,X,Y) &= -3\langle \mathcal{T}(X,Y), \mathcal{T}(X,Y)\rangle \\ &= 3\langle \Gamma_A[X]\mathcal{T}(X,Y), \Gamma_A[Y]\widetilde{A}\rangle \\ &= 3\mathrm{tr}\left(\Gamma_A[X]A\Gamma_A[\Gamma_A[Y]\Gamma_A[X] - \Gamma_A[X]\Gamma_A[Y]]A\Gamma_A[Y]\right). \quad \square\end{aligned}$$

在后续曲率的计算中, 我们会多次使用 $\Gamma_A[X]$ 的具体表达式, 为简化推导过程, 此处引入记号 C_X, E_X 表示定理 13 中构造 Sylvester 方程解时用到的 C, E 矩阵. 此处给出求解 Sylvester 方程的算法如下.

算法 1　求解 Sylvester 方程

输入　$A \in SPD(n)$, $X \in Sym(n)$.

输出　$\Gamma_A[X]$.

1: 对 A 作正交分解 $A = Q\Lambda Q^{\mathrm{T}}$, 其中 $Q \in O(n)$, $\Lambda = \mathrm{diag}\,(\lambda_1, \lambda_2, \cdots, \lambda_n)$, λ_i $(i = 1, 2, \cdots, n)$ 是 A 的特征值;

2: $C_X := [c_{ij}] = Q^{\mathrm{T}}XQ$;

3: $E_X = [e_{ij}] = \left(\dfrac{c_{ij}}{\lambda_i + \lambda_j}\right)$;

4: $\Gamma_A[X] = QE_XQ^{\mathrm{T}}$.

借助上述算法, 我们给出截面 $\mathrm{span}\{X,Y\}$ 的曲率 K 的表示

$$\begin{aligned}K_A(X,Y) &= -\frac{R(X,Y,X,Y)}{\langle X,X\rangle\langle Y,Y\rangle - \langle X,Y\rangle^2} \\ &= \frac{12\mathrm{tr}\left(E_X\Lambda\Gamma_\Lambda[E_XE_Y - E_YE_X]\Lambda E_Y\right)}{\mathrm{tr}\left(E_XC_X\right)\mathrm{tr}\left(E_YC_Y\right) - \mathrm{tr}^2\left(E_XC_Y\right)}.\end{aligned}$$

当 $A = k\Lambda$ 为对角矩阵时, 可以证明截面曲率满足以下关系

$$K_{k\Lambda}(X,Y) = \frac{1}{k}K_\Lambda(X,Y), \quad k \in \mathbb{R}\backslash\{0\}.$$

下面将针对对角矩阵的情形计算截面曲率和数量曲率, 并且给出截面曲率的界. 首先定义 $SPD(n)$ 的切空间 $Sym(n)$ 上的一组基底. 定义 n 阶矩阵 $\{S^{p,q}\}$ 为

$$S^{p,q} = \left(S^{p,q}_{ij}\right), \quad S^{p,q}_{ij} = \delta^p_i\delta^q_j + \delta^q_i\delta^p_j,$$

其中, 上标 p,q 表示矩阵 $S^{p,q}$ 中非零元素的位置. 事实上, $\{S^{p,q} \mid 1 \leqslant p \leqslant q \leqslant n\}$ 是线性空间 $Sym(n)$ 的一组基底. 为简便起见, 有时把 $S^{p,q}, S^{r,t}$ 分别记成 S_1, S_2. 我们将在该组基底下计算曲率.

直接计算可得

$$(S_1S_2)_{ij} = \sum_{k=1}^{n} S_{ik}^{p,q} S_{kj}^{r,t} = \delta_i^p \delta^{qt} \delta_j^r + \delta_i^p \delta^{qr} \delta_j^t + \delta_i^q \delta^{pt} \delta_j^r + \delta_i^q \delta^{pr} \delta_j^t,$$

由于 $E_S = \left(\dfrac{S_{ij}}{\lambda_i + \lambda j}\right) = \Gamma_\Lambda[S],\ S \in T_\Lambda SPD(n)$ (注意到 Λ 的正交分解取 $Q = I$ 即可) 以及 Λ, S_1, S_2 各分量非负, 故有

$$E_{S_1} E_{S_2} \neq 0 \Longleftrightarrow S_1 S_2 \neq 0 \Longleftrightarrow \{p,q\} \cap \{r,t\} \neq \varnothing.$$

注意到 $\{p,q\} \neq \{r,t\}$ 以及 $S^{p,q} = S^{q,p},\ S^{r,t} = S^{t,r}$, 不失一般性, 不妨设 $p = r$, 则 $q \neq t$, 只有此时曲率非零.

定理 24 对于任意的对角矩阵 $\Lambda = \operatorname{diag}(\lambda_1, \cdots, \lambda_n) \in SPD(n)$, 其中 $\lambda_1 \leqslant \lambda_2 \leqslant \cdots \leqslant \lambda_n$, 截面曲率为

$$K_\Lambda(S_1, S_2) = \frac{3(1 + \delta^{pq})(1 + \delta^{pt}) \lambda_q \lambda_t}{(\lambda_p + \lambda_q)(\lambda_p + \lambda_t)(\lambda_q + \lambda_t)},$$

其中 $S_1 = S^{p,q},\ S_2 = S^{r,t},\ p = r,\ q \neq t$.

证明 借助条件 $p = r,\ q \neq t$, 直接计算可得

$$(S_1S_2)_{ij} = (1 + \delta^{pq})(1 + \delta^{pt}) \delta_i^q \delta_j^t = \begin{cases} 2\delta_i^q \delta_j^t, & q = p \text{ 或 } t = p. \\ \delta_i^q \delta_j^t, & q \neq p \text{ 且 } t \neq p, \end{cases}$$

以及

$$(E_{S_1} E_{S_2})_{ij} = \frac{(1 + \delta^{pq})(1 + \delta^{pt})}{(\lambda_p + \lambda_q)(\lambda_p + \lambda_t)} \delta_i^q \delta_j^t. \tag{4.49}$$

因此, 我们有

$$\begin{aligned}(\Gamma_\Lambda[E_{S_1}, E_{S_2}])_{ij} &= \frac{[E_{S_1}, E_{S_2}]_{ij}}{\lambda_i + \lambda_j} \\ &= \frac{(1 + \delta^{pq})(1 + \delta^{pt})(\delta_i^q \delta_j^t - \delta_j^q \delta_i^t)}{(\lambda_p + \lambda_q)(\lambda_p + \lambda_t)(\lambda_q + \lambda_t)},\end{aligned}$$

以及

$$\sum_{k=1}^{n} (\Gamma_\Lambda[E_{S_1}, E_{S_2}])_{ik} (\Lambda E_{S_2} E_{S_1} \Lambda)_{kj}$$

$$= \frac{\left(1+\delta^{pq}\right)\left(1+\delta^{pt}\right)\left(\delta_i^q\delta_k^t-\delta_k^q\delta_i^t\right)}{\left(\lambda_p+\lambda_q\right)\left(\lambda_p+\lambda_t\right)\left(\lambda_q+\lambda_t\right)}\frac{\left(1+\delta^{pq}\right)\left(1+\delta^{pt}\right)\lambda_q\lambda_t}{\left(\lambda_p+\lambda_q\right)\left(\lambda_p+\lambda_t\right)}\delta_k^t\delta_j^q$$
$$= \frac{\left(1+\delta^{pq}\right)^2\left(1+\delta^{pt}\right)^2\lambda_q\lambda_t}{\left(\lambda_p+\lambda_q\right)^2\left(\lambda_p+\lambda_t\right)^2\left(\lambda_q+\lambda_t\right)}\delta_i^q\delta_j^q,$$

于是, 曲率张量可以表示为

$$\begin{aligned} R_\Lambda(S_1,S_2,S_1,S_2) &= 3\mathrm{tr}\left(E_{S_1}\Lambda\Gamma_\Lambda[E_{S_1},E_{S_2}]\Lambda E_{S_2}\right) \\ &= \frac{3\left(1+\delta^{pq}\right)^2\left(1+\delta^{pt}\right)^2\lambda_q\lambda_t}{(\lambda_p+\lambda_q)^2(\lambda_p+\lambda_t)^2(\lambda_q+\lambda_t)}. \end{aligned} \tag{4.50}$$

同时, 由 (4.49) 有

$$S_1\neq S_2 \Longrightarrow \langle S_1,S_2\rangle = \mathrm{tr}\left(E_{S_2}\Lambda E_{S_1}\right) = \mathrm{tr}\left(\Lambda E_{S_1}E_{S_2}\right) = 0,$$

以及

$$\langle S_1,S_1\rangle = \frac{1}{2}\mathrm{tr}\left(S_1E_{S_1}\right) = \frac{1+\delta^{pq}}{\lambda_p+\lambda_q},$$
$$\langle S_2,S_2\rangle = \frac{1}{2}\mathrm{tr}\left(S_2E_{S_2}\right) = \frac{1+\delta^{pt}}{\lambda_p+\lambda_t},$$

可得到截面的平行四边形面积为

$$\langle S_1,S_1\rangle\langle S_2,S_2\rangle - \langle S_1,S_2\rangle^2 = \frac{\left(1+\delta^{pq}\right)\left(1+\delta^{pt}\right)}{\left(\lambda_p+\lambda_q\right)\left(\lambda_p+\lambda_t\right)}. \tag{4.51}$$

结合 (4.50) 和 (4.51) 即可完成证明. □

截面曲率的表达式稍显复杂, 我们可以给出一个估计. 具体地, 有下面的定理.

定理 25 对于任意的 $A\in SPD(n)$, 存在 $T_ASPD(n)$ 的一组正交基底 $\{e_k\}$ 使得对于任意的 $e_{k_1},e_{k_2}\in\{e_k\}$, $k_1\neq k_2$, 有

$$0 < K_A\left(e_{k_1},e_{k_2}\right) < \frac{3}{\lambda_{\min 2}(A)},$$

其中 $\lambda_{\min 2}(A)$ 是 A 的第二小特征值.

证明 因为 A 可对角化, 存在对角阵 $\Lambda\in SPD(n)$, 以及 $X,Y\in T_\Lambda SPD(n)$

使得 $K_A(e_{k_1}, e_{k_2}) = K_\Lambda(X, Y)$ (定理 14). 由定理 24 有

$$K_\Lambda(S^{p,q}, S^{r,t}) = \begin{cases} \dfrac{3\lambda_q\lambda_t}{(\lambda_p+\lambda_q)(\lambda_p+\lambda_t)(\lambda_q+\lambda_t)}, & p=r,\ p\neq q \text{ 且 } p\neq t, \\ \dfrac{3\lambda_t}{(\lambda_p+\lambda_t)^2}, & p=r=q\neq t, \\ \dfrac{3\lambda_q}{(\lambda_p+\lambda_q)^2}, & p=r=t\neq q, \\ 0, & \text{其他}, \end{cases}$$

由 $\lambda_i > 0\ (i=1,2,\cdots,n)$ 可知

$$K_\Lambda\left(S^{p,q}, S^{r,t}\right) < \frac{3}{\lambda_{\min 2}(A)}. \qquad \square$$

由于截面曲率由第二小的特征值来控制, 故当 A 沿一个方向退化时 (即 $\lambda_{\min}(A)\to 0^+$), 其曲率不会出现激增的情形. 只有当 A 在二维及以上退化时, 曲率才会很大.

现在, 利用截面曲率直接计算数量曲率. 在计算之前做一些准备工作. 对于任意的正定矩阵 A, 假设其特征值为 $\lambda_i\ (i=1,2,\cdots,n)$, 构造对角矩阵 $\Lambda=\operatorname{diag}(\lambda_1,\lambda_2,\cdots,\lambda_n)$ 和上三角矩阵 $U=\left(\dfrac{1}{\lambda_i+\lambda_j}\right)_{i<j}$, 那么当 $p=r,\ q<t$ 时, 根据定理 24 可得

$$\begin{aligned} K_A\left(S^{p,q}, S^{r,t}\right) &= \frac{3\left(1+\delta^{pq}\right)\left(1+\delta^{pt}\right)\lambda_q\lambda_t}{(\lambda_p+\lambda_q)(\lambda_p+\lambda_t)(\lambda_q+\lambda_t)} \\ &= 3U_{qt}\left(\left(U+U^{\mathrm T}\right)_{pq}\Lambda_{qq}+\delta_{pq}\right)\left(\left(U+U^{\mathrm T}\right)_{pt}\Lambda_{tt}+\delta_{pt}\right) \\ &= 3U_{qt}\Lambda_{tt}\left(U+U^{\mathrm T}\right)_{tp}\delta_{pq} + 3\left(U+U^{\mathrm T}\right)_{pq}\Lambda_{qq}U_{qt}\delta_{pt} \\ &\quad + 3\left(U+U^{\mathrm T}\right)_{pt}\Lambda_{tt}U_{tq}\Lambda_{qq}\left(U+U^{\mathrm T}\right)_{qp}, \end{aligned}$$

其中用到了

$$\frac{1-\delta^{pq}}{\lambda_p+\lambda_q} = \left(U+U^{\mathrm T}\right)_{pq},$$

以及

$$\begin{aligned} \frac{\left(1+\delta^{pq}\right)\lambda_q}{\lambda_p+\lambda_q} &= \frac{\left(1-\delta^{pq}\right)\lambda_q}{\lambda_p+\lambda_q}\lambda_q + \frac{2\delta^{pq}\lambda_q}{\lambda_p+\lambda_q} \\ &= \left(U+U^{\mathrm T}\right)_{pq}\lambda_q + \delta^{pq}. \end{aligned}$$

定理 26 点 $A \in SPD(n)$ 处的数量曲率 $\rho(A)$ 满足

$$\begin{aligned}\rho(A) = & 3\,\mathrm{tr}\left(U\Lambda\left(U+U^{\mathrm{T}}\right)+\left(U+U^{\mathrm{T}}\right)\Lambda U\right) \\ & + 3\,\mathrm{tr}\left(\left(U+U^{\mathrm{T}}\right)\Lambda U\Lambda\left(U+U^{\mathrm{T}}\right)\right),\end{aligned}$$

其中 $\Lambda = \mathrm{diag}\left(\lambda_1, \lambda_2, \cdots, \lambda_n\right)$ 是正交相似于 A 的对角矩阵, $U = \left(\dfrac{1}{\lambda_i+\lambda_j}\right)_{i<j}$ 是上三角矩阵, $\lambda_i\ (i=1,2,\cdots,n)$ 是 A 的特征值.

证明 注意到 $U_{qt}=0,\ q \geqslant t$, 直接计算可得

$$\begin{aligned}\rho(\Lambda) &= \sum_{p,q<t} K_{\Lambda}\left(S^{p,q}, S^{p,t}\right) \\ &= \sum_{p,q<t}\left(3U_{qt}\Lambda_{tt}\left(U+U^{\mathrm{T}}\right)_{tp}\delta_{pq} + 3\left(U+U^{\mathrm{T}}\right)_{pq}\Lambda_{qq}U_{qt}\delta_{pt}\right) \\ &\quad + \sum_{p,q<t}\left(3\left(U+U^{\mathrm{T}}\right)_{pt}\Lambda_{tt}U_{tq}\Lambda_{qq}\left(U+U^{\mathrm{T}}\right)_{qp}\right) \\ &= \sum_{p,q,t}\left(3U_{qt}\Lambda_{tt}\left(U+U^{\mathrm{T}}\right)_{tp}\delta_{pq} + 3\left(U+U^{\mathrm{T}}\right)_{pq}\Lambda_{qq}U_{qt}\delta_{pt}\right) \\ &\quad + \sum_{p,q,t}\left(3\left(U+U^{\mathrm{T}}\right)_{pt}\Lambda_{tt}U_{tq}\Lambda_{qq}\left(U+U^{\mathrm{T}}\right)_{qp}\right) \\ &= 3\mathrm{tr}\left(U\Lambda\left(U+U^{\mathrm{T}}\right)+\left(U+U^{\mathrm{T}}\right)\Lambda U+\left(U+U^{\mathrm{T}}\right)\Lambda U\Lambda\left(U+U^{\mathrm{T}}\right)\right). \square\end{aligned}$$

4.5 $SPD(n)$ 上的几何平均值

作为实数的平均值的推广, 我们介绍矩阵流形的几何平均值. 事实上, 矩阵流形的几何平均值具有重要的应用, 例如正定矩阵流形的几何平均值应用于数据的聚类分析、雷达目标检测与跟踪、图像处理等[5,6,13,21–25,31,40–42,44,48–50]. 本节介绍正定矩阵流形在不同度量下的几何平均值.

4.5.1 欧氏空间中的几何平均值

对于欧氏空间中给定的 N 个点 $x_i \in \mathbb{R}^n\ (i=1,2,\cdots,N)$, 可以求这 N 个点到某点 $x \in \mathbb{R}^n$ 的距离平方的最小值, 称之为几何平均值:

$$\bar{x} = \arg\min_{x\in\mathbb{R}^n} \frac{1}{N}\sum_{i=1}^{N} d^2(x, x_i) = \frac{1}{N}\sum_{i=1}^{N}\left\|x-x_i\right\|^2.$$

因为

$$\frac{1}{N}\sum_{i=1}^{N}\|x-x_i\|^2=\frac{1}{N}\sum_{i=1}^{N}\operatorname{tr}\left((x-x_i)^{\mathrm{T}}(x-x_i)\right),$$

设 $f(x)=\sum_{i=1}^{N}\operatorname{tr}\left((x-x_i)^{\mathrm{T}}(x-x_i)\right)$, 关于 x 求导可得

$$\frac{\mathrm{d}f(x)}{\mathrm{d}x}=2\sum_{i=1}^{N}(x-x_i),\quad \frac{\mathrm{d}^2f(x)}{\mathrm{d}x^2}=2N>0,$$

令 $\dfrac{\mathrm{d}f(x)}{\mathrm{d}x}=0$, 得到 $\overline{x}=\dfrac{1}{N}\sum_{i=1}^{N}x_i$ 使得 $f(x)$ 达到最小值, 而且该最小值唯一.

设 $A,B\in M(n,\mathbb{R})$, Frobenius 内积 (度量) 定义如下

$$\langle A,B\rangle=\operatorname{tr}\left(A^{\mathrm{T}}B\right).$$

因为

$$\langle\operatorname{vec}(A),\operatorname{vec}(B)\rangle=\operatorname{vec}^{\mathrm{T}}(A)\operatorname{vec}(B),$$

其中 $\operatorname{vec}(A)=(a_{11},a_{12},\cdots,a_{1n},\cdots,a_{n1},a_{n2},\cdots,a_{nn})^{\mathrm{T}}\in\mathbb{R}^{n^2}$, $A=(a_{ij})$. 对于光滑函数 $F:M(n,\mathbb{R})\to\mathbb{R}$, 可以像在欧氏空间中求偏导数那样求梯度 $\dfrac{\partial F(A)}{\partial A}$.

4.5.2 基于黎曼度量的几何平均值

定义 93 设函数 $F:M(n,\mathbb{R})\to\mathbb{R}$ 为光滑函数, $F(A)$ 沿方向 $X\in T_AM(n,\mathbb{R})$ 的梯度 $\operatorname{grad}F(A)\in T_AM(n,\mathbb{R})$ 满足

$$\langle\operatorname{grad}F(A),X\rangle_A=\left.\frac{\mathrm{d}}{\mathrm{d}t}\right|_{t=0}F(A+tX),\tag{4.52}$$

其中 $\langle\cdot,\cdot\rangle_A$ 表示点 $A\in M(n,\mathbb{R})$ 处的任意内积. 当内积选择为 Frobenius 内积时, $\operatorname{grad}F(A)$ 就是欧氏梯度 $\dfrac{\partial F(A)}{\partial A}$.

命题 63 设 $d(\cdot,\cdot)$ 为 $SPD(n)$ 上由 Frobenius 内积诱导的欧氏距离. 对于给定的 $A_1,A_2,\cdots,A_N\in SPD(n)$ 以及 $A\in SPD(n)$, 设

$$F(A)=\frac{1}{N}\sum_{i=1}^{N}d^2(A_i,A)=\frac{1}{N}\sum_{i=1}^{N}\|A_i-A\|^2,$$

则 $A_1,A_2,\cdots,A_N$ 的几何平均值为 $\bar{A}=\dfrac{1}{N}\sum_{i=1}^{N}A_i$.

证明 对于任意的 $X \in T_ASPD(n)$, 利用 (4.52) 可得

$$\begin{aligned}\left\langle \frac{\partial F(A)}{\partial A}, X \right\rangle &= \frac{\mathrm{d}}{\mathrm{d}t}\Big|_{t=0} F(A+tX) \\ &= \frac{1}{N}\sum_{i=1}^{N} \frac{\mathrm{d}}{\mathrm{d}t}\Big|_{t=0} \|A_i - (A+tX)\|^2 \\ &= \frac{1}{N}\sum_{i=1}^{N} \frac{\mathrm{d}}{\mathrm{d}t}\Big|_{t=0} \mathrm{tr}\left((A_i - (A+tX))^{\mathrm{T}} (A_i - (A+tX)) \right) \\ &= \mathrm{tr}\left(X^{\mathrm{T}} \left(-\frac{2}{N}\sum_{i=1}^{N}(A_i - A) \right) \right) \\ &= \left\langle -\frac{2}{N}\sum_{i=1}^{N}(A_i - A), X \right\rangle.\end{aligned}$$

于是得到

$$\frac{\partial F(A)}{\partial A} = -\frac{2}{N}\sum_{i=1}^{N}(A_i - A).$$

令 $\dfrac{\partial F(A)}{\partial A} = 0$. 获得 $\bar{A} = \dfrac{1}{N}\sum_{i=1}^{N} A_i$. □

类似地, 我们有下面的命题.

命题 64 设 $d(\cdot,\cdot)$ 为 $SPD(n)$ 上由对数欧氏度量 (4.11) 诱导的测地距离 (4.12). 对于给定的 $A_1, A_2, \cdots, A_N \in SPD(n)$ 以及 $A \in SPD(n)$, 设

$$G(A) = \frac{1}{N}\sum_{i=1}^{N} d^2(A_i, A) = \frac{1}{N}\sum_{i=1}^{N} \|\log(A_i) - \log(A)\|^2,$$

则 $A_1, A_2, \cdots, A_N$ 的几何平均值为 $\bar{A} = \exp\left(\dfrac{1}{N}\sum_{i=1}^{N} \log(A_i) \right)$.

事实上, 设 $C = \log(A)$, $C_i = \log(A_i)$ $(i = 1, 2, \cdots, N)$, 其中 C_i, $C \in T_ASPD(n)$. 因为 $T_ASPD(n)$ 是线性空间, 其上面的几何平均值的求法与欧氏空间一致. 令

$$G(C) = \frac{1}{N}\sum_{i=1}^{N} d^2(C_i, C) = \frac{1}{N}\sum_{i=1}^{N} \|C_i - C\|^2.$$

利用命题 63 的结论, 可得 $\bar{C} = \dfrac{1}{N}\sum_{i=1}^{N} C_i$, 即 $\log(\bar{A}) = \dfrac{1}{N}\sum_{i=1}^{N} \log(A_i)$. 于是,

获得 $A_1, A_2, \cdots, A_N$ 的几何平均值 $\bar{A}$ 满足

$$\bar{A} = \exp\left(\frac{1}{N}\sum_{i=1}^{N}\log(A_i)\right).$$

命题 65 设 $d(\cdot,\cdot)$ 为 $SPD(n)$ 上由仿射不变度量 (4.3) 诱导的测地距离 (4.5). 对于给定的 $A_1, A_2, \cdots, A_N \in SPD(n)$ 以及 $A \in SPD(n)$, 设

$$H(A) = \frac{1}{N}\sum_{i=1}^{N} d^2(A_i, A) = \frac{1}{N}\sum_{i=1}^{N}\left\|\log\left(A_i^{-1}A\right)\right\|^2,$$

则 $A_1, A_2, \cdots, A_N$ 的几何平均值 $\bar{A}$ 满足 $\sum_{i=1}^{N}\log\left(A_i^{-1}\bar{A}\right) = 0$.

证明 对于任意的 $X \in T_A SPD(n)$, 利用 (4.52) 与 (4.5) 有

$$\begin{aligned}\langle \operatorname{grad} H(A), X\rangle_A &= \frac{\mathrm{d}}{\mathrm{d}t}\Big|_{t=0} H(A+tX) \\ &= \frac{1}{N}\sum_{i=1}^{N}\frac{\mathrm{d}}{\mathrm{d}t}\Big|_{t=0}\left\|\log\left(A_i^{-1}(A+tX)\right)\right\|^2 \\ &= \frac{1}{N}\sum_{i=1}^{N}\frac{\mathrm{d}}{\mathrm{d}t}\Big|_{t=0}\operatorname{tr}\left(\log^2\left(A_i^{-1}(A+tX)\right)\right).\end{aligned} \tag{4.53}$$

因为

$$\begin{aligned}\log\big(A_i^{-1}(A+tX)\big) &= \log\big(A_i^{-\frac{1}{2}}A_i^{-\frac{1}{2}}(A+tX)A_i^{-\frac{1}{2}}A_i^{\frac{1}{2}}\big) \\ &= A_i^{-\frac{1}{2}}\log\big(A_i^{-\frac{1}{2}}(A+tX)A_i^{-\frac{1}{2}}\big)A_i^{\frac{1}{2}},\end{aligned}$$

可得

$$\operatorname{tr}\big(\log^2\big(A_i^{-1}(A+tX)\big)\big) = \operatorname{tr}\big(\log^2\big(A_i^{-\frac{1}{2}}(A+tX)A_i^{-\frac{1}{2}}\big)\big). \tag{4.54}$$

为计算上式, 我们需要下面的命题[37].

命题 66 设 $E(t)$ 为变量 t 的实的非退化矩阵值函数, 其特征值为正实数, 则

1. $\operatorname{tr}(AB) = \operatorname{tr}(BA)$, A, B 是同阶方阵;
2. $\operatorname{tr}\left(\int_a^b M(s)\,\mathrm{d}s\right) = \int_a^b \operatorname{tr}(M(s))\,\mathrm{d}s$, $M(s)$ 是 s 的方阵;

3. $\log(A)$ 与 $((A-I)s+I)^{-1}$ 可交换;
4. $\int_0^1 ((A-I)s+I)^{-2}\,\mathrm{d}s = A^{-1}$;
5. $\frac{\mathrm{d}}{\mathrm{d}t}\log(E(t)) = \int_0^1 ((E(t)-I)s+I)^{-1}\frac{\mathrm{d}}{\mathrm{d}t}E(t)\,((E(t)-I)s+I)^{-1}\,\mathrm{d}s.$

令 $E_i(t) = A_i^{-\frac{1}{2}}(A+tX)A_i^{-\frac{1}{2}}$, 则对于很小的 t, 可以确保 $E_i(t)$ 为正定矩阵, 显然有 $E_i(0) = A_i^{-\frac{1}{2}}AA_i^{-\frac{1}{2}}$. 结合命题 66、(4.52)、(4.54), 以及性质 $A\log(B)A^{-1} = \log(ABA^{-1})$, 可得

$$
\begin{aligned}
&\langle \operatorname{grad} H(A), X\rangle_A \\
&= \frac{1}{N}\sum_{i=1}^{N}\frac{\mathrm{d}}{\mathrm{d}t}\Big|_{t=0}\operatorname{tr}\left(\log^2\left(A_i^{-\frac{1}{2}}(A+tX)A_i^{-\frac{1}{2}}\right)\right) \\
&= \frac{2}{N}\sum_{i=1}^{N}\operatorname{tr}\left(\log(E_i(0))\frac{\mathrm{d}}{\mathrm{d}t}\Big|_{t=0}\log(E_i(t))\right) \\
&= \frac{2}{N}\sum_{i=1}^{N}\operatorname{tr}\Bigg(\log(E_i(0))\int_0^1\Bigg(((E_i(0)-I)s+I)^{-1} \\
&\quad \cdot\frac{\mathrm{d}}{\mathrm{d}t}\Big|_{t=0}E_i(t)((E_i(0)-I)s+I)^{-1}\Bigg)\,\mathrm{d}s\Bigg) \\
&= \frac{2}{N}\sum_{i=1}^{N}\operatorname{tr}\Bigg(\int_0^1\log E_i(0)\,((E_i(0)-I)s+I)^{-1} \\
&\quad \cdot A^{-\frac{1}{2}}XA^{-\frac{1}{2}}\,((E_i(0)-I)s+I)^{-1}\,\mathrm{d}s\Bigg) \\
&= \frac{2}{N}\sum_{i=1}^{N}\int_0^1\operatorname{tr}\Bigg(\log E_i(0)\,((E_i(0)-I)s+I)^{-1} \\
&\quad \cdot A^{-\frac{1}{2}}XA^{-\frac{1}{2}}\,((E_i(0)-I)s+I)^{-1}\Bigg)\,\mathrm{d}s \\
&= \frac{2}{N}\sum_{i=1}^{N}\operatorname{tr}\left(\int_0^1((E_i(0)-I)s+I)^{-2}\,\mathrm{d}s\log(E_i(0))A_i^{-\frac{1}{2}}XA_i^{-\frac{1}{2}}\right) \\
&= \frac{2}{N}\sum_{i=1}^{N}\operatorname{tr}\left(E_i(0)^{-1}\log(E_i(0))\,A_i^{-\frac{1}{2}}XA_i^{-\frac{1}{2}}\right) \\
&= \frac{2}{N}\sum_{i=1}^{N}\operatorname{tr}\left(\left(A_i^{-\frac{1}{2}}AA_i^{-\frac{1}{2}}\right)^{-1}\log\left(A_i^{-\frac{1}{2}}AA_i^{-\frac{1}{2}}\right)A_i^{-\frac{1}{2}}XA_i^{-\frac{1}{2}}\right)
\end{aligned}
$$

$$= \frac{2}{N}\sum_{i=1}^{N}\operatorname{tr}\left(A^{-1}\log\left(AA_i^{-1}\right)X\right)$$

$$= \frac{2}{N}\sum_{i=1}^{N}\operatorname{tr}\left(\log\left(A_i^{-1}A\right)A^{-1}X\right)$$

$$= \left\langle \frac{2}{N}\sum_{i=1}^{N}A\log\left(A_i^{-1}A\right), X\right\rangle_A. \tag{4.55}$$

由 X 的任意性, 从 (4.55) 可得

$$\operatorname{grad} H(A) = \frac{2}{N}\sum_{i=1}^{N}A\log\left(A_i^{-1}A\right).$$

在上式中令 $\operatorname{grad} H(A)=0$, 得到 $\sum_{i=1}^{N}\log\left(A_i^{-1}\bar{A}\right)=0$. □

命题 67　设 $d(\cdot,\cdot)$ 为 $SPD(n)$ 上由 Wasserstein 度量诱导的测地距离 (4.18). 对于给定的 $A_1, A_2, \cdots, A_N \in SPD(n)$ 以及 $A\in SPD(n)$, 设

$$L(A)=\frac{1}{N}\sum_{i=1}^{N}d^2(A_i,A)=\frac{1}{N}\sum_{i=1}^{N}\left(\operatorname{tr}(A_i)+\operatorname{tr}(A)-2\operatorname{tr}\left(A_i^{\frac{1}{2}}AA_i^{\frac{1}{2}}\right)^{\frac{1}{2}}\right),$$

则 $A_1, A_2, \cdots, A_N$ 的几何平均值 $\bar{A}$ 满足

$$2N\bar{A}=\sum_{i=1}^{N}\left(A_i^{\frac{1}{2}}\left(A_i^{\frac{1}{2}}\bar{A}A_i^{\frac{1}{2}}\right)^{-\frac{1}{2}}A_i^{\frac{1}{2}}\bar{A}+\bar{A}A_i^{\frac{1}{2}}\left(A_i^{\frac{1}{2}}\bar{A}A_i^{\frac{1}{2}}\right)^{-\frac{1}{2}}A_i^{\frac{1}{2}}\right).$$

证明　首先计算 $L(A)$ 的欧氏梯度. 为此, 需要下面的命题[28].

命题 68　设 $A\in SPD(n), X\in T_A SPD(n)$, 则

$$\left.\frac{\mathrm{d}}{\mathrm{d}t}\right|_{t=0}\operatorname{tr}\left((A+tX)^{\frac{1}{2}}\right)=\frac{1}{2}\operatorname{tr}\left(A^{-\frac{1}{2}}X\right). \tag{4.56}$$

事实上, 从文献 [39] 有公式

$$\left.\frac{\mathrm{d}}{\mathrm{d}t}\right|_{t=0}(A+tX)^{\frac{1}{2}}=\int_0^{\infty}\exp\left(-tA^{\frac{1}{2}}\right)X\exp\left(-tA^{\frac{1}{2}}\right)\mathrm{d}t. \tag{4.57}$$

利用矩阵求迹运算与微分、积分运算可交换的性质, 得到

$$\left.\frac{\mathrm{d}}{\mathrm{d}t}\right|_{t=0}\operatorname{tr}\left(\left(A+tX\right)^{\frac{1}{2}}\right)=\int_0^{\infty}\operatorname{tr}\left(\exp\left(-tA^{\frac{1}{2}}\right)X\exp\left(-tA^{\frac{1}{2}}\right)\right)\mathrm{d}t$$

$$=\int_0^{\infty}\operatorname{tr}\left(\exp\left(-2tA^{\frac{1}{2}}\right)X\right)\mathrm{d}t$$

$$= \operatorname{tr}\left(\int_0^{\infty} \exp\left(-2tA^{\frac{1}{2}}\right) \mathrm{d}tX\right). \tag{4.58}$$

下面证明

$$\int_0^{\infty} \exp\left(-2tA^{\frac{1}{2}}\right) \mathrm{d}t = \frac{1}{2}A^{-\frac{1}{2}},$$

即

$$\int_0^{\infty} 2A^{\frac{1}{2}} \exp\left(-2tA^{\frac{1}{2}}\right) \mathrm{d}t = I.$$

因为 A 是正定矩阵, 故存在正交矩阵 Q 使得 $2A^{\frac{1}{2}} = Q\Lambda Q^{\mathrm{T}}$, 其中

$$\Lambda = \operatorname{diag}(\lambda_1, \lambda_2, \cdots, \lambda_n), \quad \lambda_i > 0 \quad (i = 1, 2, \cdots, n),$$

λ_i $(i = 1, 2, \cdots, n)$ 是 $2A^{\frac{1}{2}}$ 的特征值. 利用

$$\int_0^{\infty} \lambda_i e^{-t\lambda_i} \mathrm{d}t = 1 \quad (i = 1, 2, \cdots, n),$$

可得

$$\begin{aligned}
&\int_0^{\infty} 2A^{\frac{1}{2}} \exp\left(-2tA^{\frac{1}{2}}\right) \mathrm{d}t \\
&= \int_0^{\infty} Q\Lambda Q^{\mathrm{T}} \exp\left(-tQ\Lambda Q^{\mathrm{T}}\right) \mathrm{d}t \\
&= \int_0^{\infty} Q\Lambda Q^{\mathrm{T}} Q \exp(-t\Lambda) Q^{\mathrm{T}} \mathrm{d}t \\
&= Q\left(\int_0^{\infty} \Lambda \exp(-t\Lambda) \mathrm{d}t\right) Q^{\mathrm{T}} \\
&= Q\left(\int_0^{\infty} \operatorname{diag}\left(\lambda_1 e^{-t\lambda_1}, \lambda_2 e^{-t\lambda_2}, \cdots, \lambda_n e^{-t\lambda_n}\right) \mathrm{d}t\right) Q^{\mathrm{T}} \\
&= Q\left(\operatorname{diag}\left(\int_0^{\infty} \lambda_1 e^{-t\lambda_1} \mathrm{d}t, \int_0^{\infty} \lambda_2 e^{-t\lambda_2} \mathrm{d}t, \cdots, \int_0^{\infty} \lambda_n e^{-t\lambda_n} \mathrm{d}t\right)\right) Q^{\mathrm{T}} \\
&= QIQ^{\mathrm{T}} = I.
\end{aligned}$$

对于任意的 $X \in T_A SPD(n)$, 利用 (4.52) 我们有

$$\begin{aligned}
&\left.\frac{\mathrm{d}}{\mathrm{d}t}\right|_{t=0} L(A + tX) \\
&= \frac{1}{N} \sum_{i=1}^{N} \left.\frac{\mathrm{d}}{\mathrm{d}t}\right|_{t=0} d^2(A_i, A + tX)
\end{aligned}$$

$$
\begin{aligned}
&= \frac{1}{N}\sum_{i=1}^{N}\frac{\mathrm{d}}{\mathrm{d}t}\Big|_{t=0}\left(\mathrm{tr}\left(A_i\right)+\mathrm{tr}\left(A+tX\right)-2\,\mathrm{tr}\left(\left(A_i^{\frac{1}{2}}(A+tX)A_i^{\frac{1}{2}}\right)^{\frac{1}{2}}\right)\right)\\
&= \frac{1}{N}\sum_{i=1}^{N}\left(\mathrm{tr}\left(X\right)-2\frac{\mathrm{d}}{\mathrm{d}t}\Big|_{t=0}\mathrm{tr}\left(\left(A_i^{\frac{1}{2}}(A+tX)A_i^{\frac{1}{2}}\right)^{\frac{1}{2}}\right)\right)\\
&= \frac{1}{N}\sum_{i=1}^{N}\left(\mathrm{tr}\left(X\right)-2\frac{\mathrm{d}}{\mathrm{d}t}\Big|_{t=0}\mathrm{tr}\left(\left(A_i^{\frac{1}{2}}AA_i^{\frac{1}{2}}+tA_i^{\frac{1}{2}}XA_i^{\frac{1}{2}}\right)^{\frac{1}{2}}\right)\right).
\end{aligned}
\tag{4.59}
$$

利用命题 68 可得

$$
\begin{aligned}
\frac{\mathrm{d}}{\mathrm{d}t}\Big|_{t=0}\mathrm{tr}\left(\left(A_i^{\frac{1}{2}}AA_i^{\frac{1}{2}}+tA_i^{\frac{1}{2}}X\right)^{\frac{1}{2}}\right) &= \frac{1}{2}\mathrm{tr}\left(\left(A_i^{\frac{1}{2}}AA_i^{\frac{1}{2}}\right)^{-\frac{1}{2}}\left(A_i^{\frac{1}{2}}XA_i^{\frac{1}{2}}\right)\right)\\
&= \frac{1}{2}\mathrm{tr}\left(A_i^{\frac{1}{2}}\left(A_i^{\frac{1}{2}}AA_i^{\frac{1}{2}}\right)^{-\frac{1}{2}}A_i^{\frac{1}{2}}X\right).
\end{aligned}
\tag{4.60}
$$

将 (4.60) 代入 (4.59) 可得

$$
\begin{aligned}
\left\langle\frac{\partial L(A)}{\partial A},X\right\rangle &= \frac{\mathrm{d}}{\mathrm{d}t}\Big|_{t=0}L(A+tX)\\
&= \frac{1}{N}\sum_{i=1}^{N}\left(\mathrm{tr}\left(X\right)-\mathrm{tr}\left(A_i^{\frac{1}{2}}\left(A_i^{\frac{1}{2}}AA_i^{\frac{1}{2}}\right)^{-\frac{1}{2}}A_i^{\frac{1}{2}}X\right)\right)\\
&= \mathrm{tr}\left(\frac{1}{N}\sum_{i=1}^{N}\left(I-A_i^{\frac{1}{2}}\left(A_i^{\frac{1}{2}}AA_i^{\frac{1}{2}}\right)^{-\frac{1}{2}}A_i^{\frac{1}{2}}\right)X\right)\\
&= \left\langle\frac{1}{N}\sum_{i=1}^{N}\left(I-A_i^{\frac{1}{2}}\left(A_i^{\frac{1}{2}}AA_i^{\frac{1}{2}}\right)^{-\frac{1}{2}}A_i^{\frac{1}{2}}\right),X\right\rangle,
\end{aligned}
\tag{4.61}
$$

其中使用了 $\frac{1}{N}\sum_{i=1}^{N}\left(I-A_i^{\frac{1}{2}}\left(A_i^{\frac{1}{2}}AA_i^{\frac{1}{2}}\right)^{-\frac{1}{2}}A_i^{\frac{1}{2}}\right)$ 是对称矩阵这一性质. 于是, 由 (4.61) 可得

$$
\frac{\partial L(A)}{\partial A} = \frac{1}{N}\sum_{i=1}^{N}\left(I-A_i^{\frac{1}{2}}\left(A_i^{\frac{1}{2}}AA_i^{\frac{1}{2}}\right)^{-\frac{1}{2}}A_i^{\frac{1}{2}}\right).
\tag{4.62}
$$

将 (4.62) 代入 (4.17), 得到

$$
\begin{aligned}
\mathrm{grad}\,L(A) &= 2\left(\frac{\partial L(A)}{\partial A}A+A\frac{\partial L(A)}{\partial A}\right)\\
&= \frac{2}{N}\sum_{i=1}^{N}\left(2A-A_i^{\frac{1}{2}}\left(A_i^{\frac{1}{2}}AA_i^{\frac{1}{2}}\right)^{-\frac{1}{2}}A_i^{\frac{1}{2}}A-AA_i^{\frac{1}{2}}\left(A_i^{\frac{1}{2}}AA_i^{\frac{1}{2}}\right)^{-\frac{1}{2}}A_i^{\frac{1}{2}}\right).
\end{aligned}
$$

令 $\operatorname{grad} L(A)=0$, 可知 $A_1, A_2, \cdots, A_N$ 的几何平均值 $\bar{A}$ 满足

$$\bar{A}=\frac{1}{2N}\sum_{i=1}^{N}\left(A_i^{\frac{1}{2}}\left(A_i^{\frac{1}{2}}\bar{A}A_i^{\frac{1}{2}}\right)^{-\frac{1}{2}}A_i^{\frac{1}{2}}\bar{A}+\bar{A}A_i^{\frac{1}{2}}\left(A_i^{\frac{1}{2}}\bar{A}A_i^{\frac{1}{2}}\right)^{-\frac{1}{2}}A_i^{\frac{1}{2}}\right). \qquad \square$$

参考文献

[1] Amari S, Karakida R, Oizumi M. Information geometry connecting Wasserstein distance and Kullback-Leibler divergence via the entropy-relaxed transportation problem. Information Geometry, 2018, 1: 13-37.

[2] Arsigny V, Fillard P, Pennec X, Ayache N. Geometric means in a novel vector space structure on symmetric positive-definite matrices. SIAM Journal on Matrix Analysis and Applications, 2007, 29: 328-347.

[3] Arsigny V, Fillard P, Pennec X, Ayache N. Log-Euclidean metrics for fast and simple calculus on diffusion tensors. Magnetic Resonance in Medicine, 2006, 2: 411-421.

[4] Asuka T. On Wasserstein geometry of Gaussian measures. Probabilistic Approach to Geometry, 2010, 1: 463-472.

[5] Barbaresco F. Interactions between symmetric cone and information geometrics: Bruhat-Tits and Siegel spaces models for high resolution autoregressive Doppler imagery. Springer in Lecture Notes in Computer Science, 2009, 5416: 124-163.

[6] Barbaresco F. Innovative tools for radar signal processing based on Cartan's geometry of SPD matrices and information geometry. IEEE Radar Conference, 2008: 1-6.

[7] Bhatia R. Matrix Analysis. New York: Springer, 1997.

[8] Bhatia R. Positive Definite Matrices. Princeton: Princeton University Press, 2009.

[9] Bredon G E. Topology and Geometry. New York: Springer, 1993.

[10] Boothby W M. An Introduction to Differentiable Manifolds and Riemannian Geometry. 2nd ed. New York: Academic Press, 1986.

[11] do Carmo M P. Riemannian Geometry. Boston: Birkhäuser, 1992.

[12] Fiori S. Solving minimal-distance problems over the manifold of real-symplectic matrices. SIAM Journal on Matrix Analysis and Applications,

2011, 32: 938-968.

[13] Fiori S, Tanaka T. An algorithm to compute averages on matrix Lie groups. IEEE Transactions on Signal Processing, 2009, 57: 4734-4743.

[14] Fletcher P, Joshi S. Riemannian geometry for the statistical analysis of diffusion tensor data. Signal Processing, 2007, 87: 250-262.

[15] Gallier J Q, Quaintance J. Differential Geometry and Lie Groups. New York: Springer, 2020.

[16] Givens C R, Shortt R M. A class of Wasserstein metrics for probability distributions. Michigan Mathematical Journal, 1984, 2: 231-240.

[17] Hall B C. Lie Groups, Lie Algebras, and Representations. Berlin: Springer, 2015.

[18] Helgason S. Differential Geometry, Lie Groups and Symmetric Spaces. New York: Academic Press, 1978.

[19] Higham N J. Functions of Matrices: Theory and Computation. Society for Industrial and Applied Mathematics, 2008.

[20] Hosseini R, Sra S. Matrix manifold optimization for Gaussian mixtures. International Conference on Neural Information Processing Systems, MIT Press, 2015.

[21] Hua X, Peng L, Liu W, Cheng Y, Wang H, Sun H, Wang Z. LDA-MIG detectors for maritime targets in nonhomogeneous sea clutter. IEEE Transactions on Geoscience and Remote Sensing, 2023, 61: 5101815.

[22] Hua X, Ono Y, Peng L, Xu Y. Unsupervised learning discriminative MIG detectors in nonhomogeneous clutter. IEEE Transactions on Communications, 2022, 70: 4107-4120.

[23] Hua X, Ono Y, Peng L, Cheng Y, Wang H. Target detection within nonhomogeneous clutter via total Bregman divergence-based matrix information geometry detectors. IEEE Transactions on Signal Processing, 2021, 69: 4326-4340.

[24] Hua X, Peng L. MIG median detectors with manifold filter. Signal Processing, 2021, 188: 108176.

[25] Karcher H. Riemannian center of mass and mollifier smoothing. Communications on Pure and Applied Mathematics, 1977, 30: 509-541.

[26] Kobayashi S. Transformation Groups in Differential Geometry. Berlin: Springer, 1972.

[27] Lee J M. Introduction to Smooth Manifolds. Berlin: Springer, 2003.
[28] Li M, Sun H, Li D. A Riemannian submersionbased approach to the Wasserstein barycenter of positive definite matrices. Mathematical Methods in The Applied Sciences, 2020, 43: 4927-4939.
[29] Li W. Transport information geometry: Riemannian calculus on probability simplex. Information Geometry, 2022, 5: 161-207.
[30] Li Y, Wong K M. Riemannian distances for signal classification by power spectral density. IEEE Journal of Selected Topics in Signal Processing, 2013, 7: 655-669.
[31] Luo Y, Zhang S, Cao Y, Sun H. Geometric characteristics of the Wasserstein metric on $SPD(n)$ and its applications on data processing. Entropy, 2021, 23(9): 1214.
[32] Malag L, Montrucchio L, Pistone G. Wasserstein Riemannian geometry of Gaussian densities. Information Geometry, 2018, 1: 137-179.
[33] Manton J H. A primer on stochastic differential geometry for signal processing. IEEE Journal of Selected Topics in Signal Processing, 2013, 4: 681-699.
[34] Martin A, Soumith C, Leon B. Wasserstein GAN. arXiv:1701.07875, 2017.
[35] Masry E. Multivariate probability density estimation for associated processes: Strong consistency and rates. Statistics and Probability Letters, 2002, 2: 205-219.
[36] Massart E, Absil P A. Quotient geometry with simple geodesics for the manifold of fixed-rank positive-semidefinite matrices. SIAM Journal on Matrix Analysis and Applications, 2020, 41: 171-198.
[37] Moakher M. A differential geometric approach to the geometric mean of symmetric positive-definite matrices. SIAM Journal on Matrix Analysis and Applications, 2005, 26: 735-747.
[38] Moakher M, Zéraï M. The Riemannian geometry of the space of positive-definite matrices and its application to the regularization of positive-definite matrix-valued data. Journal of Mathematical Imaging and Vision, 2011, 40: 171-187.
[39] Del Moral P, Niclas A. A Taylor expansion of the square root matrix function. Journal of Mathematical Analysis and Applications, 2018, 465: 259-266.
[40] Nielsen F, Bhatia R. Matrix Information Geometry. Berlin: Springer, 2013.

[41] Ono Y, Peng L. The comparison of Riemannian geometric matrix-CFAR signal detectors. IEEE Transactions on Aerospace and Electronic Systems, 2024, 60: 1679-1691.

[42] Ono Y, Peng L. Towards a median signal detector through the total Bregman divergence and robustness analysis. Signal Processing, 2022, 201: 108728.

[43] Pennec X, Fillard P, Ayache N. A Riemannian framework for tensor computing. International Journal of Computer Vision, 2006, 1: 41-66.

[44] Rubner Y, Tomasi C, Guibas L J. A metric for distributions with applications to image databases. International Conference on Computer Vision, IEEE Computer Society, 1998.

[45] Skovgaard L T. A Riemannian geometry of the multivariate normal model. Scandinavian Journal of Statistics, 1984, 11: 211-223.

[46] Villani C. Optimal Transport: Old and New. Berlin, Heidelberg: Springer, 2009.

[47] Ward A J B. A general analysis of Sylvester's matrix equation. International Journal of Mathematical Education in Science and Technology, 1991.

[48] Zhang S, Cao Y, Sun H, Yan F, Li W, Sun F. A new Riemannian structure in $SPD(n)$ and its application in signal processing. IEEE International Conference on Signal, Information and Data Processing (ICSIDP), Chongqing, China, 2019.

[49] 黎湘, 程永强, 王宏强, 秦玉亮. 雷达信号处理的信息几何方法. 北京: 科学出版社, 2014.

[50] 孙华飞, 张真宁, 彭林玉, 段晓敏. 信息几何导引. 北京: 科学出版社, 2016.

第 5 章　经典信息几何理论

经典信息几何是利用黎曼几何对概率分布集合进行几何刻画 (参见文献 [1–4, 8, 17–22, 26, 29–31, 35–38]), 并用于统计推断、神经网络、纠错码、信号处理、图像处理、机器学习等领域的研究. 本章介绍经典信息几何的主要内容[5–11,13,14,23–25,33,34]. 概率密度函数全体所构成的集合 M, 在正则条件下构成一个统计流形. 引入 Fisher 信息度量 g 作为黎曼度量, 得到一个黎曼流形 (M, g), 在该黎曼流形上定义对偶联络、黎曼梯度以及散度, 本章探讨如此构成的随机现象全体的几何性质及其应用.

5.1　统计流形与 Fisher 信息度量

设 Ω 是一个样本空间, $x \in \Omega$ 是一个随机变量, 概率密度函数 $p(x;\theta) \geqslant 0$, 满足

$$\int_\Omega p(x;\theta)\,\mathrm{d}x = 1,$$

其中 $\theta = (\theta^1, \theta^2, \cdots, \theta^n) \in \Theta \subset \mathbb{R}^n$ 表示分布的参数, Θ 为 $\mathbb{R}^n$ 的开集.

定义 94　集合

$$M = \left\{p(x;\theta) \mid \theta = (\theta^1, \theta^2, \cdots, \theta^n) \in \Theta \subset \mathbb{R}^n\right\}$$

满足以下正则条件时称为一个统计流形:

1. $p(x;\theta) > 0$, 而且当 $\theta^1 \neq \theta^2$ 时, $p(x;\theta^1) \neq p(x;\theta^2)$;
2. 集合 $\left\{\dfrac{\partial}{\partial\theta^i}\right\}_{i=1}^n$, $\left\{\dfrac{\partial}{\partial\theta^i}\log p(x;\theta)\right\}_{i=1}^n$ 均线性无关;
3. $\dfrac{\partial}{\partial\theta^i}\int_\Omega = \int_\Omega \dfrac{\partial}{\partial\theta^i}$ $(i = 1, 2, \cdots, n)$;
4. $\dfrac{\partial}{\partial\theta^i}\log p(x;\theta)$ $(i = 1, 2, \cdots, n)$ 存在所需要的各阶矩.

对于统计流形 M 上的每一点 $p(x;\theta)$, 设局部坐标系 $\theta = (\theta^1, \theta^2, \cdots, \theta^n)$, M 的切空间可以表示为

$$\operatorname{span}\left\{\frac{\partial}{\partial\theta^1}, \frac{\partial}{\partial\theta^2}, \cdots, \frac{\partial}{\partial\theta^n}\right\}.$$

但是, 这样的切空间无法与概率分布直接联系起来, 因此引入 M 的切空间的另一种表示

$$T_pM := \text{span}\left\{\frac{\partial}{\partial\theta^1}\log p(x;\theta), \frac{\partial}{\partial\theta^2}\log p(x;\theta), \cdots, \frac{\partial}{\partial\theta^n}\log p(x;\theta)\right\}.$$

定义 95 设 M 为统计流形, 对于任意的 $X, Y \in \mathfrak{X}(M)$, 称满足

$$g(X,Y) = E\left[X\log p(x;\theta)Y\log p(x;\theta)\right] \tag{5.1}$$

的 g 为 Fisher 信息度量, 其中 E 是关于 $p(x;\theta)$ 的数学期望.

Fisher 信息度量用分量可以表示为

$$g_{ij}(\theta) = E\left[\partial_i \log p(x;\theta)\partial_j \log p(x;\theta)\right], \quad i,j = 1,2,\cdots,n,$$

其中 $\partial_i = \dfrac{\partial}{\partial\theta^i}$ $(i=1,2,\cdots,n)$. 称矩阵 $(g_{ij}(\theta))$ 为 Fisher 信息矩阵.

可以验证 Fisher 信息度量是黎曼度量. 事实上, 显然 g 关于 X, Y 满足线性性和对称性. 进一步地, 我们有

$$\begin{aligned} g(X,X) &= X^iX^jg_{ij} \\ &= X^iX^jE\left[\partial_i\log p(x;\theta)\partial_j\log p(x;\theta)\right] \\ &= \int_\Omega \left(X^i\partial_i\log p(x;\theta)\right)^2 p(x;\theta)\,\mathrm{d}x \geqslant 0, \end{aligned}$$

而且等号成立当且仅当 $X^i\partial_i\log p(x;\theta) = 0$, 再由正则性可知 $X^i = 0$ $(i=1,2,\cdots,n)$, 即 $X=0$. 这就证明了 Fisher 信息度量的正定性. 于是, (5.1) 是黎曼度量. 因此, 流形 M 连同 Fisher 信息度量 g 构成黎曼流形 (M,g).

命题 69

$$g_{ij}(\theta) = -E\left[\partial_i\partial_j\log p(x;\theta)\right]. \tag{5.2}$$

证明 注意到 $\int_\Omega \partial_i p(x;\theta)\,\mathrm{d}x = \partial_i\int_\Omega p(x;\theta)\,\mathrm{d}x = 0$, 可得

$$\begin{aligned} g_{ij}(\theta) &= \int_\Omega \partial_i\log p(x;\theta)\partial_j\log p(x;\theta)p(x;\theta)\,\mathrm{d}x \\ &= \int_\Omega \partial_i p(x;\theta)\partial_j\log p(x;\theta)\,\mathrm{d}x \\ &= \int_\Omega \partial_i\left(p(x;\theta)\partial_j\log p(x;\theta)\right)\mathrm{d}x - \int_\Omega p(x;\theta)\partial_i\partial_j\log p(x;\theta)\,\mathrm{d}x \\ &= \partial_i\int_\Omega p(x;\theta)\partial_j\log p(x;\theta)\,\mathrm{d}x - E\left[\partial_i\partial_j\log p(x;\theta)\right] \\ &= \partial_i\int_\Omega \partial_j p(x;\theta)\,\mathrm{d}x - E\left[\partial_i\partial_j\log p(x;\theta)\right] \end{aligned}$$

$$= \partial_i \partial_j \int_\Omega p(x;\theta)\,\mathrm{d}x - E\left[\partial_i \partial_j \log p(x;\theta)\right]$$
$$= -E\left[\partial_i \partial_j \log p(x;\theta)\right].$$

于是, 命题得证. □

5.2 对偶联络

黎曼联络的对称性 (无挠性) 以及联络与黎曼度量的相容性是比较严格的要求, 限制了黎曼联络的应用范围. 这里介绍更加一般的联络——对偶联络.

定义 96 设 ∇, ∇^* 是黎曼流形 (M,g) 上的两个联络, 如果对于任意的 $X,Y,Z \in \mathfrak{X}(M)$, 都有

$$Xg(Y,Z) = g\left(\nabla_X Y, Z\right) + g\left(Y, \nabla_X^* Z\right), \tag{5.3}$$

则称 ∇ 和 ∇^* 互为对偶联络.

显然, $(\nabla^*)^* = \nabla$, 而且当 $\nabla^* = \nabla$ 时, 其关于度量 g 满足相容性.

命题 70 对于给定的联络 ∇, 关于黎曼度量 g 存在唯一的对偶联络 ∇^*. 而且, 尽管 ∇ 和 ∇^* 一般不满足无挠性和相容性, 但 $\dfrac{1}{2}(\nabla + \nabla^*)$ 满足相容性. 进一步地, 可以证明, 如果 ∇, ∇^* 以及 $\dfrac{1}{2}(\nabla + \nabla^*)$ 中有两个是无挠的, 则第三个也是无挠的.

证明 对于任意的 $X,Y,Z \in \mathfrak{X}(M)$, 设联络 ∇ 有两个对偶联络 ∇^* 与 $\widetilde{\nabla}^*$, 满足

$$\begin{aligned} Xg(Y,Z) &= g\left(\nabla_X Y, Z\right) + g\left(Y, \nabla_X^* Z\right) \\ &= g\big(\nabla_X Y, Z\big) + g\big(Y, \widetilde{\nabla}_X^* Z\big), \end{aligned}$$

由此可得

$$g\big(Y, \nabla_X^* Z - \widetilde{\nabla}_X^* Z\big) = 0,$$

由 X,Y,Z 的任意性可得 $\nabla^* = \widetilde{\nabla}^*$, 即 ∇ 的对偶联络 ∇^* 是唯一的.

现在证明 $\dfrac{1}{2}(\nabla + \nabla^*) =: \overline{\nabla}$ 与黎曼度量 g 是相容的. 事实上,

$$\begin{aligned} & g\left(\overline{\nabla}_X Y, Z\right) + g\left(Y, \overline{\nabla}_X Z\right) \\ = & \frac{1}{2} g\left(\nabla_X Y + \nabla_X^* Y, Z\right) + \frac{1}{2} g\left(Y, \nabla_X Z + \nabla_X^* Z\right) \end{aligned}$$

$$
\begin{aligned}
&= \frac{1}{2}\left(g\left(\nabla_X Y, Z\right) + g\left(Y, \nabla_X^* Z\right)\right) + \frac{1}{2}\left(g\left(\nabla_X^* Y, Z\right) + g\left(Y, \nabla_X Z\right)\right) \\
&= \frac{1}{2} X g(Y, Z) + \frac{1}{2} X g(Z, Y) \\
&= X g(Y, Z).
\end{aligned}
$$

这就证明了 $\frac{1}{2}\left(\nabla + \nabla^*\right)$ 与 g 相容.

设 $\overline{\nabla}_{\partial_i}\partial_j = \overline{\Gamma}_{ij}^k \partial_k$, $\nabla_{\partial_i}\partial_j = \Gamma_{ij}^k \partial_k$, $\nabla_{\partial_i}^*\partial_j = \Gamma_{ij}^{*k}\partial_k$. 于是有

$$
\begin{aligned}
\overline{T}\left(\partial_i, \partial_j\right) &= \overline{\nabla}_{\partial_i}\partial_j - \overline{\nabla}_{\partial_j}\partial_i - \overline{\nabla}_{[\partial_i, \partial_j]} \\
&= \overline{\nabla}_{\partial_i}\partial_j - \overline{\nabla}_{\partial_j}\partial_i \\
&= \overline{\Gamma}_{ij}^k \partial_k - \overline{\Gamma}_{ji}^k \partial_k \\
&= \left(\overline{\Gamma}_{ij}^k - \overline{\Gamma}_{ji}^k\right)\partial_k. \qquad (5.4)
\end{aligned}
$$

另一方面, 由于

$$
\begin{aligned}
\overline{T}(\partial_i, \partial_j) &= \overline{\nabla}_{\partial_i}\partial_j - \overline{\nabla}_{\partial_j}\partial_i \\
&= \frac{1}{2}\left(\nabla + \nabla^*\right)_{\partial_i}\partial_j - \frac{1}{2}\left(\nabla + \nabla^*\right)_{\partial_j}\partial_i \\
&= \frac{1}{2}\left(\nabla_{\partial_i}\partial_j - \nabla_{\partial_j}\partial_i\right) + \frac{1}{2}\left(\nabla_{\partial_i}^*\partial_j - \nabla_{\partial_j}^*\partial_i\right) \\
&= \frac{1}{2}\left(\Gamma_{ij}^k - \Gamma_{ji}^k\right)\partial_k + \frac{1}{2}\left(\Gamma_{ij}^{*k} - \Gamma_{ji}^{*k}\right)\partial_k, \qquad (5.5)
\end{aligned}
$$

结合 (5.4) 与 (5.5) 可得

$$
\overline{\Gamma}_{ij}^k - \overline{\Gamma}_{ji}^k = \frac{1}{2}\left(\Gamma_{ij}^k - \Gamma_{ij}^k\right) + \frac{1}{2}\left(\Gamma_{ij}^{*k} - \Gamma_{ji}^{*k}\right). \qquad (5.6)
$$

由 (5.6) 可知, 如果 $\overline{\Gamma}_{ij}^k - \overline{\Gamma}_{ji}^k$, $\Gamma_{ij}^k - \Gamma_{ji}^k$ 以及 $\Gamma_{ij}^{*k} - \Gamma_{ji}^{*k}$ 中任意两个为 0, 则第三个也为 0. 命题成立. □

注 39　定义 96 只需假设 ∇ 是仿射联络, 可以证明 ∇^* 也是仿射联络.

事实上, 只需验证对于任意的 $X, Y, Z \in \mathfrak{X}(M)$, $f \in C^\infty(M)$, ∇^* 满足下面各条即可:

1. $\nabla_{X+Y}^* Z = \nabla_X^* Z + \nabla_Y^* Z$;
2. $\nabla_{fX}^* Y = f\nabla_X^* Y$;
3. $\nabla_X^*(Y + Z) = \nabla_X^* Y + \nabla_X^* Z$;
4. $\nabla_X^*(fY) = (Xf)Y + f\nabla_X^* Y$.

首先, 对于任意的 $W \in \mathfrak{X}(M)$,

$$\begin{aligned} g\left(W, \nabla^*_{X+Y} Z\right) &= (X+Y) g(W, Z) - g\left(\nabla_{X+Y} W, Z\right) \\ &= X g(W, Z) - g\left(\nabla_X W, Z\right) + Y g(W, Z) - g\left(\nabla_Y W, Z\right) \\ &= g\left(W, \nabla^*_X Z\right) + g\left(W, \nabla^*_Y Z\right) \\ &= g\left(W, \nabla^*_X Z + \nabla^*_Y Z\right), \end{aligned}$$

可得 $\nabla^*_{X+Y} Z = \nabla^*_X Z + \nabla^*_Y Z$.

其次, 由于

$$\begin{aligned} g\left(Z, \nabla^*_{fX} Y\right) &= (fX) g(Z, Y) - g\left(\nabla_{fX} Z, Y\right) \\ &= (fX) g(Z, Y) - g\left(f \nabla_X Z, Y\right) \\ &= f\left(X g(Z, Y) - g\left(\nabla_X Z, Y\right)\right) \\ &= f g\left(Z, \nabla^*_X Y\right) \\ &= g\left(Z, f \nabla^*_X Y\right), \end{aligned}$$

可得 $\nabla^*_{fX} Y = f \nabla^*_X Y$.

进一步地, 由于

$$\begin{aligned} g\left(W, \nabla^*_X (Y+Z)\right) &= X g(W, Y+Z) - g\left(\nabla_X W, Y+Z\right) \\ &= X g(W, Y) + X g(W, Z) - g\left(\nabla_X W, Y\right) - g\left(\nabla_X W, Z\right) \\ &= g\left(W, \nabla^*_X Y\right) + g\left(W, \nabla^*_X Z\right) \\ &= g\left(W, \nabla^*_X Y + \nabla^*_X Z\right), \end{aligned}$$

可得 $\nabla^*_X (Y+Z) = \nabla^*_X Y + \nabla^*_X Z$.

最后, 由于

$$\begin{aligned} g\left(Z, \nabla^*_X (fY)\right) &= X g(Z, fY) - g\left(\nabla_X Z, fY\right) \\ &= X(f g(Z, Y)) - f g\left(\nabla_X Z, Y\right) \\ &= (Xf) g(Z, Y) + f X g(Z, Y) - f g\left(\nabla_X Z, Y\right) \\ &= (Xf) g(Z, Y) + f g\left(Z, \nabla^*_X Y\right) \\ &= g(Z, (Xf) Y) + g\left(Z, f \nabla^*_X Y\right) \\ &= g\left(Z, (Xf) Y + f \nabla^*_X Y\right), \end{aligned}$$

可得 $\nabla^*_X (fY) = (Xf) Y + f \nabla^*_X Y$.

对于联络 ∇ 的对偶联络 ∇^*, 定义相应的曲率张量 R^*, 满足

$$R^*(X,Y)Z = \nabla^*_X\nabla^*_Y Z - \nabla^*_Y\nabla^*_X Z - \nabla^*_{[X,Y]}Z.$$

可得到曲率张量 R 与 R^* 之间的关系. 事实上, 由对偶联络的定义有

$$\begin{aligned}
g\big(R^*(X,Y)W,Z\big) &= g\big(\nabla^*_X\nabla^*_Y W - \nabla^*_Y\nabla^*_X W - \nabla^*_{[X,Y]}W, Z\big) \\
&= g\left(\nabla^*_X\nabla^*_Y W, Z\right) - g\left(\nabla^*_Y\nabla^*_X W, Z\right) - g\big(\nabla^*_{[X,Y]}W, Z\big) \\
&= Xg\left(\nabla^*_Y W, Z\right) - g\left(\nabla^*_Y W, \nabla_X Z\right) - Yg\left(\nabla^*_X W, Z\right) \\
&\quad + g\left(\nabla^*_X W, \nabla_Y Z\right) - [X,Y]g(W,Z) + g\left(W, \nabla_{[X,Y]}Z\right) \\
&= X\left(Yg(W,Z) - g\left(W,\nabla_Y Z\right)\right) - Yg\left(W,\nabla_X Z\right) \\
&\quad + g\left(W,\nabla_Y\nabla_X Z\right) - Y\left(Xg(W,Z) - g(W,\nabla_X Z)\right) \\
&\quad + Xg\left(W,\nabla_Y Z\right) - g\left(W,\nabla_X\nabla_Y Z\right) - [X,Y]g(W,Z) \\
&\quad + g\left(W,\nabla_{[X,Y]}Z\right) \\
&= g\left(W,\nabla_Y\nabla_X Z\right) - g\left(W,\nabla_X\nabla_Y Z\right) + g\left(W,\nabla_{[X,Y]}Z\right) \\
&\quad + X(Yg(W,Z)) - Y(Xg(W,Z)) - [X,Y]g(W,Z) \\
&= -\left[g\left(W,\nabla_X\nabla_Y Z - \nabla_Y\nabla_X Z - \nabla_{[X,Y]}Z\right)\right] \\
&\quad + ([X,Y]-[X,Y])g(W,Z) \\
&= -g\left(W,R(X,Y)Z\right) \\
&= -g\left(R(X,Y)Z,W\right).
\end{aligned}$$

定义 97　记 $l(x;\theta) = \log p(x;\theta)$, $\alpha \in \mathbb{R}$, 对于任意的 $X,Y,Z \in \mathfrak{X}(M)$, 定义 α-联络 $\nabla^{(\alpha)}$ 如下:

$$\begin{aligned}
g\big(\nabla^{(\alpha)}_X Y, Z\big) &= E\big[\big(\nabla^{(\alpha)}_X Y\big)l(Zl)\big] \\
&= E\left[(XYl)(Zl)\right] + \frac{1-\alpha}{2}E\left[(Xl)(Yl)(Zl)\right].
\end{aligned} \tag{5.7}$$

记 $\nabla^{(\alpha)}_{\partial_i}\partial_j = \Gamma^{(\alpha)k}_{ij}\partial_k$, 注意到 $\Gamma^{(\alpha)l}_{ij}g_{lk} = \Gamma^{(\alpha)}_{ijk}$, 我们有如下命题.

命题 71

$$\Gamma^{(\alpha)}_{ijk} = \Gamma_{ijk} - \frac{\alpha}{2}T_{ijk},$$

其中 $\Gamma_{ijk} = \dfrac{1}{2}\left(\partial_j g_{ik} + \partial_i g_{jk} - \partial_k g_{ij}\right)$ 为黎曼联络系数, $T_{ijk} = E\left[\left(\partial_i l\right)\left(\partial_j l\right)\left(\partial_k l\right)\right]$.

证明 注意到

$$g\big(\nabla^{(\alpha)}_{\partial_i}\partial_j,\partial_k\big)=g\big(\Gamma^{(\alpha)l}_{ij}\partial_l,\partial_k\big)=\Gamma^{(\alpha)l}_{ij}g_{lk}=\Gamma^{(\alpha)}_{ijk},$$

由定义

$$g\big(\nabla^{(\alpha)}_{\partial_i}\partial_j,\partial_k\big)=E\left[\left(\partial_i\partial_j l\right)\left(\partial_k l\right)\right]+\frac{1-\alpha}{2}E\left[\left(\partial_i l\right)\left(\partial_j l\right)\left(\partial_k l\right)\right],$$

我们有

$$\Gamma^{(\alpha)}_{ijk}=E\left[\left(\partial_i\partial_j l\right)\left(\partial_k l\right)\right]+\frac{1-\alpha}{2}T_{ijk}. \tag{5.8}$$

由 $g_{ij}=E\left[\left(\partial_i l\right)\left(\partial_j l\right)\right]$, 可得

$$\begin{aligned}\partial_k g_{ij}&=\partial_k E\left[\left(\partial_i l\right)\left(\partial_j l\right)\right]\\&=\partial_k\int_\Omega(\partial_i l)(\partial_j l)p(x;\theta)\,\mathrm{d}x\\&=\int_\Omega\left(\left(\partial_k\partial_i l\right)\left(\partial_j l\right)+\left(\partial_i l\right)\left(\partial_k\partial_j l\right)\right)p(x;\theta)\,\mathrm{d}x+\int_\Omega\left(\partial_i l\right)\left(\partial_j l\right)\partial_k p(x;\theta)\,\mathrm{d}x\\&=E\left[\left(\partial_k\partial_i l\right)\left(\partial_j l\right)\right]+E\left[\left(\partial_k\partial_j l\right)\left(\partial_i l\right)\right]+E\left[\left(\partial_i l\right)\left(\partial_j l\right)\left(\partial_k l\right)\right]\\&=E\left[\left(\partial_k\partial_i l\right)\left(\partial_j l\right)\right]+E\left[\left(\partial_k\partial_j l\right)\left(\partial_i l\right)\right]+T_{ijk}.\end{aligned}$$

注意到

$$\begin{aligned}\Gamma_{ijk}&=\frac{1}{2}\left(\partial_i g_{jk}+\partial_j g_{ik}-\partial_k g_{ij}\right)\\&=\frac{1}{2}\left(E\left[\left(\partial_i\partial_j l\right)\left(\partial_k l\right)\right]+E\left[\left(\partial_i\partial_k l\right)\left(\partial_j l\right)\right]+T_{jki}\right)\\&\quad+\frac{1}{2}\left(E\left[\left(\partial_j\partial_i l\right)\left(\partial_k l\right)\right]+E\left[\left(\partial_j\partial_k l\right)\left(\partial_i l\right)\right]+T_{ikj}\right)\\&\quad-\frac{1}{2}\left(E\left[\left(\partial_k\partial_i l\right)\left(\partial_j l\right)\right]+E\left[\left(\partial_k\partial_j l\right)\left(\partial_i l\right)\right]+T_{ijk}\right)\\&=E\left[\left(\partial_i\partial_j l\right)\left(\partial_k l\right)\right]+\frac{1}{2}T_{ijk},\end{aligned} \tag{5.9}$$

将 (5.9) 代入 (5.8) 可得

$$\Gamma^{(\alpha)}_{ijk}=\Gamma_{ijk}-\frac{1}{2}T_{ijk}+\frac{1-\alpha}{2}T_{ijk}=\Gamma_{ijk}-\frac{\alpha}{2}T_{ijk}. \tag{5.10}$$

□

因为 Γ_{ijk} 关于 i,j 对称, T_{ijk} 关于 i,j,k 对称, 所以 $\Gamma^{(\alpha)}_{ijk}$ 关于 i,j 对称, 即 $\nabla^{(\alpha)}$ 是无挠的.

$\nabla^{(\alpha)}$ 与 $\nabla^{(-\alpha)}$ 是对偶联络, 即它们满足

$$Xg(Y,Z) = g\big(\nabla_X^{(\alpha)}Y, Z\big) + g\big(Y, \nabla_X^{(-\alpha)}Z\big).$$

事实上, 经直接计算可得

$$\begin{aligned}\Gamma_{ijk}^{(\alpha)} + \Gamma_{ikj}^{(-\alpha)} &= \Gamma_{ijk} - \frac{\alpha}{2}T_{ijk} + \Gamma_{ikj} - \left(-\frac{\alpha}{2}\right)T_{ikj} \\ &= \Gamma_{ijk} + \Gamma_{ikj} \\ &= \frac{1}{2}\left(\partial_i g_{kj} + \partial_k g_{ij} - \partial_j g_{ik}\right) + \frac{1}{2}\left(\partial_i g_{jk} + \partial_j g_{ik} - \partial_k g_{ij}\right) \\ &= \partial_i g_{jk}.\end{aligned}$$

这就证明了结论.

注 40　由式 (5.10) 可知, 当 $\alpha = 0$ 时, 可得 $\Gamma_{ijk}^{(0)} = \Gamma_{ijk}$, 此时 $\nabla^{(0)}$ 是黎曼联络.

联络 $\nabla^{(\alpha)}$ 对应的挠率张量 $T^{(\alpha)}$ 和曲率张量 $R^{(\alpha)}$ 分别定义为

$$\begin{aligned}T^{(\alpha)}(X,Y) &:= \nabla_X^{(\alpha)}Y - \nabla_Y^{(\alpha)}X - [X,Y], \\ R^{(\alpha)}(X,Y)Z &:= \nabla_X^{(\alpha)}\nabla_Y^{(\alpha)}Z - \nabla_Y^{(\alpha)}\nabla_X^{(\alpha)}Z - \nabla_{[X,Y]}^{(\alpha)}Z,\end{aligned}$$

其中, $X, Y, Z \in \mathfrak{X}(M)$.

由对偶联络的性质可知, 如果流形 M 关于 $\nabla^{(\alpha)}$ 是平坦的, 则它关于 $\nabla^{(-\alpha)}$ 也是平坦的.

例 42　一元正态分布流形

$$M = \left\{p(x;\theta) \mid \theta = \left(\theta^1, \theta^2\right) = (\mu, \sigma),\ \mu \in \mathbb{R}, \sigma \in \mathbb{R}_+\right\},$$

其中

$$p(x;\theta) = \frac{1}{\sqrt{2\pi}\sigma}\exp\left\{-\frac{(x-\mu)^2}{2\sigma^2}\right\},$$

μ 是平均值, σ 是标准差. 计算 M 的几何量, 设

$$l(x;\theta) = \log p(x;\theta) = -\frac{(x-\mu)^2}{2\sigma^2} - \log\big(\sqrt{2\pi}\sigma\big),$$

有

$$\begin{aligned}&\partial_1 l = \partial_\mu l = \frac{x-\mu}{\sigma^2}, \quad \partial_2 l = \partial_\sigma l = \frac{(x-\mu)^2}{\sigma^3} - \frac{1}{\sigma}, \\ &\partial_1\partial_1 l = -\frac{1}{\sigma^2}, \quad \partial_1\partial_2 l = \partial_2\partial_1 l = -\frac{2(x-\mu)}{\sigma^3}, \quad \partial_2\partial_2 l = -\frac{3(x-\mu)^2}{\sigma^4} + \frac{1}{\sigma^2}.\end{aligned}$$

于是, 可得

$$
\begin{aligned}
g_{11}(\theta) &= -E\left[\partial_1\partial_1 l\right] = \int_{-\infty}^{+\infty} \frac{1}{\sigma^2} p(x;\theta)\,\mathrm{d}x = \frac{1}{\sigma^2},\\
g_{21}(\theta) &= g_{12}(\theta) = -E\left[\partial_1\partial_2 l\right] = \int_{-\infty}^{+\infty} \frac{2(x-\mu)}{\sigma^3} p(x;\theta)\,\mathrm{d}x = 0,\\
g_{22}(\theta) &= -E\left[\partial_2\partial_2 l\right] = -\int_{-\infty}^{+\infty} \left(-\frac{3(x-\mu)^2}{\sigma^4} + \frac{1}{\sigma^2}\right) p(x;\theta)\,\mathrm{d}x = \frac{2}{\sigma^2}.
\end{aligned}
$$

M 的 Fisher 信息矩阵为

$$
(g_{ij}) = \begin{pmatrix} \dfrac{1}{\sigma^2} & 0 \\ 0 & \dfrac{2}{\sigma^2} \end{pmatrix}.
$$

进一步地, 关于 α-联络 $\nabla^{(\alpha)}$, 经计算可得

$$
\begin{aligned}
&T_{111} = T_{221} = 0, \quad T_{112} = \frac{1}{\sigma^3}, \quad T_{222} = \frac{8}{\sigma^3},\\
&\Gamma_{111}^{(\alpha)} = \Gamma_{122}^{(\alpha)} = \Gamma_{212}^{(\alpha)} = \Gamma_{221}^{(\alpha)} = 0, \quad \Gamma_{112}^{(\alpha)} = \frac{1-\alpha}{\sigma^3},\\
&\Gamma_{121}^{(\alpha)} = \Gamma_{212}^{(\alpha)} = -\frac{1+\alpha}{\sigma^3}, \quad \Gamma_{222}^{(\alpha)} = -\frac{2(1+\alpha)}{\sigma^3},
\end{aligned}
$$

以及 α 曲率张量 $R_{1212}^{(\alpha)} = \dfrac{1-\alpha^2}{\sigma^4}$, 高斯曲率 $K = -\dfrac{1-\alpha^2}{2}$. 特别地, 当 $\alpha = 0$ 时, $K = -\dfrac{1}{2}$.

注 41 对于一元正态分布流形, 其关于参数 $\theta = (\mu, \sigma)$ 的黎曼度量满足

$$
\mathrm{d}s^2 = \frac{1}{\sigma^2}\left((\mathrm{d}\mu)^2 + 2(\mathrm{d}\sigma)^2\right),
$$

这是标准的庞加莱上半平面模型, 由此也可知它的高斯曲率为 $-\dfrac{1}{2}$.

5.3 指数分布族流形

指数分布族在统计推断理论中具有极其重要的地位, 正态分布、泊松分布、二项分布、多项式分布等都属于指数分布族. 指数分布族的几何结构由势函数决定.

定义 98 设函数 $f: M \to \mathbb{R}$ 为光滑函数, $(x^1, x^2, \cdots, x^n)$ 为 n 维流形 M 在局部邻域 U 上的坐标系, 如果 f 的黑塞矩阵 $\left(\dfrac{\partial^2 f}{\partial x^i \partial x^j}\right)$ 是正定矩阵, 则称 f

为凸函数.

对于仿射变换 $y = Ax + b$, 其中 A 为 n 阶非退化常矩阵, $x, y \in \mathbb{R}^n$, $b \in \mathbb{R}^n$ 是常向量, 可以验证凸函数是仿射变换的不变量, 即凸函数在仿射变换下还是凸函数.

定义 99　称

$$M = \{p(x;\theta) \mid \theta \in \Theta \subset \mathbb{R}^n\}$$

为指数分布族流形, 如果 $p(x;\theta)$ 可以表示成如下指数分布族的形式

$$p(x;\theta) = \exp\left\{C(x) + \theta^i F_i(x) - \psi(\theta)\right\},$$

其中 $C(x)$, $F_i(x)$ $(i = 1, 2, \cdots, n)$ 为 x 的光滑函数, $\theta = (\theta^1, \theta^2, \cdots, \theta^n)$ 称为自然坐标系, $\psi(\theta)$ 为势函数, 满足 $\psi(\theta) = \log \int_\Omega \exp\left(C(x) + \theta^i F_i(x)\right) \mathrm{d}x$.

命题 72　在自然坐标系 θ 下, 指数分布族流形 M 的几何量可由如下的公式给出:

$$\begin{aligned}
&g_{ij}(\theta) = \partial_i \partial_j \psi(\theta),\\
&T_{ijk}(\theta) = \partial_k g_{ij}(\theta) = \partial_i \partial_j \partial_k \psi(\theta),\\
&\Gamma^{(\alpha)}_{ijk}(\theta) = \frac{1-\alpha}{2} T_{ijk}(\theta),\\
&R^{(\alpha)}_{ijkl}(\theta) = \frac{1-\alpha^2}{4}\left(T_{kmi}(\theta)T_{jln}(\theta) - T_{kmj}(\theta)T_{iln}(\theta)\right) g^{mn}(\theta),
\end{aligned}$$

其中 $R^{(\alpha)}_{ijkl}$ 表示 α-曲率张量的分量. 于是可知指数分布族流形关于对偶联络 $\nabla^{(1)}$ 和 $\nabla^{(-1)}$ 是平坦的, 即指数分布族流形是 ± 1-平坦的. 自然坐标系 θ 为 1-仿射坐标系.

证明　设 $l = \log p(x;\theta)$, 直接计算可得

$$\begin{aligned}
\partial_i l &= F_i(x) - \partial_i \psi(\theta),\\
\partial_i \partial_j l &= -\partial_i \partial_j \psi(\theta),\\
\partial_i \partial_j \partial_k l &= -\partial_i \partial_j \partial_k \psi(\theta),
\end{aligned}$$

于是有

$$g_{ij}(\theta) = -E\left[\partial_i \partial_j l\right] = E\left[\partial_i \partial_j \psi(\theta)\right] = \partial_i \partial_j \psi(\theta), \tag{5.11}$$

以及

$$E\left[\left(\partial_i \partial_j l\right)\left(\partial_k l\right)\right] = E[-\partial_i \partial_j \psi \partial_k l] = -\partial_i \partial_j \psi E[\partial_k l] = 0. \tag{5.12}$$

将 (5.11) 以及 (5.12) 代入 (5.9) 可得

$$T_{ijk}(\theta) = \partial_i \partial_j \partial_k \psi(\theta).$$

由定义, 有

$$\begin{aligned}\Gamma_{ijk}^{(\alpha)} &= g\big(\nabla_{\partial_i}^{(\alpha)} \partial_j, \partial_k\big) \\ &= E\left[(\partial_i \partial_j l)(\partial_k l)\right] + \frac{1-\alpha}{2} T_{ijk} \\ &= \frac{1-\alpha}{2} T_{ijk}.\end{aligned}$$

联络 $\nabla^{(\alpha)}$ 对应的曲率张量为

$$\begin{aligned}R_{ijkm}^{(\alpha)} =& \big(\partial_i \Gamma_{jk}^{(\alpha)s} - \partial_j \Gamma_{ik}^{(\alpha)s}\big) g_{sm} + \big(\Gamma_{itm}^{(\alpha)} \Gamma_{jk}^{(\alpha)t} - \Gamma_{jtm}^{(\alpha)} \Gamma_{ik}^{(\alpha)t}\big) \\ =& \big(\partial_i\big(\Gamma_{jkl}^{(\alpha)} g^{ls}\big) - \partial_j\big(\Gamma_{ikl}^{(\alpha)} g^{ls}\big)\big) g_{sm} + \big(\Gamma_{itm}^{(\alpha)} \Gamma_{jkn}^{(\alpha)} g^{nt} - \Gamma_{jtm}^{(\alpha)} \Gamma_{ikn}^{(\alpha)} g^{nt}\big) \\ =& \big(\partial_i \Gamma_{jkl}^{(\alpha)} g^{ls} + \Gamma_{jkl}^{(\alpha)} \partial_i g^{ls} - \partial_j \Gamma_{ikl}^{(\alpha)} g^{ls} - \Gamma_{ikl}^{(\alpha)} \partial_j g^{ls}\big) \\ &+ \frac{(1-\alpha)^2}{4} \big(T_{itm} T_{jkn} - T_{jtm} T_{ikn}\big) g^{nt} \\ =& \frac{1-\alpha}{2} \left(\partial_i \partial_j \partial_k \partial_m \psi(\theta) - \partial_i \partial_j \partial_k \partial_m \psi(\theta)\right) + \big(\Gamma_{jkl}^{(\alpha)} \partial_i g_{ls} - \Gamma_{ikl}^{(\alpha)} \partial_j g_{ls}\big) g_{sm} \\ &+ \frac{(1-\alpha)^2}{4} \left(T_{itm} T_{jkn} - T_{jtm} T_{ikn}\right) g^{nt} \\ =& \big(\Gamma_{jkl}^{(\alpha)} \partial_i g_{ls} - \Gamma_{ikl}^{(\alpha)} \partial_j g_{ls}\big) g_{sm} + \frac{(1-\alpha)^2}{4} \left(T_{itm} T_{jkn} - T_{jtm} T_{ikn}\right) g^{nt},\end{aligned}$$

注意到$g^{ls} g_{sm} = \delta_m^l$, $\partial_i g^{ls} g_{sm} = -\partial_i g_{sm} g^{ls} = -T_{ism} g^{ls}$, $\partial_j g^{ls} g_{ms} = -T_{jsm} g^{ls}$, 有

$$\begin{aligned}R_{ijkm}^{(\alpha)} &= \frac{1-\alpha}{2} \left(-T_{jkl} T_{ism} + T_{ikl} T_{jsm}\right) g^{ls} \\ &\quad + \frac{(1-\alpha)^2}{4} \left(T_{itm} T_{jkn} - T_{jtm} T_{ikn}\right) g^{nt} \\ &= \frac{1-\alpha^2}{4} \left(T_{jtm} T_{ikn} - T_{itm} T_{jkn}\right) g^{nt}.\end{aligned}$$ □

注 42 由于 $\partial_i \partial_j \psi(\theta) = g_{ij}(\theta)$, 即矩阵 $\left(\dfrac{\partial^2 \psi(\theta)}{\partial \theta^i \partial \theta^j}\right) = (g_{ij}(\theta))$ 是正定矩阵, 所以势函数 $\psi(\theta)$ 是凸函数.

注 43 一旦把概率分布化成指数分布族后, 其几何量就可通过势函数来计算.

例 43　一元正态分布的概率密度函数

$$p(x;\mu,\sigma^2)=\frac{1}{\sqrt{2\pi}\sigma}\exp\left\{-\frac{(x-\mu)^2}{2\sigma^2}\right\}$$

可表示为

$$p(x;\theta)=\exp\left\{\theta^i F_i(x)-\psi(\theta)\right\},$$

其中 $\theta=(\theta^1,\theta^2)=\left(\frac{\mu}{\sigma^2},\frac{-1}{2\sigma^2}\right)$, μ 是平均值, σ^2 是方差, $(F_1(x),F_2(x))=(x,x^2)$, 势函数

$$\psi(\theta)=-\frac{\left(\theta^1\right)^2}{4\theta^2}-\frac{1}{2}\log\left(-\theta^2\right)+\frac{1}{2}\log\pi.$$

利用势函数 $\psi(\theta)$, 可得 Fisher 信息矩阵

$$(g_{ij}(\theta))=(\partial_i\partial_j\psi(\theta))=\begin{pmatrix}\sigma^2 & 2\mu\sigma^2\\ 2\mu\sigma^2 & 4\mu^2\sigma^2+2\sigma^4\end{pmatrix}.$$

由 $T_{ijk}(\theta)=\partial_i\partial_j\partial_k\psi(\theta)$, 我们有

$$T_{111}=0,\quad T_{112}=2\sigma^4,\quad T_{122}=8\mu\sigma^4,\quad T_{222}=24\mu^2\sigma^4+8\sigma^6.$$

由 $\Gamma_{ijk}^{(\alpha)}=\frac{1-\alpha}{2}T_{ijk}$, 可知

$$\Gamma_{111}^{(\alpha)}=0,\quad \Gamma_{112}^{(\alpha)}=\sigma^4(1-\alpha),\quad \Gamma_{122}^{(\alpha)}=4\mu\sigma^4(1-\alpha),$$

$$\Gamma_{222}^{(\alpha)}=(12\mu^2\sigma^4+4\sigma^6)(1-\alpha),$$

以及

$$R_{1212}^{(\alpha)}=\left(1-\alpha^2\right)\sigma^6.$$

于是可得高斯曲率

$$K=-\frac{R_{1212}^{(\alpha)}}{g_{11}g_{22}-g_{12}^2}=-\frac{1-\alpha^2}{2}.$$

从以上结果可以看出, Fisher 信息矩阵依赖于参数坐标的选取, 但是高斯曲率却不依赖于参数坐标的选择.

例 44　n 元正态分布的概率密度函数为

$$p(x;\mu,P)=\frac{1}{(2\pi)^{\frac{n}{2}}\sqrt{\det(P)}}\exp\left\{-\frac{(x-\mu)^{\mathrm{T}}P^{-1}(x-\mu)}{2}\right\},\tag{5.13}$$

其中 $\mu = E[x] \in \mathbb{R}^n$ 是均值, $P = E\left[(x-\mu)(x-\mu)^{\mathrm{T}}\right] \in SPD(n)$ 是协方差矩阵. 下面将 n 元正态分布表示成指数分布族的形式. 对概率密度函数取对数可得

$$\begin{aligned}
\log p(x;\mu,P) =& -\frac{1}{2}\left((x-\mu)^{\mathrm{T}}P^{-1}(x-\mu)\right) - \log\left((2\pi)^{\frac{n}{2}}\sqrt{\det(P)}\right)\\
=& -\frac{1}{2}x^{\mathrm{T}}P^{-1}x + x^{\mathrm{T}}P^{-1}\mu - \frac{1}{2}\mu^{\mathrm{T}}P^{-1}\mu - \frac{n}{2}\log(2\pi)\\
& -\frac{1}{2}\log(\det(P))\\
=& \operatorname{tr}\left(xx^{\mathrm{T}}\left(-\frac{1}{2}\right)P^{-1}\right) + x^{\mathrm{T}}P^{-1}\mu - \frac{1}{2}\mu^{\mathrm{T}}P^{-1}\mu - \frac{n}{2}\log(2\pi)\\
& -\frac{1}{2}\log(\det(P)).
\end{aligned}$$

选取参数 $\theta^A = P^{-1}\mu,\ \theta^B = -\dfrac{1}{2}P^{-1},\ F_A(x) = x,\ F_B(x) = xx^{\mathrm{T}}$, 则有

$$\log p(x;\theta) = \left(\theta^A\right)^{\mathrm{T}} F_A(x) + \operatorname{tr}\left(\theta^B F_B(x)\right) - \psi(\theta),$$

其中, 势函数 $\psi(\theta)$ 为

$$\begin{aligned}
\psi(\theta) &= \frac{1}{2}\left(\mu^{\mathrm{T}}P^{-1}\mu + n\log(2\pi) + \log(\det(P))\right)\\
&= -\frac{1}{4}\left(\theta^A\right)^{\mathrm{T}}\left(\theta^B\right)^{-1}\theta^A + \frac{1}{2}\log\left(\det\left(-\pi\left(\theta^B\right)^{-1}\right)\right).
\end{aligned}$$

注 44 参数坐标和势函数的选择不唯一.

我们有下面的命题[27].

命题 73 $M = \{p(x;\mu,P)\}$ 的黎曼度量满足

$$\mathrm{d}s^2 = (\mathrm{d}\mu)^{\mathrm{T}} P^{-1}\,\mathrm{d}\mu + \frac{1}{2}\operatorname{tr}\left(\left(P^{-1}\,\mathrm{d}P\right)^2\right).$$

命题 74 设测地线 $\gamma: [a,b] \to M = \{p\left(x;\mu,P\right)\}$, 则有

$$\begin{cases}
\ddot{\mu} - \dot{P}P^{-1}\dot{\mu} = 0,\\
\ddot{P} + \dot{\mu}\dot{\mu}^{\mathrm{T}} - \dot{P}P^{-1}\dot{P} = 0.
\end{cases}$$

设随机变量 x 在 $\Omega = \{0,1,\cdots,n\}$ 上取值, Ω 的概率分布全体的集合

$$S_n = \left\{p: \Omega \to \mathbb{R}_+ \;\middle|\; \sum_{x\in\Omega} p(x) = 1\right\},$$

其中 $\mathbb{R}_+ = \{x \in \mathbb{R} \mid x > 0\}$. 则 S_n 是一个 n 维流形. 引入约定: 当 $x = i$ 时, $\delta_i(x) = 1$, 否则为 0. 则概率分布可以写成

$$p(x) = \sum_{i=1}^{n} p_i \delta_i(x) + p_0 \delta_0(x),$$

其中 $p_0 = 1 - \sum_{i=1}^{n} p_i$. 上式也可以写成 $p(x) = \sum_{i=0}^{n} p_i \delta_i(x)$. 令 $x_i = \delta_i(x)$, 选取新的参数 $\theta^i = \log\left(\dfrac{p_i}{p_0}\right)$, 概率分布可以写成

$$p(x;\theta) = \exp\left\{\theta^i x_i - \psi(\theta)\right\},$$

其中势函数 $\psi(\theta) = -\log p_0 = \log\left(1 + \sum_{i=1}^{n} e^{\theta^i}\right)$.

例 45[28]　n 维多项式分布的概率密度函数为

$$p(x) = \frac{N!}{x_0! x_1! \cdots x_n!} p_0^{x_0} p_1^{x_1} \cdots p_n^{x_n}, \tag{5.14}$$

其中 $x_i \in \{0, 1, \cdots, n\}$, $\sum_{i=0}^{n} x_i = N$, $\sum_{i=0}^{n} p_i = 1$, $p_i > 0$ $(i = 1, 2, \cdots, n)$.

把 (5.14) 改写成指数分布族形式

$$\begin{aligned} p(x;\theta) &= \exp\left\{\log(N!) - \sum_{i=0}^{n} \log(x_i!) + \sum_{i=1}^{n} x_i \log\left(\frac{p_i}{p_0}\right) + N \log p_0\right\} \\ &= \exp\left\{C(x) + \sum_{i=1}^{n} x_i \theta^i - \psi(\theta)\right\}, \end{aligned}$$

其中

$$C(x) = \log(N!) - \sum_{i=1}^{n} \log(x_i!),$$

$$\theta^i = \log\left(\frac{p_i}{p_0}\right), \quad i = 1, 2, \cdots, n,$$

$$\psi(\theta) = -N \log p_0 = N \log(\omega(\theta)), \quad \omega(\theta) = 1 + \sum_{i=1}^{n} e^{\theta^i}.$$

于是, 有指数分布族流形

$$M = \left\{p(x;\theta) \mid \theta = \left(\theta^1, \theta^2, \cdots, \theta^n\right) \in \mathbb{R}^n\right\}.$$

记 $\dfrac{\partial}{\partial \theta^i} = \partial_i$, 经计算可得

$$\partial_i \psi(\theta) = \frac{N e^{\theta^i}}{\omega(\theta)},$$

$$g_{ij}(\theta)=\partial_i\partial_j\psi(\theta)=N\left(\frac{e^{\theta^i}}{\omega(\theta)}\delta_{ij}-\frac{e^{\theta^i}e^{\theta^j}}{\omega^2(\theta)}\right),$$

$$\begin{aligned}\partial_i\partial_j\partial_k\psi(\theta)=&N\left(\frac{e^{\theta^i}}{\omega(\theta)}\delta_{ij}\delta_{ik}-\frac{e^{\theta^i}e^{\theta^k}}{\omega^2(\theta)}\delta_{ij}-\frac{e^{\theta^j}e^{\theta^k}}{\omega^2(\theta)}\delta_{ik}\right)\\&-N\left(\frac{e^{\theta^i}e^{\theta^j}}{\omega^2(\theta)}\delta_{jk}-2\frac{e^{\theta^i}e^{\theta^j}e^{\theta^k}}{\omega^3(\theta)}\right),\end{aligned}$$

以及

$$g^{ij}(\theta)=\frac{\omega(\theta)}{Ne^{\theta^i}}\left(\delta_{ij}+e^{\theta^i}\right).$$

由 $\Gamma_{ijk}(\theta)=\dfrac{1}{2}\partial_i g_{jk}=\dfrac{1}{2}\partial_i\partial_j\partial_k\psi(\theta)$, 可得

$$\Gamma_{ij}^k=\Gamma_{ijs}g^{sk}=\frac{1}{2}\left(\delta_{ij}\delta_{ik}-\frac{e^{\theta^j}}{\omega(\theta)}\delta_{ik}-\frac{e^{\theta^i}}{\omega(\theta)}\delta_{jk}\right),$$

以及

$$\nabla_{\partial_i}\partial_j=\Gamma_{ij}^k\partial_k=\frac{1}{2}\left(\delta_{ij}\partial_i-\frac{e^{\theta^j}}{\omega(\theta)}\partial_i-\frac{e^{\theta^i}}{\omega(\theta)}\partial_j\right).$$

由此可得曲率张量

$$\begin{aligned}R(\partial_i,\partial_j)\partial_k&=\nabla_{\partial_i}\nabla_{\partial_j}\partial_k-\nabla_{\partial_j}\nabla_{\partial_i}\partial_k-\nabla_{[\partial_i,\partial_j]}\partial_k\\&=\frac{1}{4}\left(\left(\frac{e^{\theta^j}}{\omega(\theta)}\delta_{jk}-\frac{e^{\theta^j}e^{\theta^k}}{\omega^2(\theta)}\right)\partial_i-\left(\frac{e^{\theta^i}}{\omega(\theta)}\delta_{ik}-\frac{e^{\theta^i}e^{\theta^k}}{\omega^2(\theta)}\right)\partial_j\right)\\&=\frac{1}{4N}\left(g_{jk}\partial_i-g_{ik}\partial_j\right).\end{aligned}$$

这表明该流形具有常截面曲率 $\dfrac{1}{4N}$.

例 46[28] n 维负多项式分布的概率密度函数为

$$p(x)=\frac{\Gamma\left(m+x_1+\cdots+x_n\right)}{\Gamma(m)x_1!\cdots x_n!}p_0^m p_1^{x_1}\cdots p_n^{x_n},$$

其中 $\Gamma(x)=\int_0^{+\infty}t^{x-1}e^{\mathrm{T}}\,\mathrm{d}t\ (x>0)$ 是 Gamma 函数, m 为正的常数, $x_i\in\{0,1,2,\cdots\}$, $p_i>0\ (i=1,2,\cdots,n)$, $\sum_{i=0}^n p_i=1$.

概率密度函数可以改写成下列形式

$$p(x;\theta)=\exp\left\{\log\left(\Gamma\left(m+\sum_{i=1}^n x_i\right)\right)-\log\left(\Gamma(m)\right)-\sum_{i=1}^n\log(x_i!)\right\}$$

$$
\begin{aligned}
&+\exp\left\{\sum_{i=1}^{n} x_i \log p_i + m\log p_0\right\}\\
&=\exp\left\{C(x)+\sum_{i=1}^{n} F_i(x)\theta^i - \psi(\theta)\right\},
\end{aligned}
$$

其中

$$
\begin{aligned}
&C(x)=\log\left(\Gamma\left(m+\sum_{i=1}^{n} x_i\right)\right)-\log\left(\Gamma(m)\right)-\sum_{i=1}^{n}\log\left(x_i!\right),\\
&F_i(x)=-x_i,\quad \theta^i=-\log p_i,\\
&\psi(\theta)=-m\log p_0=-m\log\left(1-\sum_{i=1}^{n} p_i\right)=-m\log\left(1-\sum_{i=1}^{n} e^{-\theta^i}\right).
\end{aligned}
$$

于是, 得到一个指数分布族流形

$$
M=\left\{p(x;\theta)\mid \theta=\left(\theta^1,\theta^2,\cdots,\theta^n\right)\in\mathbb{R}_+^n\right\}.
$$

令 $\omega(\theta)=1-\sum_{i=1}^{n} e^{-\theta^i}$, 经计算可得

$$
\begin{aligned}
\partial_i\psi(\theta)&=-m\frac{e^{-\theta^i}}{\omega(\theta)},\\
\partial_i\partial_j\psi(\theta)&=m\left(\frac{e^{-\theta^i}}{\omega(\theta)}\delta_{ij}+\frac{e^{-\theta^i}e^{-\theta^j}}{\omega^2(\theta)}\right),\\
\partial_i\partial_j\partial_k\psi(\theta)&=-m\left(\frac{e^{-\theta^i}}{\omega(\theta)}\delta_{ij}\delta_{ik}+\frac{e^{-\theta^i}e^{-\theta^k}}{\omega^2(\theta)}\delta_{ij}+\frac{e^{-\theta^j}e^{-\theta^k}}{\omega^2(\theta)}\delta_{ik}\right)\\
&\quad -m\left(\frac{e^{-\theta^i}e^{-\theta^j}}{\omega^2(\theta)}\delta_{jk}+\frac{2e^{-\theta^i}e^{-\theta^j}e^{-\theta^k}}{\omega^3(\theta)}\right),\\
g_{ij}(\theta)&=m\left(\frac{e^{-\theta^i}}{\omega(\theta)}\delta_{ij}+\frac{e^{-\theta^i}e^{-\theta^j}}{\omega^2(\theta)}\right),\\
g^{ij}(\theta)&=\frac{\omega(\theta)}{me^{-\theta^i}}\left(\delta_{ij}-e^{-\theta^i}\right),\\
\Gamma_{ij}^k(\theta)&=-\frac{1}{2}\left(\delta_{ij}\delta_{ik}+\frac{e^{-\theta^j}}{\omega(\theta)}\delta_{ik}+\frac{e^{-\theta^i}}{\omega(\theta)}\delta_{jk}\right),\\
\nabla_{\partial_i}\partial_j&=-\frac{1}{2}\left(\delta_{ij}\partial_i+\frac{e^{-\theta^j}}{\omega(\theta)}\partial_i+\frac{e^{-\theta^i}}{\omega(\theta)}\partial_j\right).
\end{aligned}
$$

曲率张量为

$$R(\partial_i,\partial_j)\partial_k = -\frac{1}{4}\left(\left(\frac{e^{-\theta^j}}{\omega(\theta)}\delta_{jk} + \frac{e^{-\theta^j}e^{-\theta^k}}{\omega^2(\theta)}\right)\partial_i - \left(\frac{e^{-\theta^i}}{\omega(\theta)}\delta_{ik} + \frac{e^{-\theta^i}e^{-\theta^k}}{\omega^2(\theta)}\right)\partial_j\right)$$
$$= -\frac{1}{4m}\left(g_{jk}\partial_i - g_{ik}\partial_j\right).$$

这表明负多项式分布构成曲率为 $-\dfrac{1}{4m} < 0$ 的常曲率空间.

注 45 人们感兴趣的是除了上面几种分布, 具有常曲率的分布还有哪些? 这就涉及统计流形的分类问题, 至今没有解决.

例 47 对于一个神经网络, 每个神经元的状态为 0 或 1. 考虑状态向量

$$x = (x_1, x_2, \cdots, x_n).$$

设 x 服从概率密度函数 $p(x)$. 记 $S = \{p(x)\}$, 因为 x 的状态共有 2^n 个, 而且 $\sum_{i=1}^n p(x_i) = 1$, 所以 S 的维数为 $2^n - 1$. 我们有

$$\log p(x) = \theta^i x_i + \theta^{ij} x_i x_j + \theta^{1\cdots n} x_1 \cdots x_n - \psi(\theta),$$

其中 $\psi(\theta)$ 是势函数.

事实上, 设参数

$$\theta = (\theta^1, \theta^2, \cdots, \theta^n, \theta^{12}, \theta^{13}, \cdots, \theta^{1n}, \cdots, \theta^{(n-1)n}, \cdots, \theta^{1\cdots n}),$$

$$x = \left(x_1, x_2, \cdots, x_n, x_1x_2, x_1x_3, \cdots, x_1x_n, \cdots, x_{(n-1)}x_n, \cdots, x_1x_2\cdots x_n\right),$$

可以把它写成指数分布族的形式

$$p(x;\theta) = \exp\left\{\theta \cdot x - \psi(\theta)\right\}.$$

另外, 还有一种重要的分布族——混合分布族, 下面给出具体定义.

定义 100 一个概率分布族构成混合分布族流形 $M = \{p(x;\theta)\}$, 如果它的概率密度函数可以写成以下形式

$$p(x;\theta) = \sum_{i=1}^n \theta^i p_i(x) + \left(1 - \sum_{i=1}^n \theta^i\right) p_0(x),$$

其中 $p_i(x) > 0$ $(i = 0, 1, 2, \cdots, n)$ 线性无关, $0 < \theta^i < 1$.

在局部坐标系 θ 下, 设 $l = \log p(x;\theta) = \log\left(\theta^i p_i + \left(1 - \sum_{i=1}^n \theta^i\right) p_0\right)$, 经计算可得

$$\partial_i l = \frac{1}{p}\left(p_i - p_0\right), \quad \partial_i\partial_j l = -\left(\partial_i l\right)\left(\partial_j l\right),$$

由此可得

$$
\begin{aligned}
\Gamma_{ijk}^{(\alpha)}(\theta) &= E\left[\left(\partial_i \partial_j l\right)\left(\partial_k l\right)\right]+\frac{1-\alpha}{2} E\left[\left(\partial_i l\right)\left(\partial_j l\right)\left(\partial_k l\right)\right] \\
&= E\left[-\left(\partial_i l\right)\left(\partial_j l\right)\left(\partial_k l\right)\right]+\frac{1-\alpha}{2} E\left[\left(\partial_i l\right)\left(\partial_j l\right)\left(\partial_k l\right)\right] \\
&= -\frac{1+\alpha}{2} E\left[\left(\partial_i l\right)\left(\partial_j l\right)\left(\partial_k l\right)\right] \\
&= -\frac{1+\alpha}{2} T_{ijk}.
\end{aligned}
$$

故混合分布族流形 $M=\{p(x;\theta)\}$ 是 -1-平坦的, 因而也是 1-平坦的.

5.4　对偶平坦流形

本节介绍对偶平坦流形的结构.

定义 101　关于对偶联络 ∇ 和 ∇^* 均平坦的黎曼流形 (M, g, ∇, ∇^*) 称为对偶平坦的流形. 此时, 对于任意的 $X, Y, Z \in \mathfrak{X}(M)$, $R(X,Y)Z=R^*(X,Y)Z=0$, $T(X,Y)=T^*(X,Y)=0$.

定义 102　设 (M,g) 为 n 维黎曼流形, 在点 $p(x;\theta)$ 处有两组坐标系 $\theta=(\theta^1,\theta^2,\cdots,\theta^n)$, θ 的对偶坐标系 (或期望坐标系) $\eta=E_\theta[x]=(\eta_1,\eta_2,\cdots,\eta_n)$, 以及两组基底 $\partial_i=\dfrac{\partial}{\partial\theta^i}$, $\partial^i=\dfrac{\partial}{\partial\eta_i}$ $(i=1,2,\cdots,n)$, 满足 $g\left(\partial_i,\partial^j\right)=\delta_i^j$. 称 (θ,η) 为一组对偶坐标系.

命题 75　设 (θ,η) 为黎曼流形 (M,g) 上的对偶坐标系, 则有

$$
\frac{\partial\eta_i}{\partial\theta^j}=g_{ij}, \quad \frac{\partial\theta^i}{\partial\eta_j}=g^{ij}.
$$

证明　注意到

$$
\partial^j=\frac{\partial}{\partial\eta_j}=\frac{\partial\theta^k}{\partial\eta_j}\partial_k,
$$

我们有

$$
\delta_i^j=g\left(\partial_i,\partial^j\right)=g\left(\partial_i,\frac{\partial\theta^k}{\partial\eta_j}\partial_k\right)=\frac{\partial\theta^k}{\partial\eta_j}g\left(\partial_i,\partial_k\right)=\frac{\partial\theta^k}{\partial\eta_j}g_{ik}.
$$

上式等价于

$$
I=\left(\frac{\partial\theta^k}{\partial\eta_j}\right)\left(g_{ik}\right),
$$

即 $\left(\dfrac{\partial\theta^i}{\partial\eta_j}\right) := (g^{ij})$ 为矩阵 (g_{ij}) 的逆矩阵. 类似地可以证明 $\dfrac{\partial\eta_j}{\partial\theta^i} = g_{ij}$. □

定理 27 在对偶平坦的黎曼流形 (M, g, ∇, ∇^*) 上, 存在局部对偶坐标系 (θ, η) 以及对偶势函数 $\psi(\theta)$, $\phi(\eta)$, 满足

$$\begin{aligned}
&g_{ij} = \frac{\partial^2}{\partial\theta^i\partial\theta^j}\psi(\theta), \quad g^{ij} = \frac{\partial^2}{\partial\eta_i\partial\eta_j}\phi(\eta),\\
&\eta_i = \frac{\partial}{\partial\theta^i}\psi(\theta), \qquad\quad \theta^i = \frac{\partial}{\partial\eta_i}\phi(\eta),\\
&\psi(\theta) + \phi(\eta) - \theta^i\eta_i = 0,\\
&D(p,q) := \psi(\theta_p) + \phi(\eta_q) - \theta_p\cdot\eta_q \geqslant 0, \quad p, q \in M,
\end{aligned}$$

其中函数 D 满足 $D(p,q) \geqslant 0$, 并且等号成立当且仅当 $p = q$, 称 D 为 M 上的散度.

散度是一个近似的距离函数, 它只满足距离公理中的非负性, 并不满足对称性和三角不等式.

证明 由命题 75, 有

$$\frac{\partial\eta_j}{\partial\theta^i} = g_{ij} = g_{ji} = \frac{\partial\eta_i}{\partial\theta^j},$$

于是, 由微分方程理论可知, 存在函数 $\psi(\theta)$, 使得

$$\mathrm{d}\psi(\theta) = \frac{\partial}{\partial\theta^i}\psi(\theta)\,\mathrm{d}\theta^i = \eta_i\,\mathrm{d}\theta^i, \quad \eta_i = \frac{\partial}{\partial\theta^i}\psi(\theta).$$

因此可得

$$g_{ij}(\theta) = \frac{\partial\eta_i}{\partial\theta^j} = \partial_j\partial_i\psi(\theta) = \partial_i\partial_j\psi(\theta).$$

同理可证, 存在函数 $\phi(\eta)$, 使得

$$g^{ij}(\theta) = \partial^i\partial^j\phi(\eta) = \partial^j\partial^i\phi(\eta), \quad \theta^i = \partial^i\phi(\eta).$$

另一方面, 把 $\theta^j\eta_j - \phi(\eta)$ 看成 θ 的函数, 有

$$\begin{aligned}
\frac{\partial}{\partial\theta_i}(\theta^j\eta_j - \phi(\eta)) &= \eta_i + \theta^j\frac{\partial\eta_j}{\partial\theta^i} - \frac{\partial\phi(\eta)}{\partial^k}\frac{\partial\eta_k}{\partial\theta^i}\\
&= \eta_i + \theta^j g_{ij} - \theta^k g_{ik}\\
&= \eta_i.
\end{aligned}$$

所以可以把 $\theta^j\eta_j - \phi(\eta)$ 选作函数 $\psi(\theta)$, 满足 $\partial_i\psi(\theta) = \eta_i$, 即得到

$$\psi(\theta) + \phi(\eta) - \theta^j\eta_j = 0.$$

下面证明散度 $D(p,q)=\psi(\theta)+\phi(\eta_q)-\eta_q\cdot\theta$ 的非负性, 其中 $p,q\in M$. 记 $\theta=\theta_p$, $\eta=\eta_q$. 固定 q, 定义 $F(\theta)=D(p,q)$, 则 $D(q,q)=0$ 可以等价地写成 $F(\theta_q)=0$. 由函数取极值的条件 $\dfrac{\partial F(\theta)}{\partial\theta}=0$, 可得 $\theta=\theta_q$, 即当 $p=q$ 时, 散度取极值. 同时, 直接计算可知 $F(\theta)$ 的黑塞矩阵 $\left(\dfrac{\partial^2 F(\theta)}{\partial\theta^i\partial\theta^i}\right)=(g_{ij}(\theta))$ 为正定的. 因此, $\theta=\theta_q$ 为散度的唯一的最小值点. 故 $D(p,q)\geqslant D(q,q)=0$, 而且等号成立当且仅当 $p=q$. □

命题 76 设 (M,g,∇,∇^*) 是对偶平坦的黎曼流形, 则一定存在对偶坐标系 (θ,η) 使得 θ 和 η 分别关于 ∇ 和 ∇^* 为仿射坐标系.

证明 因为 M 是对偶平坦的, 一定存在仿射坐标系 θ 使得 $\nabla_{\partial_i}\partial_j=0$, 或者 $\Gamma_{ij}^k=0$ 在 θ 的邻域内成立. 因此, $\partial_k g_{ij}=\Gamma_{kij}+\Gamma^*_{kji}=\Gamma^*_{kji}$. 由于 M 关于 ∇^* 是无挠的, 则有 $\Gamma^*_{kji}=\Gamma^*_{jki}$, 于是有

$$\partial_k g_{ij}=\Gamma_{kij}+\Gamma^*_{kji}=\Gamma^*_{kji}=\Gamma^*_{jki}=\partial_j g_{ki}.$$

因此可知, 存在函数 $F(\theta)$ 使得

$$\frac{\partial F_j(\theta)}{\partial\theta^i}=g_{ij}.$$

由 g 的对称性, 有

$$\frac{\partial F_j(\theta)}{\partial\theta^i}=g_{ij}=g_{ji}=\frac{\partial F_i(\theta)}{\partial\theta^j}.$$

因此, 存在函数 $H(\theta)$ 使得

$$\mathrm{d}H(\theta)=F_i(\theta)\,\mathrm{d}\theta^i,\quad F_i(\theta)=\frac{\partial H(\theta)}{\partial\theta^i},$$

取 $\psi(\theta)=H(\theta)$, 则有

$$\partial_i\partial_j\psi(\theta)=\partial_i F_j(\theta)=g_{ij}.$$

由定理 27 可知, 一定存在对偶坐标系 (θ,η) 使得 $\eta_i=\partial_i\psi(\theta)$. 下面证明 η 关于 ∇^* 是仿射的. 因为

$$0=\partial_k\delta_i^j=\partial_k g\left(\partial_i,\partial^j\right)=g\left(\nabla_{\partial_k}\partial_i,\partial^j\right)+g\left(\partial_i,\nabla^*_{\partial_k}\partial^j\right),$$

而且 θ 坐标系关于 ∇ 是仿射的, 则有 $\nabla_{\partial_k}\partial_i=0$. 于是, 有 $g\left(\partial_i,\nabla^*_{\partial_k}\partial^j\right)=0$, 从而 $\nabla^*_{\partial_k}\partial^j=0$, 因此 η 关于 ∇^* 是仿射的. □

5.5 最 大 熵

信息熵衡量不确定性的大小, 熵越大不确定性越大, 所包含的信息越多[32].

定义 103 对于离散型的概率分布, 信息熵 $H(p_1,p_2,\cdots,p_N)$ 定义为

$$H(p_1,p_2,\cdots,p_N)=-\sum_{i=1}^{N}p_i\log p_i,$$

其中 $p_i\ (i=1,2,\cdots,N)$ 为概率.

命题 77

$$0\leqslant H(p_1,p_2,\cdots,p_N)\leqslant\log N.$$

证明 首先证明

$$H(p_1,p_2,\cdots,p_N)\geqslant 0.$$

事实上, 因为 $0\leqslant p_i\leqslant 1$, 有 $-p_i\log p_i\geqslant 0$. 于是有

$$H(p_1,p_2,\cdots,p_N)=-\sum_{i=1}^{N}p_i\log p_i\geqslant 0.$$

当 $H(p_1,p_2,\cdots,p_N)=0$ 时, 有 $-p_i\log p_i=0$, 此时 $p_i=0$ 或者 $p_i=1$. 这里假设了 $\lim\limits_{p\to 0^+}p\log p=0$. 因为 $\sum_{i=1}^{N}p_i=1$, 所以仅有一个 $p_i=1$ 而其他的 $p_i=0$.

求解下面的最大信息熵问题

$$\max H(p_1,p_2,\cdots,p_N),\quad \sum_{i=1}^{N}p_i=1.$$

利用拉格朗日乘数法, 设

$$\widetilde{H}(p_1,p_2,\cdots,p_N,\lambda)=H(p_1,p_2,\cdots,p_N)+\lambda\left(\sum_{i=1}^{N}p_i-1\right).$$

由

$$\frac{\partial\widetilde{H}(p_1,p_2,\cdots,p_N,\lambda)}{\partial p_i}=0,\quad \frac{\widetilde{H}(p_1,p_2,\cdots,p_N,\lambda)}{\partial\lambda}=0,$$

得到 $\lambda=1+\log p_i$, 即 $p_i=e^{\lambda-1}$, 以及

$$1=\sum_{i=1}^{N}p_i=Ne^{\lambda-1}.$$

于是有

$$p_i = \frac{1}{N} \quad (i = 1, 2, \cdots, N).$$

从而有

$$H\left(\frac{1}{N}, \frac{1}{N}, \cdots, \frac{1}{N}\right) = \max H(p_1, p_2, \cdots, p_N) = \log N. \qquad \square$$

例 48　考虑连续型的概率分布. 定义信息熵

$$H(p) = -\int_{-\infty}^{\infty} p(x) \log p(x)\, \mathrm{d}x,$$

满足以下约束条件:

$$\int_{-\infty}^{\infty} p(x)\, \mathrm{d}x = 1, \quad \int_{-\infty}^{\infty} xp(x)\, \mathrm{d}x = \mu, \quad \int_{-\infty}^{\infty} (x-\mu)^2 p(x)\, \mathrm{d}x = \sigma^2,$$

其中平均值 μ 与方差 σ^2 均有界. 设

$$\begin{aligned}\mathcal{H}(p) = &-\int_{-\infty}^{\infty} p(x) \log p(x)\, \mathrm{d}x + \lambda\left(\int_{-\infty}^{\infty} p(x)\, \mathrm{d}x - 1\right)\\ &+ \alpha\left(\int_{-\infty}^{\infty} xp(x)\, \mathrm{d}x - \mu\right) + \beta\left(\int_{-\infty}^{\infty} (x-\mu)^2 p(x)\, \mathrm{d}x - \sigma^2\right),\end{aligned}$$

其中 λ, α, β 是待定常数. 对上述泛函求变分, 得到

$$\delta\mathcal{H}(p) = \int_{-\infty}^{\infty} \left(-\log p(x) - 1 + \lambda + \alpha x + \beta(x-\mu)^2\right) \delta p\, \mathrm{d}x.$$

令 $\delta\mathcal{H}(p) = 0$, 可得

$$-\log p(x) - 1 + \lambda + \alpha x + \beta(x-\mu)^2 = 0,$$

于是可得

$$p(x) = e^{\lambda - 1 + \alpha x + \beta(x-\mu)^2}. \tag{5.15}$$

下面确定 λ, α, β. 既然当 $\beta \geqslant 0$ 时, $\int_{-\infty}^{\infty} e^{\beta x^2}\, \mathrm{d}x$ 发散, 假设 $\beta < 0$. 注意到 $\int_{-\infty}^{\infty} e^{-x^2}\, \mathrm{d}x = \sqrt{\pi}$, 则有

$$1 = \int_{-\infty}^{\infty} p(x)\, \mathrm{d}x = \int_{-\infty}^{\infty} e^{\lambda - 1 + \alpha x + \beta(x-\mu)^2}\, \mathrm{d}x = \frac{\sqrt{\pi}}{\sqrt{-\beta}} e^{\lambda - 1 + \mu\alpha - \frac{\alpha^2}{4\beta}}. \tag{5.16}$$

利用 (5.15) 和 (5.16) 可得

$$\mu = \int_{-\infty}^{\infty} xp(x)\, \mathrm{d}x = \frac{\sqrt{\pi}}{\sqrt{-\beta}} e^{\lambda - 1 + \mu\alpha - \frac{\alpha^2}{4\beta}} \left(\mu - \frac{\alpha}{2\beta}\right) = \mu - \frac{\alpha}{2\beta},$$

于是得到 $\alpha=0$, 从而 (5.15) 变为

$$p(x)=\sqrt{\frac{-\beta}{\pi}}e^{\beta(x-\mu)^2}. \tag{5.17}$$

下面确定参数 β. 注意到 $\int_{-\infty}^{\infty} z^2 e^{-z^2}\,\mathrm{d}z=\frac{1}{2}\sqrt{\pi}$, 结合 (5.17) 则有

$$\sigma^2=\int_{-\infty}^{\infty}(x-\mu)^2 p(x)\,\mathrm{d}x=\int_{-\infty}^{\infty}\sqrt{\frac{-\beta}{\pi}}(x-\mu)^2 e^{\beta(x-\mu)^2}\,\mathrm{d}x=-\frac{1}{2\beta},$$

从而得到 $\beta=-\frac{1}{2\sigma^2}$. 综合以上结果可获得

$$p(x)=\frac{1}{\sqrt{2\pi}\sigma}e^{-\frac{1}{2\sigma^2}(x-\mu)^2}.$$

这说明正态分布使得信息熵最大.

5.6 Kullback-Leibler 散度

定义 104 对于统计流形 $M=\{p(x;\theta)\mid\theta\in\Theta\subset\mathbb{R}^n\}$ 中任意两个概率密度函数 $p(x;\theta),q(x;\theta)$, Kullback-Leibler 散度定义为

$$\mathrm{KL}(p,q)=E_p\left[\log\left(\frac{p(x;\theta)}{q(x;\theta)}\right)\right]=\int_\Omega p(x;\theta)\log\left(\frac{p(x;\theta)}{q(x;\theta)}\right)\mathrm{d}x.$$

注 46 对于离散的随机变量 $x\in\Omega$, 密度函数 $p(x),q(x)$ 的 Kullback-Leibler 散度定义为

$$\mathrm{KL}(p,q)=\sum_{x\in\Omega}p(x)\log\left(\frac{p(x)}{q(x)}\right),$$

其中 $\sum_{x\in\Omega}p(x)=\sum_{x\in\Omega}q(x)=1$.

命题 78 设 $\theta=(\theta^1,\theta^2,\cdots,\theta^n),\theta_0=(\theta_0^1,\theta_0^2,\cdots,\theta_0^n), p(\theta)=p(x;\theta),\ p(\theta_0)=p(x;\theta_0)$. 则有

$$\mathrm{KL}(p(\theta),p(\theta_0))\approx\frac{1}{2}(\theta-\theta_0)^{\mathrm{T}}g(\theta_0)(\theta-\theta_0),$$

其中 $g(\theta)=(g_{ij}(\theta))$ 表示 Fisher 信息矩阵.

证明　在 θ_0 处进行泰勒展开可得

$$\begin{aligned}\mathrm{KL}\left(p(\theta), p(\theta_0)\right) = &\ \mathrm{KL}(p(\theta_0), p(\theta_0)) + \frac{\partial}{\partial \theta^i}\mathrm{KL}(p(\theta), p(\theta_0))\Big|_{\theta=\theta_0}(\theta^i - \theta_0^i) \\ &+ \frac{1}{2}\frac{\partial^2 \mathrm{KL}\left(p(\theta), p(\theta_0)\right)}{\partial\theta^i\partial\theta^j}\Big|_{\theta=\theta_0}(\theta^i - \theta_0^i)(\theta^j - \theta_0^j) + \cdots .\end{aligned}$$

首先, 显然有

$$\mathrm{KL}(p(\theta_0), p(\theta_0)) = 0. \tag{5.18}$$

因为

$$\begin{aligned}\mathrm{KL}(p(\theta), p(\theta_0)) &= \int_\Omega p(x;\theta)\log\left(\frac{p(x;\theta)}{p(x;\theta_0)}\right)\mathrm{d}x \\ &= \int_\Omega p(x;\theta)\log p(x;\theta)\,\mathrm{d}x - \int_\Omega p(x;\theta)\log p(x;\theta_0)\,\mathrm{d}x,\end{aligned}$$

注意到 $\int_\Omega \frac{\partial p(x;\theta)}{\partial\theta^i}\mathrm{d}x = 0$, 可得

$$\begin{aligned}\frac{\partial \mathrm{KL}(p(\theta), p(\theta_0))}{\partial\theta^i} &= \int_\Omega \frac{\partial p(x;\theta)}{\partial\theta^i}\log p(x;\theta)\,\mathrm{d}x + \int_\Omega p(x;\theta)\frac{1}{p(x;\theta)}\frac{\partial p(x;\theta)}{\partial\theta^i}\mathrm{d}x \\ &\quad - \int_\Omega \frac{\partial p(x;\theta)}{\partial\theta^i}\log p(x;\theta_0)\,\mathrm{d}x \\ &= \int_\Omega \frac{\partial p(x;\theta)}{\partial\theta^i}\log p(x;\theta)\,\mathrm{d}x - \int_\Omega \frac{\partial p(x;\theta)}{\partial\theta^i}\log p(x;\theta_0)\,\mathrm{d}x,\end{aligned} \tag{5.19}$$

由 (5.19) 得到

$$\frac{\partial \mathrm{KL}(p(\theta), p(\theta_0))}{\partial\theta^i}\Big|_{\theta=\theta_0} = 0. \tag{5.20}$$

对 (5.19) 求二阶偏导数得到

$$\begin{aligned}\frac{\partial^2 KL(p(\theta), p(\theta_0))}{\partial\theta^i\partial\theta^j} = &\ \int_\Omega \frac{\partial^2 p(x;\theta)}{\partial\theta^i\partial\theta^j}\log p(x;\theta)\,\mathrm{d}x \\ &+ \int_\Omega \frac{\partial p(x;\theta)}{\partial\theta^i}\frac{1}{p(x;\theta)}\frac{\partial p(x;\theta)}{\partial\theta^j}\mathrm{d}x \\ &- \int_\Omega \frac{\partial^2 p(x;\theta)}{\partial\theta^i\partial\theta^j}\log p(x;\theta_0)\,\mathrm{d}x \\ = &\ \int_\Omega \frac{\partial^2 p(x;\theta)}{\partial\theta^i\partial\theta^j}\log p(x;\theta)\,\mathrm{d}x - \int_\Omega \frac{\partial^2 p(x;\theta)}{\partial\theta^i\partial\theta^j}\log p(x;\theta_0)\,\mathrm{d}x \\ &+ \int_\Omega \frac{\partial\log p(x;\theta)}{\partial\theta^i}\frac{\partial\log p(x;\theta)}{\partial\theta^j}p(x;\theta)\,\mathrm{d}x\end{aligned}$$

$$= \int_\Omega \frac{\partial^2 p(x;\theta)}{\partial\theta^i\partial\theta^j}\log p(x;\theta)\,\mathrm{d}x - \int_\Omega \frac{\partial^2 p(x;\theta)}{\partial\theta^i\partial\theta^j}\log p(x;\theta_0)\,\mathrm{d}x + g_{ij}(\theta). \tag{5.21}$$

由 (5.21) 可得

$$\left.\frac{\partial^2 \mathrm{KL}(p(\theta),p(\theta_0))}{\partial\theta^i\partial\theta^j}\right|_{\theta=\theta_0} = g_{ij}(\theta_0). \tag{5.22}$$

将 (5.18), (5.20) 以及 (5.22) 代入前面的泰勒展开式, 则完成命题证明. □

命题 79 设 $p(x;\theta), q(x;\theta)$ 是统计流形 M 上的两个概率密度函数. 则 Kullback-Leibler 散度满足

$$\mathrm{KL}(p,q) \geqslant 0,$$

而且等号成立当且仅当 $p=q$.

证明 不难证明, 对于任意的实数 $x>0$, 下面的不等式成立

$$x - \log x \geqslant 1.$$

利用上述不等式可得

$$\frac{q(x)}{p(x)} - \log\left(\frac{q(x)}{p(x)}\right) \geqslant 1,$$

即

$$q(x) - p(x)\log\left(\frac{q(x)}{p(x)}\right) \geqslant p(x).$$

注意到 $\int_\Omega p(x)\,\mathrm{d}x = \int_\Omega q(x)\,\mathrm{d}x = 1$, 可得

$$-\int_\Omega p(x)\log\left(\frac{q(x)}{p(x)}\right)\mathrm{d}x \geqslant 0,$$

于是有

$$\mathrm{KL}(p,q) = \int_\Omega p(x)\log\left(\frac{p(x)}{q(x)}\right)\mathrm{d}x \geqslant 0.$$ □

注 47 Kullback-Leibler 散度的非负性也可以利用 Jensen 不等式直接证明. 事实上, 设 f 为凸函数, y 是可积函数. 利用 Jensen 不等式

$$\int_\Omega f(y(x))p(x)\,\mathrm{d}x \geqslant f\left(\int_\Omega y(x)p(x)\,\mathrm{d}x\right),$$

并取 $f(y) = -\log y$, $y = \dfrac{q(x)}{p(x)}$, 得到

$$\mathrm{KL}(p,q) = \int_\Omega -\log\left(\frac{q(x)}{p(x)}\right)p(x)\,\mathrm{d}x$$

$$\begin{aligned}&\geqslant -\log\left(\int_\Omega \frac{q(x)}{p(x)}p(x)\,\mathrm{d}x\right)\\&= -\log\left(\int_\Omega q(x)\,\mathrm{d}x\right)\\&= -\log 1 = 0.\end{aligned}$$

类似地, 对离散的情形也可以给出证明.

注 48　对于指数分布族, 设 $p(x;\theta)=\exp\{\theta^i F_i(x)-\psi(\theta)\}$, 有

$$\begin{aligned}\mathrm{KL}\left(p(x;\theta),p\left(x;\theta'\right)\right)=&\int_\Omega p(x;\theta)\log\left(\frac{p(x;\theta)}{p(x;\theta')}\right)\mathrm{d}x\\=&\int_\Omega \left(\theta^i F_i(x)-\psi(\theta)-(\theta')^i F_i(x)+\psi(\theta')\right)p(x;\theta)\,\mathrm{d}x\\=&\,\theta^i\int_\Omega F_i(x)p(x;\theta)\,\mathrm{d}x\\&-\psi(\theta)-(\theta')^i\int_\Omega F_i(x)p(x;\theta)\,\mathrm{d}x+\psi(\theta')\\=&\,\theta^i\eta_i-\psi(\theta)-(\theta')^i\eta_i+\psi(\theta')\\=&\,\phi(\eta)+\psi(\theta')-(\theta')^i\eta_i\\=&\,D\left(p(x;\theta'),p(x;\theta)\right),\end{aligned}$$

其中利用了 $\psi(\theta)+\phi(\eta)-\theta^i\eta_i=0$ 的结论.

这表明, 对于指数分布族, Kullback-Leibler 散度与定理 27 定义的散度一致.

例 49　计算两个 n 元正态分布的 Kullback-Leibler 散度. 记 n 元正态分布的概率密度函数为

$$p(x;\mu,P)=\frac{1}{(2\pi)^{\frac{n}{2}}\sqrt{\det(P)}}\exp\left\{-\frac{1}{2}(x-\mu)^{\mathrm{T}}P^{-1}(x-\mu)\right\},$$

由例 44 可知, 上述概率密度函数可以表示成

$$p(x;\theta)=\exp\left\{\left(\theta^A\right)^{\mathrm{T}}F_A(x)+\mathrm{tr}\left(\theta^B F_B(x)\right)-\psi(\theta)\right\},$$

其中势函数为

$$\begin{aligned}\psi(\theta)&=\frac{1}{2}\left[\mu^{\mathrm{T}}P^{-1}\mu+n\log(2\pi)+\log(\det(P))\right]\\&=-\frac{1}{4}(\theta^A)^{\mathrm{T}}(\theta^B)^{-1}\theta^A+\frac{1}{2}\log\left(\det\left(-\pi(\theta^B)^{-1}\right)\right).\end{aligned}$$

直接计算可得

$$\frac{\partial\psi(\theta)}{\partial\theta^A}=\mu.$$

利用公式

$$\frac{\partial\det(W)}{\partial W}=\det(W)\left(W^{-1}\right)^{\mathrm{T}}$$

可得

$$\frac{\partial}{\partial\theta^B}\log\det\left(-\pi(\theta^B)^{-1}\right)=2P.$$

再利用

$$\frac{\partial}{\partial\theta^B}((\theta^A)^{\mathrm{T}}\left(\theta^B\right)^{-1}\theta^A)=-4\mu\mu^{\mathrm{T}},$$

可得

$$\frac{\partial\psi(\theta)}{\partial\theta^B}=\mu\mu^{\mathrm{T}}+P.$$

既然

$$\begin{aligned}\frac{\partial\log p(x;\theta)}{\partial\theta^A}&=F_A(x)-\frac{\partial\psi(\theta)}{\partial\theta^A}=F_A(x)-\mu,\\\frac{\partial\log p(x;\theta)}{\partial\theta^B}&=F_B(x)-\frac{\partial\psi(\theta)}{\partial\theta^B}=F_B(x)-\mu\mu^{\mathrm{T}}-P,\end{aligned}$$

注意到

$$\int_\Omega\frac{\partial}{\partial\theta^A}\log p(x;\theta)p(x;\theta)\,\mathrm{d}x=\int_\Omega\frac{\partial}{\partial\theta^B}\log p(x;\theta)p(x;\theta)\,\mathrm{d}x=0,$$

我们有

$$\int_\Omega F_A(x)p(x;\theta)\,\mathrm{d}x=\mu,\quad\int_\Omega F_B(x)p(x;\theta)\,\mathrm{d}x=\mu\mu^{\mathrm{T}}+P.$$

对于另一个正态分布密度函数

$$p(x;\nu,Q)=\frac{1}{(2\pi)^{\frac{n}{2}}\left(\det(Q)\right)^{\frac{1}{2}}}\exp\left\{-\frac{(x-\nu)^{\mathrm{T}}Q^{-1}(x-\nu)}{2}\right\},$$

同样可以写成指数分布形式

$$p(x;\vartheta)=\exp\left\{\left(\vartheta^A\right)^{\mathrm{T}}F_A(x)+\mathrm{tr}\left(\vartheta^B F_B(x)\right)-\phi(\vartheta)\right\},$$

其中 $\vartheta^A=Q^{-1}\nu$, $\vartheta^B=-\dfrac{1}{2}Q^{-1}$, 以及势函数

$$\begin{aligned}\phi(\vartheta)&=\frac{1}{2}\left[\nu^{\mathrm{T}}Q^{-1}\nu+n\log(2\pi)+\log\left(\det Q\right)\right]\\&=-\frac{1}{4}\left(\vartheta^A\right)^{\mathrm{T}}\left(\vartheta^B\right)^{-1}\vartheta^A+\frac{1}{2}\log\left(\det\left(-\pi\left(\vartheta^B\right)^{-1}\right)\right).\end{aligned}$$

令 $p=p(x;\theta), q=p(x;\vartheta)$, 经计算有

$$
\begin{aligned}
\mathrm{KL}(p,q) =& \int_{\Omega} p(x;\mu,P)\log\left(\frac{p(x;\mu,P)}{p(x;\nu,Q)}\right)\mathrm{d}x\\
=& \int_{\Omega}\left(\left(\theta^A\right)^{\mathrm{T}}F_A(x)+\mathrm{tr}\left(\theta^B F_B(x)\right)-\psi(\theta)\right)p(x;\theta)\,\mathrm{d}x\\
&-\int_{\Omega}\left(\left(\vartheta^A\right)^{\mathrm{T}}F_A(x)+\mathrm{tr}\left(\vartheta^B F_B(x)\right)-\phi(\vartheta)\right)p(x;\theta)\,\mathrm{d}x\\
=& (\theta^A)^{\mathrm{T}}\int_{\Omega}F_A(x)p(x;\theta)\,\mathrm{d}x+\mathrm{tr}\left(\theta^B\int_{\Omega}F_B(x)p(x;\theta)\,\mathrm{d}x\right)\\
&-\psi(\theta)-(\vartheta^A)^{\mathrm{T}}\int_{\Omega}F_A(x)p(x;\theta)\,\mathrm{d}x\\
&-\mathrm{tr}\left(\vartheta^B\int_{\Omega}F_B(x)p(x;\theta)\,\mathrm{d}x\right)+\phi(\theta)\\
=& (\theta^A)^{\mathrm{T}}\mu+\mathrm{tr}\left(\theta^B(\mu\mu^{\mathrm{T}}+P)\right)\\
&-\frac{1}{2}\left(\mu^{\mathrm{T}}P^{-1}\mu+\log\left(\det(P)\right)+n\log(2\pi)\right)\\
&-((\vartheta^A)^{\mathrm{T}}\mu)-\mathrm{tr}(\vartheta^B(\mu\mu^{\mathrm{T}}+P))\\
&+\frac{1}{2}\left(\nu^{\mathrm{T}}Q^{-1}\nu+\log\left(\det(Q)\right)+n\log(2\pi)\right)\\
=& -\nu^{\mathrm{T}}Q^{-1}\mu+\frac{1}{2}\mu^{\mathrm{T}}Q^{-1}\mu+\frac{1}{2}\nu^{\mathrm{T}}Q^{-1}\nu\\
&+\frac{1}{2}\left(\mathrm{tr}(Q^{-1}P)-\log\left(\det(P)\right)\right)+\frac{1}{2}\left(\log\det(Q)-n\right)\\
=& \frac{1}{2}(\mu-\nu)^{\mathrm{T}}Q^{-1}(\mu-\nu)\\
&+\frac{1}{2}\left(\mathrm{tr}(Q^{-1}P)-\log\left(\det(P)\right)+\log\left(\det(Q)\right)-n\right)\\
=& \frac{1}{2}(\mu-\nu)^{\mathrm{T}}Q^{-1}(\mu-\nu)\\
&+\frac{1}{2}\left(\mathrm{tr}(Q^{-1}P)+\log\left(\det(QP^{-1})\right)-n\right).
\end{aligned}
\tag{5.23}
$$

注 49　当 $\mu=\nu=0$ 时, 由 (5.23) 得到

$$
\mathrm{KL}(p,q)=\frac{1}{2}\left(\mathrm{tr}\left(Q^{-1}P\right)+\log\left(\det\left(QP^{-1}\right)\right)-n\right).
$$

注 50 我们可以定义一个对称形式的散度

$$
\begin{aligned}
\overline{\mathrm{KL}}(p,q) &:= \mathrm{KL}(p,q)+\mathrm{KL}(q,p)\\
&= \frac{1}{2}(\mu-\nu)^{\mathrm{T}}\left(P^{-1}+Q^{-1}\right)(\mu-\nu)+\frac{1}{2}\left(\mathrm{tr}\left(Q^{-1}P\right)+\mathrm{tr}\left(P^{-1}Q\right)-2n\right).
\end{aligned}
$$

当 $\mu=\nu=0$ 时, 得到

$$
\overline{\mathrm{KL}}(p,q)=\mathrm{KL}(p,q)+\mathrm{KL}(q,p)=\frac{1}{2}\left(\mathrm{tr}\left(Q^{-1}P\right)+\mathrm{tr}\left(P^{-1}Q\right)-2n\right).
$$

定义 105 设可微的凸函数 $f:\mathbb{R}\to\mathbb{R}$ 满足 $f(1)=0$, $f''(1)\neq 0$. f-散度定义为

$$
D_f(p,q)=\int_\Omega p(x)f\left(\frac{q(x)}{p(x)}\right)\mathrm{d}x.
$$

当取 $f(x)=-\log x$ 时, $f\left(\frac{q(x)}{p(x)}\right)=-\log\left(\frac{q(x)}{p(x)}\right)=\log\left(\frac{p(x)}{q(x)}\right)$, 上述散度就是 Kullback-Leibler 散度.

另外, 还存在几种关于 Kullback-Leibler 散度的推广. Bregman 散度作为 Kullback-Leibler 散度的推广, 具有重要的应用[15,16]. 这里简要介绍 Bregman 散度的定义和相关例子. 基于凸函数, Bregman 散度定义如下.

定义 106 设连续可微函数 $\phi:\Omega\to\mathbb{R}$ 是定义在凸集 $\Omega\subset\mathbb{R}^n$ 上的严格凸函数. Bregman 散度 $D_\phi:\Omega\times\Omega\to[0,\infty)$ 定义为

$$
D_\phi(x,y)=\phi(x)-\phi(y)-\langle x-y,\partial\phi(y)\rangle,
$$

其中 $\partial\phi(y)$ 表示函数 ϕ 在 y 处的梯度, $\langle\cdot,\cdot\rangle$ 为两个向量之间的标准内积.

例 50 两点之间的欧氏距离或许是最简单而且最被广泛使用的 Bregman 散度. 事实上, 定义函数 $\phi:\mathbb{R}^n\to\mathbb{R}$, $\phi(x)=\langle x,x\rangle$. 显然 ϕ 是 $\mathbb{R}^n$ 上严格凸的、连续可微函数, 其对应的 Bregman 散度为

$$
\begin{aligned}
D_\phi(x,y) &= \langle x,x\rangle-\langle y,y\rangle-\langle x-y,\partial\phi(y)\rangle\\
&= \langle x,x\rangle-\langle y,y\rangle-\langle x-y,2y\rangle\\
&= \langle x-y,x-y\rangle.
\end{aligned}
$$

例 51 设 p,q 是离散的概率分布, 满足 $\sum_{i=1}^n p_i=1$, $\sum_{i=1}^n q_i=1$, 其负熵

$$
\phi(p)=\sum_{i=1}^n p_i\log_2 p_i
$$

是凸函数, 其对应的 Bregman 散度

$$\begin{aligned} D_\phi(p,q) &= \sum_{i=1}^n p_i \log_2 p_i - \sum_{i=1}^n q_i \log_2 q_i - \langle p-q, \partial\phi(q)\rangle \\ &= \sum_{i=1}^n p_i \log_2 p_i - \sum_{i=1}^n q_i \log_2 q_i - \sum_{i=1}^n (p_i - q_i)(\log_2 q_i + \log_2 e) \\ &= \sum_{i=1}^n p_i \log_2 \frac{p_i}{q_i} \\ &= \frac{1}{\log 2} K(p,q). \end{aligned}$$

此时, Bregman 散度和 Kullbak-Leibler 散度是等价的. 如果在熵的定义中对数取 e 为底, 则二者完全一致.

5.7　广义毕达哥拉斯定理

上面定义的散度都是非负的, 不满足对称性和三角不等式. 但是在特殊情况下它满足下面的定理.

定理 28 (广义毕达哥拉斯定理)　对于对偶平坦的黎曼流形 (M, g, ∇, ∇^*) 上的三点 p, q, r, 假设连接 p, q 的 ∇-测地线与连接 q, r 的 ∇^*-测地线在交点 q 处正交, 则有

$$D(p,r) = D(p,q) + D(q,r).$$

证明　由 ∇-测地线方程

$$0 = \nabla_{\dot\theta(t)}\dot\theta(t) = \ddot\theta(t) + \Gamma_{ij}^k \dot\theta^i(t)\dot\theta^j(t) = \ddot\theta(t),$$

我们得到经过 p, q 两点的 ∇-测地线 γ_1 为

$$\theta^i(t) = t\theta^i(p) + (1-t)\theta^i(q),$$

该测地线的切向量为

$$\dot\theta(t) = \dot\theta^i(t)\partial_i = \big(\theta^i(p) - \theta^i(q)\big)\partial_i.$$

类似地, 由 ∇^*-测地线方程 $\nabla^*_{\dot\eta(t)}\dot\eta(t) = 0$, 可得到经过 q,r 两点的 ∇^*-测地线 γ_2 为

$$\eta_i(t) = t\eta_i(q) + (1-t)\eta_i(r),$$

其切向量为

$$\dot\eta(t) = (\eta_j(q) - \eta_j(r))\,\partial^j.$$

于是, 在两条测地线的交点处 q, 有

$$
\begin{aligned}
g\big(\dot{\theta}(t), \dot{\eta}(t)\big) &= g\left((\theta^i(p) - \theta^i(q))\partial_i, (\eta_j(q) - \eta_j(r))\partial^j\right) \\
&= \big(\theta^i(p) - \theta^i(q)\big)\left(\eta_j(q) - \eta_j(r)\right) g\left(\partial_i, \partial^j\right) \\
&= \big(\theta^i(p) - \theta^i(q)\big)\left(\eta_i(q) - \eta_i(r)\right).
\end{aligned}
$$

另一方面, 利用势函数 ψ, ϕ, 有

$$
\begin{aligned}
&D(p,q) + D(q,r) - D(p,r) \\
&= \psi(\theta_p) + \phi(\eta_q) - \theta_p \cdot \eta_q + \psi(\theta_q) + \phi(\eta_r) - \theta_q \cdot \eta_r - \psi(\theta_p) - \phi(\eta_r) + \theta_p \cdot \eta_r \\
&= \left(\psi(\theta_q) + \phi(\eta_q) - \theta_q \cdot \eta_q\right) + \theta_q \cdot \eta_q - \theta_p \cdot \eta_q + \theta_p \cdot \eta_r - \theta_q \cdot \eta_r \\
&= \left(\theta_q - \theta_p\right) \cdot \left(\eta_r - \eta_q\right) \\
&= \big(\theta^i(p) - \theta^i(q)\big)\left(\eta_i(q) - \eta_i(r)\right).
\end{aligned}
$$

由此可得, $g(\dot{\theta}(t), \dot{\eta}(t)) = 0$ 的充要条件是 $D(p,q) + D(q,r) - D(p,r) = 0$, 即 γ_1 与 γ_2 在交点 q 处正交当且仅当 $D(p,q) + D(q,r) = D(p,r)$. □

定理 29 设 (M, g, ∇, ∇^*) 为对偶平坦的黎曼流形, 子流形 $N \subset M$ 上两点之间的 ∇^*-测地线均属于 N. 如果 $p_0 \in M \setminus N$ 而且到 M 的 ∇-投影存在, 则必唯一, 而且

$$
D\left(p_0, p_*\right) = \min_{p \in N} D\left(p_0, p\right),
$$

其中 p_* 为投影点.

证明 反证法, 设 p_0 在 N 上有两个投影点 p_1, p_2, 且 $p_1 \neq p_2$. 设连接 p_0 与 p_1, 以及 p_0 与 p_2 的 ∇-测地线分别为 γ_1 和 γ_2, 连接 p_1 与 p_2 的 ∇^*-测地线为 γ_3. 由假设可知, γ_3 属于 N. 因 γ_1, γ_2 均与 N 正交, 于是与 γ_3 正交, 由广义毕达哥拉斯定理可知

$$
D\left(p_0, p_2\right) = D\left(p_0, p_1\right) + D\left(p_1, p_2\right), \quad D\left(p_0, p_1\right) = D\left(p_0, p_2\right) + D\left(p_2, p_1\right),
$$

由此可得

$$
D\left(p_1, p_2\right) + D\left(p_2, p_1\right) = 0.
$$

既然 $p_1 \neq p_2$, 有 $D\left(p_1, p_2\right) > 0$, $D\left(p_2, p_1\right) > 0$, 这导致了矛盾. 于是, $p_1 = p_2$.

下面证明存在 p_*, 使得 $D\left(p_0, p_*\right)$ 为最小值. 事实上, 设 p 为 N 上任意一点, 因为连接 p_0 与 p_* 的 ∇-测地线和连接 p_* 与 p 的 ∇^*-测地线正交, 所以

$$
D\left(p_0, p\right) = D\left(p_0, p_*\right) + D\left(p_*, p\right), \quad p_* \in N,
$$

于是可得

$$D(p_0, p) > D(p_0, p_*),$$

因此, $D(p_0, p_*)$ 为最小值. □

参 考 文 献

[1] Amari S. Differential geometry of curved exponential families-curvatures and information loss. Annals of Statistics, 1982, 10: 357-385.

[2] Amari S. Differential-Geometrical Methods in Statistics. Lecture Notes in Statistics. Berlin: Springer-Verlag, 1985.

[3] Amari S. Differential geometry of a parametric family of invertible linear systems: Riemannian metric, dual affine connections, and divergence. Mathematical Systems Theory, 1987, 20: 53-82.

[4] Amari S. Fisher information under restriction of Shannon information in multi-terminal situations. Annals of the Institute of Statistical Mathematics, 1989, 41: 623-648.

[5] Amari S. Information geometry of the EM and em algorithms for neural networks. Neural Networks, 1995, 8: 1379-1408.

[6] Amari S. Natural gradient works efficiently in learning. Neural Computation, 1998, 10: 251-276.

[7] Amari S. Superefficiency in blind source separation. IEEE Transactions on Signal Processing, 1999, 47: 936-944.

[8] Amari S. Information geometry on hierarchy of probability distributions. IEEE Transactions on Information Theory, 2001, 47: 1701-1711.

[9] Amari S. Information Geometry and Its Applications. Berlin: Springer-Verlag, 2016.

[10] Amari S, Cardoso J. Blind source separation-semiparametric statistical approach. IEEE Transactions on Signal Processing, 1997, 45: 2692-2700.

[11] Amari S, Nagaoka H. Methods of Information Geometry. Oxford: Oxford University Press, 2000.

[12] Arwini K, Dodson C T J. Neighbourhoods of randomness and geometry of McKay bivariate Gamma 3-manifold. The Indian Journal of Statistics, 2004, 66: 213-233.

[13] Barbaresco F. Interactions between symmetric cone and information geometrics: Bruhat-Tits and Siegel spaces models for high resolution autoregressive Doppler imagery. Springer in Lecture Notes in Computer Science, 2009, 5416: 124-163.
[14] Barbaresco F. Innovative tools for radar signal processing based on Cartan's geometry of SPD matrices and information geometry. IEEE International Radar Conference, 2008: 1-6.
[15] Bregman L M. The relaxation method of finding the common point of convex sets and its application to the solution of problems in convex programming. USSR Computational Mathematics and Mathematical Physics, 1967, 7: 200-217.
[16] Censor Y, Iusem A N, Zenios S A. An interior point method with Bregman functions for the variational inequality problem with paramonotone operators. Mathematical Programming, 1998, 81: 373-400.
[17] Efron B. Defining the curvature of a statistical problem. Annals of Statistics, 1975, 3: 1189-1242.
[18] Efron B. The geometry of exponential families. Annals of Statistics, 1978, 6: 362-376.
[19] Jeffreys H. Theory of Probability. 3rd ed. Oxford: Clarendon Press, 1961.
[20] Jiu L, Peng L. Information geometry and alpha-parallel prior of the beta-logistic distribution. Communications in Statistics: Theory and Methods, 2024. https://www.tandfonline.com/doi/full/10.1080/03610926.2024.2387839.
[21] Kurose T. Dual connections and affine geometry. Mathematische Zeitschrift, 1990, 203: 115-121.
[22] Nielsen F. An elementary introduction to information geometry. Entropy, 2020, 22: 1100.
[23] Ohara A, Amari S. Differential geometric structures of stable state feedback systems with dual connections. Kybernetika, 1994, 30: 369-386.
[24] Peng L, Zhang Z. Statistical Einstein manifolds of exponential families with group-invariant potential functions. Journal of Mathematical Analysis and Applications, 2019, 479: 2104-2118.
[25] Rao C R. Information and accuracy attainable in the estimation of statistical parameters. Bulletin of the Calcutta Mathematical Society, 1945, 37: 81-91.

[26] Shen Z. Riemann-Finsler geometry with applications to information geometry. Chinese Annals of Mathematics, Series B, 2006, 27: 73-94.

[27] Skovgaard L T. A Riemannian geometry of the multivariate normal model. Scandinavian Journal of Statistics, 1984, 11: 211-223.

[28] Takano K. Exponential families admitting almost complex structures. SUT Journal of Mathematics, 2010, 46: 1-21.

[29] Vîlcu A D, Vîlcu G E. Statistical manifolds with almost quaternionic structures and quaternionic Kähler-like statistical submersions. Entropy, 2015, 17: 6213-6228.

[30] 甘利俊一. 情報理論. 東京: 筑摩書房, 2015.

[31] 甘利俊一, 長岡浩司. 情報幾何の方法. 東京: 岩波書店, 1993.

[32] 顾险峰, 丘成桐. 计算共形几何 (理论篇). 北京: 高等教育出版社, 2020.

[33] 黎湘, 程永强, 王宏强, 秦玉亮. 雷达信号处理的信息几何方法. 北京: 科学出版社, 2014.

[34] 孙华飞, 张真宁, 彭林玉, 段晓敏. 信息几何导引. 北京: 科学出版社, 2016.

[35] 藤岡敦. 入門情報幾何. 東京: 共立出版, 2021.

[36] 藤原彰夫. 情報幾何学の基礎. 東京: 牧野書店, 2015.

[37] 韦博成. 统计推断与微分几何. 北京: 清华大学出版社, 1988.

[38] 志摩裕彦. ヘッセ幾何学. 東京: 裳華房, 2001.

索　引

H

J

K

L

M

N

O

P

Q

S

T

W

X

Y

Z

其他